住房城乡建设部土建类学科专业"十三五"规划教材

高等学校建筑学专业推荐系列教材

ARCHITECTURAL MECHANICS & STRUCTURE LECTOTYPE

建筑力学与结构选型

（第二版）

重庆大学　陈朝晖　著

中国建筑工业出版社

图书在版编目（CIP）数据

建筑力学与结构选型/陈朝晖著．—2版．—北京：中国建筑工业出版社，2020.2（2024.7重印）
住房城乡建设部土建类学科专业"十三五"规划教材
高等学校建筑学专业推荐系列教材
ISBN 978-7-112-24477-5

Ⅰ.①建…　Ⅱ.①陈…　Ⅲ.①建筑科学－力学－高等学校－教材②建筑结构－高等学校－教材　Ⅳ.① TU3

中国版本图书馆CIP数据核字（2019）第272111号

责任编辑：陈　桦　张　健
书籍设计：康　羽
责任校对：张　颖

为了更好地支持相应课程的教学，我们向采用本书作为教材的教师提供课件，有需要者可与出版社联系。
建工书院：http://edu.cabplink.com
邮箱：jckj@cabp.com.cn　电话：（010）58337285

住房城乡建设部土建类学科专业"十三五"规划教材
高等学校建筑学专业推荐系列教材
建筑力学与结构选型（第二版）
重庆大学　陈朝晖　著
*
中国建筑工业出版社出版、发行（北京海淀三里河路9号）
各地新华书店、建筑书店经销
北京雅盈中佳图文设计公司制版
建工社（河北）印刷有限公司印刷
*
开本：880×1230毫米　1/16　印张：20　字数：380千字
2020年8月第二版　2024年7月第八次印刷
定价：49.00元（赠教师课件）
ISBN 978-7-112-24477-5
　　（35073）

Preface

第二版前言

　　自 2012 年将重庆大学建筑学专业的"三大力学 + 结构规范介绍"式的建筑结构课程体系核心内容大刀阔斧地融合为"建筑力学与结构选型"这一门课程以来，结合本教材所进行的教学改革与创新得到了国内高校建筑学专业与结构工程专业教学领域同行的广泛关注与热情鼓励。本教材在内容编排、表述方法、教学目标与教学方法等诸多方面都是全新突破，第一版教材乃急就章，仓促间不完善之处甚多，虽于 2013 年底借第二次印刷之际进行了部分勘正，但为慎重计并未改动内容及编排。经过近 6 年的教学实践，通过教学方法与教学效果之间的交互促进，不断反思、打磨与修改，终得以完成第二版的编写。

　　第二版仍然采用第一版所确立的"力的传递"的结构认知线索，遵循由结构体系而构件再回归到结构体系及其空间特性的内容组织方式。根据最新颁布的相关规范与标准对结构设计相关内容进行了修改，并对部分章节内容及安排进行了补充与调整，以使整体内容更为完整、连贯、清晰、一致。具体增加了对结构构件以及结构整体性能的综合阐述与对比，更为明确地贯彻"融结构于空间形式、力学于建筑结构"的教学理念；鉴于有限元法在结构分析与设计中应用广泛，补充了位移法的内容；针对空间结构、柔性结构，补充了对简单空间桁架的简介以及工程结构的稳定性问题；对地震、风等建筑结构的主要灾害性荷载的发生与作用机理做了形象介绍。各章均补充了习题，以加强量化分析训练，助益建立明确概念；增加了若干面向建筑结构的综合性分析题，以增强对实际建筑结构的认识。

　　第二版内容具体安排如下：

　　第一部分"基本概念与基础理论"（1~4 章），包括绪论、建筑结构设计基本原理、结构约束与几何构成规则、平面力系的静力平衡条件及其应用，主要介绍结构的概念及其发展历程、结构的基本性能要求、结构构件类型、荷载及其传递途径、结点、支座的形式、构筑结构的基本规则以及结构分析的基本理论与方法——结构静力平衡条件。

　　第二部分为"结构静力分析方法与杆件力学特性"（5~10 章），主要讲解梁、刚架、拱、桁架和索等平面杆系结构的内力分析方法，讨论常见平面杆系结构的受力、变形特性及其结构形式的特点，阐释杆件的应力与强度、应变与刚度、结构的位移和变形、压杆稳定性等基本概念，讨论保障杆件强度、刚度和稳定性的常用措施。

第三部分为"建筑结构选型与案例分析"（11~12 章），主要包括对水平分体系与竖向分体系以及结构基础的外观形式、传力特性的分析，以及常用结构整体体系的组成方式、空间特性及其适用条件等的讨论，并结合经典案例阐述满足建筑功能和结构性能要求的结构选型的基本原理。

英国曼彻斯特大学季天健教授对本人的教学改革一直予以热忱鼓励，提供了大量国外建筑结构参考资料与宝贵意见。中国建筑科学研究院陈凯研究员对本书可靠性与极限状态设计的相关内容提出了十分中肯的修改意见。重庆大学建筑城规学院龙灏教授、卢峰教授为本书提供了建筑案例实景照片。重庆大学土木工程学院陈名弟副教授编写了位移法相关章节，增补了部分章节习题。重庆大学土木工程学院硕士研究生罗绮雯、黄凯华、杨帅、张洋与建筑城规学院硕士研究生李世熠等绘制了全部插图。本课程的教学改革与实践得到了重庆大学土木工程学院廖旻懋副教授、陈名弟副教授、建筑城规学院卢峰教授、龙灏教授以及蔡静老师的大力支持，笔者谨在此对他们的诸多贡献，表示诚挚的感谢！

本教材的编写，得到了以下基金的资助：①"中国高等教育学会'十三五'高等教育科学研究重大攻关课题'互联网+'课程—在线开放课程群建设的创新与实践"子课题（16ZG004-21）："土木工程在线开放核心课程群的创新与建设"；②重庆大学教学名师培育计划；③ 2018 重庆大学土木工程学院教改项目（TMJC201824）："《建筑力学与结构选型》教材修编"。借第二版付印之际，谨致谢忱！

2021 年 9 月本教材获评住房和城乡建设部"十四五"规划教材。

重庆大学土木工程学院

陈朝晖

第一版前言

"建筑力学"和"结构选型"均为大专院校建筑学专业的必修课程。在编者长期从事建筑学专业上述课程的教学中体会到，以往大多数教材都将建筑力学与结构选型隔离开，前者成为土木工程专业三大力学（理论力学、材料力学和结构力学）的简写本，后者则成为结构设计规范的简介或房屋建筑的结构构造简述，忘记了传力机制的实现才是结构选型的根本，由此形成了相关课程教学中的尴尬局面：一边是对习惯形象思维的建筑学学生"面孔生硬"的力学计算方法、推导和计算技巧训练、"冷冰冰"的设计规范和结构构造介绍，一边是学生对蕴涵于变化万千的建筑结构中的基本概念与原理的兴趣以及对在建筑设计中如何合理、灵活选择、应用各类结构形式乃至创造新型结构形式的渴望得不到解答和满足。

为此，编者首次将建筑力学与结构选型糅合在一起，力图从建立基本构件力学性能及其传力机制入手，将建筑结构的基本力学概念及其分析方法与建筑结构形式有机地融合，使学生明确建筑结构的基本力学性能要求、结构基本设计原理及其传力机制的基本实现方法，了解基于极限状态法的结构设计思想，并通过古今中外著名建筑结构的案例分析，力图形象地阐述结构的基本要求是如何在与建筑功能要求的结合中得以满足的。

本书的编写，有意识减少了枯燥的公式推演，尽可能以图形的方式阐释力学概念和数学表达式的工程意义，力求将数学融入力学中、力学融入建筑结构中，着重于形象化地从结构整体力学性能、荷载在结构中的传递机制以及力在结构构件横截面上的分布特性等不同层次由整体而局部地建立结构基本力学性能要求、基本结构构件的力学特性及其常规分析方法等基本概念，最终又将由构件层次得到的基本概念应用于建筑结构的整体传力机制的分析及实现中。

本书遵循由整体结构而局部构件再回归到结构整体的阐述思路，具体内容分为三部分：

第一部分"结构及荷载的基本概念"，包括第1、2、3章，主要介绍结构的概念及其发展历程、结构的基本要求及其构件类型、荷载及其传递途径的概念、静力学基本知识、约束和支座的类型以及平面杆系结构的组成规则；

第二部分为"平面杆系结构静力分析的基本方法"，包括第4、5、6、7、8章，主要讲解梁、拱、平面桁架和平面刚架等平面杆系结构的内力分析方法及其受力和变形特性，杆件的应力与强度、应变与刚度，结构的位移和变形，压杆稳定性等基本概念以及保障杆件强度、刚度和稳定性的常用措施；

第三部分为"建筑结构设计及其选型的基本原理"，包括第9、10、11章，第9章简述了基于极限状态的结构设计的基本思想、结构使用过程中荷载与材料性能的变化特性等，第10、11章结合工程案例说明了满足建筑功能和结构性能要求的结构选型的基本原理。

本书主要适用于建筑学专业本科教学，也适于工程管理、建筑材料工程技术等大土木专业类本科学生和其他有兴趣了解建筑结构的力学原理的人员学习、参考。本书习题中部分难度稍大，教师和学生可酌情选择。

本书的编写参考了重庆大学土木工程学院建筑力学教研室多年的教材成果，重庆大学土木工程学院硕士研究生杨春林、莫玻、段佳利、季呈、张鹏等绘制了全部CAD图并查阅了相关建筑结构资料，重庆大学建筑城规学院建筑系卢峰教授、龙灏教授对本书内容的设置和编写提供了有价值的参考意见，在此谨表谢意！

本书的编写还得到了以下基金的资助：①"十二五"高等学校本科教学质量与教学改革工程：重庆大学建筑学专业综合改革；②重庆市重点教改项目（132002）：面向建筑学专业的建筑结构课程体系改革与重构；③重庆大学重点教改项目（2013D02）"建筑中的结构艺术"体验与探究式教学模式研究。借本教材出版之际，编者在此一并致以衷心的感谢。

由于将建筑结构中的基本力学原理及分析方法与建筑结构选型有机糅合于编著者而言是一次跨越性的尝试，差错和不足难以避免，且因教学需要而成书较为仓促，敬请广大读者不吝指正。

重庆大学土木工程学院

陈朝晖

2011年12月于渝

Contents

—目录—

第6章　静定拱、悬索与桁架结构内力分析

第7章　杆件的应力与强度条件

第8章　结构的变形、位移与刚度

第 9 章 超静定结构内力分析

第 10 章 压杆稳定性

第11章 常见建筑结构体系

第12章 结构选型基本原理及案例分析

第1章

绪　论

什么是结构？结构是建筑物赖以存在的物质保证。结构是若干部件（构件）有机连接而成的体系，在建筑中承受并传递荷载，并协同构筑建筑空间。结构承载性能的优劣取决于所采用的结构材料和体系形式，而结构设计的作用就是确定能恰当、高效传递荷载并满足建筑使用功能的结构形式。

建筑是视觉空间的艺术。正是依赖于结构，建筑空间形态才得以逐渐显现和固化。作为传力体系的结构，是建筑空间得以实现的支撑和骨骼。结构既可以是建筑形态的支撑而存在于建筑内部，又可以作为建筑空间形态本身；既是空间的载体，也是空间的本源。一个好的建筑，其建筑空间形态与结构形式应当是有机的统一体。

为此，本书以力的传递途径为贯穿始终的认知线索，从建立直杆传力特性的基本概念入手，通过简单杆件及其构成的杆件结构体系的内力与变形的定量分析，揭示杆件结构体系的传力特性以及构筑传力途径的基本规则，从而初步阐释结构固有力学逻辑与其空间特性的关联，使读者初步把握结构与建筑空间创作相结合的途径。

1.1 建筑结构的演进

影响建筑形态发展的因素纷繁复杂，其中，材料、技术和结构的发展对其产生了重要的推动作用，而在建筑结构的发展历程中，建筑材料、结构形式、分析方法和建造技术等构成了其不可分割的部分。远古时期，人们只能采用从自然界获取的天然石材和木材，当石材不易获取或成本太高时，晒干的土坯和烧制的砖成了替代品。土坯、砖等砌块与灰泥、砂浆等黏性材料粘结可以构成尺寸较大并可以承受较大荷载的构件，如墙体、柱、屋盖等。在西方，直至19世纪中叶，这类砌体结构都是主要的结构形式。由于砌体材料的抗拉性能远低于抗压性能，一般需采用厚重的墙、拱和穹顶等受压为主的结构形式，而梁等横向传力的受弯构件，其跨度则受到很大限制（图1-1）。

在古代亚洲，结构形式主要以中国传统木架结构为代表（图1-2）。这类传统木架结构充分利用了木材轻质、抗拉性好、易于加工和装配的特点，形成了以木制梁柱为主的承重体系，而墙体退而成为围护结构。中国古代木构架结构类似于现今的框架结构，对墙体无承重要求，墙体厚度以及门窗洞的设置不受限制，建筑平面布置灵活、相较砌体结构跨度大。

图 1-1 意大利阿格里真托
神庙
（图片来源：刘敦桢.中国
古代建筑史[M].北京：中
国建筑工业出版社，1984）

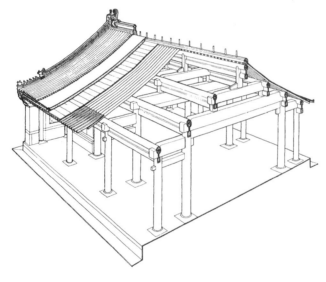

图 1-2 中国传统木结构
（图片来源：刘敦桢.中国
古代建筑史[M].北京：中
国建筑工业出版社，1984）

　　19 世纪后期，随着钢铁工业的大力发展以及材料科学和力学理论的长足进步，结构形式也发生了显著变化。钢材的高强度和高弹性模量可以显著降低构件的截面尺寸、结构自重而不会显著增加构件的变形。而另一种新型建筑材料——混凝土，与钢有机结合所产生的钢筋混凝土结构则从 20 世纪至今占据了建筑结构的统治地位。混凝土与钢材的应用使结构构件的几何形态由三维块体演变为板壳与杆件，而西方建筑师和结构工程师亦从厚重的墙体、拱券、穹顶等传统砌体结构形式中得以解脱，而不断创造新的建筑与结构形式（图 1-3）。

　　传统建筑结构中，自重占据了结构所承受荷载的主要部分，因此，降低自重是结构设计追求的主题之一，而空间结构是实现这一目标的最佳选择。空间结构通过将所承担的荷载向各个方向扩散，使组成结构的各个构件尽可能均匀受力（即所谓等强度设计）而大幅度减小构件尺寸、节省材料、减轻了结构自重，并使结构形式千变万化。

图1-3 香港中银大厦

在充分认识到实腹梁的受力特性后，人们逐步将其部分腹部材料掏空，形成了平面桁架；为了提高桁架的刚度和承载力，人们又将平面桁架双向布置，形成空间桁架，进而发展成为网架。与此类似，为了降低钢筋混凝土板、壳结构的自重，发挥钢材轻质高强的特性，人们也将壳体中部分材料逐步掏空，用钢构件代替，从而逐步形成了空间网壳或网架结构（图1-4）。在外荷载作用下，这类空间网格结构部分构件受拉，部分构件受压，但往往还难以实现所有构件都在满应力状态下工作（即受到的荷载接近其承载能力），仍有部分构件处于强度过剩的状态。此外，空间网格结构中的受压构件还可能压屈失稳，材料的高强性能仍然没有得到充分发挥。

柔性张拉结构如悬索、拉索结构等则是弥补这一缺陷的有效形式。索结构以受拉的高强钢索作为主要承重构件，代替空间网格结构的刚性构件，并与受压的刚性支撑体系一起共同构成了柔性张拉整体结构，此时结构内部基本上不存在失稳问题，最大限度利用了钢材的高强性能，可以用尽量少的钢材建造超大跨度建筑，使建筑空间的跨度得到延伸。

在从连续壳体结构向空间网格结构发展的过程中，受力结构与屋面维护结构逐步分离。传统的钢筋混凝土大跨壳体或折板屋盖结构中，壳体既是受力结构又充当建筑物的维护性外壳，而对于网格结构，则必须在受力网格上附加维护结构才能将各种活荷载传递到受力网格上。为此，具有一定强度、可起到传递荷载作用的轻质覆盖材料——建筑膜材——应运而生。膜材与索同为柔性材料，只能承受拉力，为防止膜内拉力过大，结构的形状应具有一定曲率，即膜结构形状必为曲面，这极大地丰富了建筑的造型（图1-5）。

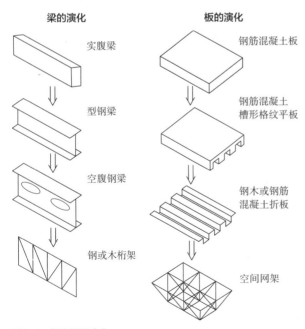

梁的演化　　　　板的演化

实腹梁　　　　钢筋混凝土板

型钢梁　　　　钢筋混凝土槽形格纹平板

空腹钢梁　　　钢木或钢筋混凝土折板

钢或木桁架　　空间网架

图1-4 梁和板的演化

图 1-5 重庆南滨路张拉膜
结构小品

材料科学、建造技术与结构设计的进步为建筑设计提供了更为丰富的语汇，是建筑发展的基本技术保障。建筑设计发展到今天，成熟的建筑师们都已认识到，实现建筑物本身价值的最大化很大程度上取决于建筑结构形式以及建筑材料的特性在建筑中的发挥。

1.2 结构上的作用、荷载及其传递路径

荷载是结构面对的最直接、最本源的矛盾，因此，认识结构需从荷载开始。

结构受到外界的力或环境温、湿度等变化的影响，会产生变形和内力，也称为结构的响应。使结构产生变形和内力的原因被统称为**作用**。直接施加于结构上的力，也即直接作用就是我们通常所说的**荷载**，如重力荷载、风荷载、冰雪荷载、屋面积灰荷载、静水压力以及人为作用产生的动力荷载等，如图 1-6 所示；而其他使结构产生变形的非荷载原因被称为**间接作用**，如环境的或结构内部的温度和湿度的变化等会引起结构体积的变化，从而在结构内部产生力和变形效应，地基不均匀沉降会使结构产生位移和变形，地震地面运动会引起结构的加速度和动力效应，等等。

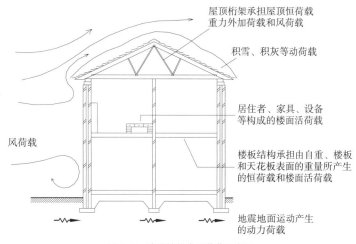

屋顶桁架承担屋顶恒荷载重力外加荷载和风荷载

积雪、积灰等动荷载

居住者、家具、设备等构成的楼面活荷载

楼板结构承担由自重、楼板和天花板表面的重量所产生的恒荷载和楼面活荷载

风荷载

地震地面运动产生的动力荷载

图 1-6 建筑结构常见荷载示意图

建筑结构通常所承受的作用（包括荷载与间接作用）如图 1-7 所示。本书后文若无特别说明，将直接作用称为荷载，间接作用简称为作用。

荷载与作用按方向可分为**竖向荷载（作用）**与**水平荷载（作用）**；根据结构是否产生不可忽视的加速度及惯性力可分为**静力荷载（或作用）与动力荷载（或作用）**；按作用的持续性和出现的必然性与否可分为**永久荷载**（必然出现且持续时间很长）、**可变荷载**（出现的可能性较小且持续时间相对较短）和**偶然荷载**（出现的可能性很小且持续时间很短）；此外，根据荷载的分布情况可分为**集中荷载**和**分布荷载**；根据荷载作用的位置变化与否可分为**固定荷载**和**移动荷载**，等等。以下主要从方向与发生的可能性大小两方面予以介绍。

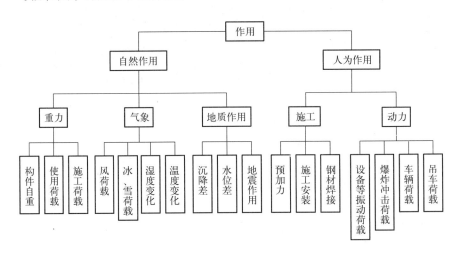

图 1-7　建筑结构常见作用

1.2.1　竖向荷载和作用

1. 竖向恒载——结构自重

结构自重通常是不随时间变化的，又称**恒载**（或**永久荷载**，Dead Load），即在结构使用过程中其大小、方向和作用位置均可视为恒量的荷载。结构自重既是固定荷载（作用位置不变）又是永久荷载，是构成结构恒载的主要部分，其大小取决于组成结构的各构件尺寸及其材料密度以及构造层的重量等。

自重是结构荷载的主要来源，在建筑结构设计中，减轻自重对降低结构的材料消耗、提高经济效益具有十分重要的意义。同时，自重的存在对提高结构的整体稳定性又至关重要，在减轻结构自重的同时，也要注意防止其对结构稳定性的不利影响。

2. 竖向可变荷载

结构上的可变荷载是在结构使用过程中通常会出现，而一旦出现，其大小、方向或作用位置随时间会发生变化，持续时间相对较短的荷载，也称为活荷载（Live Load）。建筑结构的竖向可变荷载主要有屋面雪荷载，积灰荷载，车辆和设备的自重，动力荷载以及其他屋面和楼面的人员、物资、设备等构成的活荷载,如图 1-8 所示。

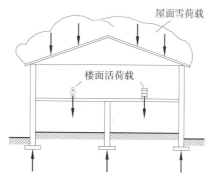

图 1-8 屋面和楼面的竖向可变荷载

屋面雪(积灰)荷载实质上是屋面积雪(积灰)的自重荷载,随地区的变化差异很大,而且与屋面构造形态有关。

楼面活荷载是建筑物的主要可变荷载之一。实际的楼面活荷载变化很大,它可能是在一较小的面积上集中作用很大的荷载,如一台可移动的设备;也可能是在较大范围内分布的不均匀荷载,如移动的人员或位置固定的装置。设计时往往无法预测这样的荷载变化过程及其准确的大小,只能根据建筑物的功能,例如住宅、办公楼、图书馆或工厂等,结合经验和统计数据确定其大小,并以均布荷载的方式作用于楼面。

某些地下建筑物还需验算地下水压力对建筑物所产生的上浮力,如地下水对大型筏基的上浮力,在设计时是不容忽视的。

3. 竖向变形作用

除荷载外,环境因素也会使结构在竖直方向产生变形,并受到作用力,例如,地基沉降引起的负摩擦力、土层冻结造成的上抬力、不均匀基础沉降引起的竖向剪力和地震造成的竖向作用分力等。这些环境作用引起的结构效应有时是很大的,但它们的出现往往不可预测,大小更难以估计。在设计阶段很难由结构计算来定量考虑,一般可通过增加构造措施来应对。

1.2.2 水平荷载和作用

1. 水平恒载——水土侧向压力

如图 1-9 所示,当建筑物的地下部分与地下水接触时,土体和水体将对建筑物地下部分的墙体产生土压力和水压力。土的自重或外荷载作

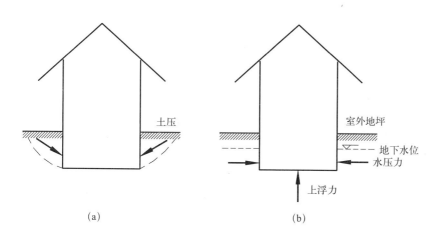

(a)   (b)

图 1-9 建筑结构受到的水土侧压力
(图片来源:杨俊杰,崔钦淑.结构原理与结构概念设计 [M].北京:中国水利水电出版社,2006)

用在土体上，会在建筑物地下部分产生侧向压力，地下水会产生垂直于结构物侧表面的静水压力。对于建造在斜面地基上的建筑物，水和土压力可能对建筑物造成极大破坏，例如滑坡和泥石流对建筑结构会造成巨大冲击。

2．水平可变荷载

1）波浪荷载

堤坝、横跨河面或海面的桥梁的桥墩等还受到变化的波浪荷载的作用。有波浪时，水做复杂的旋转、前进运动，对结构物产生除静水压力之外的附加作用力，称为波浪荷载。它不仅与波浪的形状等特性有关，还与河床海底的坡度、地形地貌及结构物的形状等有关。

2）风荷载

风是空气在地球表面流动形成的，空气的流动模式受到建筑物和构筑物的阻挡和干扰，会对物体产生作用，即**风荷载**。风荷载主要表现为风压力和风吸力（即负压力），如图 1-10 所示，它主要作用在建筑物的表面。风对垂直于风向的表面（迎风面）主要作用压力，背风面作用风吸力（或负压力）。在与风向平行的侧表面，由于空气的绕流而产生拖拽力，即横风向的风吸力。

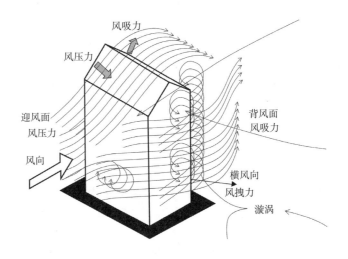

图 1-10 建筑结构上的风荷载示意图

风荷载是一种可变荷载，单位面积上的风压随风速而增大。风压还受到风向的影响。风速和风向具有显著的地区差异，即使同一地区不同时间的变化也很大。风速一般沿高度增大，并受到建筑物所在场地的地面粗糙程度、周边的建筑物以及地形地貌等影响。此外，风压还与建筑物外表面形状及其面积大小有关，迎风面积越大，风压也越大。圆形或曲线型的建筑形体，相对于有尖角的矩形建筑，空气阻力小、风压也较小（图 1-11）。

实际作用在建筑物上的风荷载十分复杂，除水平风压外，气流还将在建筑物的局部，如悬挑屋檐处产生竖向的吸力或升力。对大跨屋盖，表面的风压分布极不均匀，局部过大的吸力或压力还可能引起屋盖的整体倾覆或塌陷。对于高层建筑、大型体育场馆的屋盖、大跨桥梁等柔性结构，气流的运动还会产生风致振动效应。

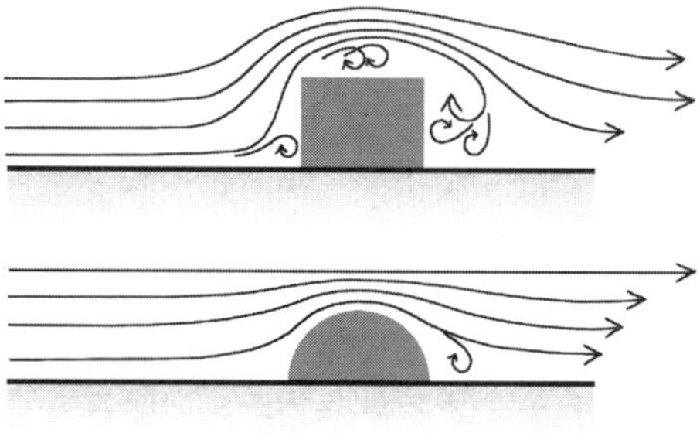

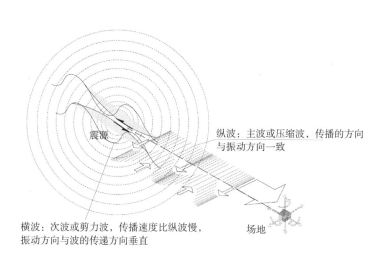

图 1-11 建筑形体对风压的影响

3. 偶然荷载

1）台风和龙卷风

沿海地区，如我国东南沿海、北太平洋西部等地区还可能遭受台风（北大西洋及东太平洋地区称为飓风）的侵害。台风是形成于热带或副热带海面的气旋，其形成、路径及其风速、风压变化规律等难以预料，台风中心的持续风速可达 12~13 级（即 32.7~41.4m/s），远远大于内陆地区的风速。登陆后的台风会造成狂风暴雨，导致建筑结构尤其维护结构的破坏，属自然灾害的一种。台风的影响范围与强度很大，其发生频率远高于地震，因而其累积损失在各类自然灾害中是最大的。

此外，快速旋转并移动的涡旋还会形成龙卷风。龙卷风作用的时间极短，但所产生的风速、风压是地面上最强的。在美国，龙卷风每年造成的死亡人数仅次于雷电。龙卷风对建筑的破坏也相当严重，经常是毁灭性的。

2）地震作用

地震是由于地壳板块的突然运动产生的自然灾害。板块运动在地壳上产生纵向和横向的振动，以波的形式沿地表传播，并随着离震源的距离而衰减。其中，传播方向与振动方向一致的称为**纵波**，传递速度快但衰减也快；传播方向与振动方向垂直的波则称为**横波**，传递速度较纵波慢，但破坏力大，是造成震害的元凶，如图 1-12 所示。目前，还难以做到对地震发生的时间、地点和大小的准确预测。地震尤其是强震发生的概率非常小，一旦发生，可能对结构造成毁灭性影响。

图 1-12 地震波传播示意图

地震的地面运动会使建筑物随地面晃动，因此，建筑结构所受地震作用本质上是地面运动在结构物上产生的惯性力。由牛顿第二定律可知，惯性力等于质量与加速度的乘积，因此，地震作用力的大小和分布与建筑物所在场地的地震地面运动特点（如大小、持续时间、波动特性等）、结构的质量和刚度分布、场地地基的特性等因素有关，当然也与地震发生位置（震源）及其深度、震级、场地与震源的距离等因素有关。轻质的结构，如钢框架结构、木框架结构，抗震性能比重型的砖石结构要好。

地震作用还与地基和结构的自振周期等动力特性有关。地震动通过地基传递给结构，松软的土层对地震动有放大效应，因而，建造在软土上的建筑比建造在坚硬的岩石上的受到的地震作用大，而当结构的自振周期与土壤振动的周期接近时，还可能导致结构的共振。通常，低矮的刚性结构与高耸的柔性结构对抗震都较有利。

地震产生的地表运动实际是三维方向的，但以水平方向的运动对大多数建筑结构的影响较为显著。结构形状规则的低矮建筑结构足以抵抗地震的竖向效应。因此，结构设计时主要考虑水平地震动引起的效应，即水平地震作用力，如图 1-13 所示。对于质量和刚度分布较均匀的规则结构可近似认为水平地震作用力分布于各层楼面标高处。

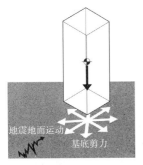

图 1-13　建筑结构的地震作用示意图

1.2.3　荷载传递路径

作为承受并传递荷载的物质载体，结构就意味着荷载传递路径。

由牛顿第三定律可知，在荷载作用下，结构必然产生反作用力，荷载正是通过在结构上产生的一系列作用力与反作用力来传递的。如图 1-14 所示，即简单说明了竖向荷载从梁通过墙或柱最终传递到基础和地基的过程。荷载在相互连接的构件间传递的过程中，一个构件受到的反作用力正是作用于另一个构件的荷载。

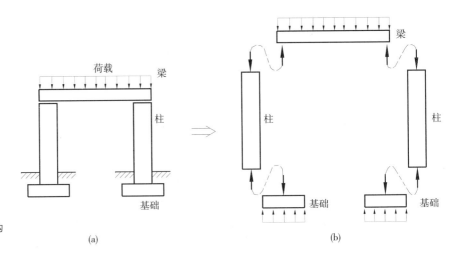

图 1-14　竖向荷载在结构上的传递

(a)　　　　　　　　　　　　　　　　　(b)

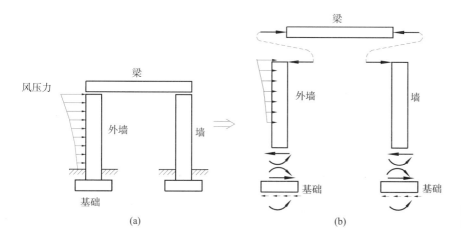

图 1-15 水平荷载在结构构件之间的传递

如图 1-15 所示，说明了作用在建筑物一侧外墙上的水平风荷载是如何传递到梁及另一侧墙体并最终传递到基础的。与竖向荷载相比，水平荷载在结构上的传递要复杂得多。

可见，荷载路径是将荷载从其作用点到最后支撑点（往往是地基）的一条传递线路，所有荷载势必都有一条从作用点到最后支撑点的荷载路径；而结构的功能就是传递荷载，因此，对每一个荷载而言荷载路径就是结构。对于不同的荷载，如竖向荷载与水平荷载，其路径既可以相同，也可以不同。荷载路径不仅决定了结构，而且决定了整个结构体系中各子结构或构件间的相互关系和作用顺序，也直接影响了各构件的受力特性，而构件的受力特性又决定了对构件的性能要求。

1.3 结构性能的基本要求

随着新材料、新技术、新的分析理论及方法的产生、应用与发展，建筑结构设计有了极为广阔的创造天地，但对结构性能的基本要求仍然存在共同之处，即需满足结构的安全性、适用性、耐久性以及经济、美观等要求。

1.3.1 安全性

结构安全性是结构防止破坏和倒塌的能力，是工程结构最重要的质量指标，主要由结构的设计与施工水准决定，也受到结构的使用状况以及维护、检测和监测等措施影响。

结构安全性需要从材料、构件与结构体系等几个层次加以保障。建造结构的材料需满足一定的强度要求，使构件在使用荷载作用下不会因承载力不足而发生开裂、断裂等破坏。但构件满足承载力要求，并不意味着结构整体就一定安全。如图 1-16（a）所示体系，很小的侧向作用就会使结构倒塌。若增加一个斜撑，如图 1-16（b）所示，这一体系就

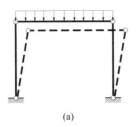
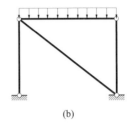

图 1-16 　　　　　　　　　　(a) 　　　　　　　　　　　　　(b)

图 1-17　比萨斜塔

可以在平面内承受荷载并保持平衡了。这表明，结构作为一个体系，其承载力安全性除跟材料强度、构件承载力有关外，还取决于体系的构成方式。

结构工程中过大的悬挑或基础设置不合理，也可能造成结构整体倾覆；建造于软弱地基上的建筑物也可能因地基沉降而导致整体歪斜，如著名的比萨斜塔（图 1-17），若没有后期的支撑加固，这座著名建筑将面临倒塌的危险；建造于陡斜山坡的建筑物由于自身重力的影响可能整体向下滑动；受压的柱如果过于纤细，在压力作用下会发生突然弯曲乃至垮塌，等等。因此，结构安全性还要求结构整体和局部必须具备一定的**稳定性**，即结构在受到各种外界荷载作用时不应发生整体移动或转动、必须具备保持形状基本不变的能力。

此外，结构还应具有多条明确的传力路径，当结构局部发生破坏、一条传力路径中断时，可以提供其他路径，保障传力成立，而不至出现结构破坏的"多米诺效应"。这种结构整体性能，又称为结构的**鲁棒性**。如图 1-18 所示的框架结构，框架中上层梁的破坏不会带来整个框架结构的破坏，而底层柱一旦破坏，传力路径中断，又缺乏替代路径，就会发生整体倒塌！

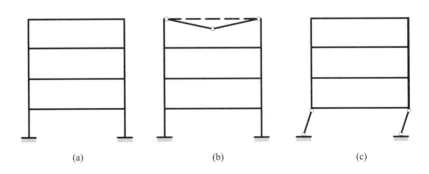

图 1-18 　　　　　　　(a) 　　　　　　　　　　(b) 　　　　　　　　　　(c)

1.3.2 适用性

结构在荷载与环境作用下（如温度湿度变化、地基不均匀沉降等）会发生变形，过大的变形不仅会影响结构的外观、使用功能、使用者的舒适性，还往往造成结构的破坏。如现代高层建筑在常规风荷载作用下，顶部位移较大，使用者会感到不舒适；温差或温度变化导致材料膨胀差异，会引起大跨屋盖结构的过大变形甚至破坏；大跨桥梁在风荷载作用下若产生过大的摆动，会影响车辆的正常行驶；楼板在重力荷载作用下若发生过大的弯曲变形，会让使用者心理不安；玻璃幕墙开裂会影响外观，建筑材料因为环境或其他因素会产生腐蚀，地铁驶过会造成其上建筑物的振动并产生让人不愉快的噪声，等等。上述情况虽不至于立即引起结构的破坏和整体倒塌，但会使结构丧失正常使用功能。因此，结构设计时，在保障结构安全性的同时，还应控制结构的变形和裂缝宽度，并根据需要采取减振、隔音措施以保障结构的正常使用。即结构应具备一定的适用性，在正常使用时具有良好的工作性能，不出现过大的变形和裂缝。

结构适用性要求结构具备一定抵抗变形的能力，这种能力也称为结构的**刚度**。同样荷载作用下，变形大的结构刚度小，称作**柔性结构**；变形小的结构则刚度大，称为**刚性结构**。

结构适用性与承载力安全性是有关联的，变形过大的结构往往会伴随强度破坏，尤其对于大跨和高层建筑结构，对位移和变形的控制与对承载能力安全性的控制是同等重要的。对结构适用性的具体要求与人们对舒适度、结构外观等的要求有关，各国的规范差异很大。

1.3.3 耐久性

同有机的生命一样，结构也是有寿命的，需满足一定使用年限的要求。然而，建筑结构在使用过程中，由于人为或自然环境的作用，随着时间推移，将发生材料老化和结构损伤。如钢结构长期暴露在潮湿高温的腐蚀环境中，易发生锈蚀；混凝土会受环境中的化学腐蚀物质侵蚀，在高温、高湿环境下腐蚀更易发生；干缩、高温或水化作用过快会引起混凝土开裂；风化、冲刷等自然界的物理作用会破坏砖石、混凝土结构的外观、削弱材料性能，木材会腐蚀、虫蛀，寒冷地区混凝土易发生冻融循环破坏，而在长期荷载作用下，钢材还易因疲劳损坏而导致结构破坏。耐久性问题造成的材料性能退化和结构损伤，若不及时维修加固，其累积效应将导致结构开裂、变形、承载力下降，造成结构破坏、倒塌，极大缩短使用寿命。意大利热那亚 A10 高速公路上的某高架桥，就因锈蚀以及长期车辆荷载作用，于 2018 年 8 月 14 日发生断裂垮塌。因此，结构必须具备一定的**耐久性**，即在实际使用条件下，结构尤其是材料能够抵抗各种环境因素的作用，具有无需额外加固处理而能长期保持强度和外观的完整性的能力。

结构的耐久性损伤通常是不可逆的。与安全性和适用性相比，耐久性侧重于材料和结构抵御或延缓各种环境腐蚀和侵蚀作用的能力，以使结构达到预定使用寿命。材料性能退化，首先影响结构的外观、变形等适用性，而后造成承载力下降，诱发安全问题。因此，耐久性是结构的安全性与适用性在时间上的保障。需从设计、材料性能、施工控制、使用和维护等多方面加以保障。

结构的安全性、适用性和耐久性是对结构承受并传递荷载的直接功能要求，这三者又统称为**结构的可靠性**，指结构在规定时间内、规定条件下完成预定功能的能力。

1.3.4 经济

经济性是对结构社会功能的一个要求。对不同功能的建筑物，经济要求也不尽相同。如纪念性建筑、有象征意义的重要建筑物，其建造和维护费用与结构功能之间往往没有必然联系，而对绝大多数工业与民用建筑物而言，在初期造价、后期维护费用与结构功能之间寻求平衡是工程师必须考虑的问题之一。结构总的造价取决于材料、建筑技术、功能要求、人工费、后期维护费用等因素，在考虑结构经济性时，不同国家、不同经济发展时期上述各项因素的影响是不同的。随着人们对建筑物可持续发展观念的认识，结构的经济性不仅体现在建造费用上，还应考虑到后期维护的便利性、维护费用的高低以及材料的再利用。

1.3.5 美观

对结构的美的要求是对结构作为建筑物的"骨骼"、建筑空间的支撑的必然要求。结构之美的含义之一在于结构自身固有的技术与逻辑所赋予的形式感，如结构的平衡与稳定、韵律与节奏、连续性与曲线美等；含义之二在于结构形式与建筑空间形态之间的统一和谐。虽然合理的结构与建筑的形式美之间没有必然的因果关系，但不能否认的是，合理的结构具备了塑造空间形式感的要素，而技能卓著的建筑师和结构工程师总是善于使合理结构的**"明晰性、逻辑性和极限性"**（密斯·凡·德罗）在建筑的艺术表现中得到应有的体现，乃至在建筑创作中利用结构本身作为建筑形式美的主要元素。M.E.托罗哈说："结构设计与科学技术有更密切的关系，然而，却也在很大程度上涉及艺术，关系到人们的感受、情趣、适应性以及对合宜的结构造型的欣赏……""结构形式一旦选定，对结构的粗糙轮廓线、各部分比例以及由力学计算所确定的可见厚度进行必要的艺术加工和处理，是建筑创作中不可缺少的重要环节。"虽然力学和技术并非必然能成就建筑的形式美，但建筑材料、技术与结构的合理应用，应是构成建筑空间形式美和艺术美的基础。一个好的建筑，其建筑空间与结构形式应当是有机的统一体。

1.4 结构及其基本构件的分类

工程结构常常是以体系的面目存在的，是由若干基本构件通过一定方式联结而成的有机体，是结构体系而非构件的简单拼凑。认识基本构件的力学特性是认识并应用结构体系的基础。根据基本构件的几何特征，可将其分为以下三类：

实体构件：三维尺度近似的构件称为实体构件，如大坝、挡土墙等土工、水工结构以及古代建筑中的墙支墩、厚石穹顶等（图 1-19）。

薄壁构件：某一维尺度远小于其他两维的构件称为二维构件，如墙、楼板、薄壳屋盖等（图 1-20）。

杆件：某两维尺度远小于第三维的构件就是杆件（图 1-21），工程中通常将长度为其横截面宽度或高度 5 倍以上的构件视为杆件。

根据杆件的构造特征及受力特点，又分为以受弯为主的**梁式杆**、以拉压为主的**轴力杆**（或桁架杆、二力杆）、轴线为曲线的受压**拱**和拉**索**等。

结构体系是由上述一类或几类基本构件根据功能等需求按一定方式连接而成的整体受力体系，并通过基础与地基相连，最终将荷载或作用传至地基。

完全由杆件构成的结构体系称为**杆件结构体系**（简称为杆系结构，如梁、刚架、桁架、拱以及组合杆系结构），由二维构件构成的则为**墙板体系**，由多种杆件、板壳或实体构件构成的体系则为**组合结构体系**。如图 1-22 所示，为梁式杆构成的框架结构，如图 1-23 所示，则是由拱、梁、桁杆等组成的组合桁架拱。杆件轴线均在一个平面内的结构体系为平面杆件结构体系，否则为空间结构体系。如图 1-24 所示，则是由杆件和板壳等构成的空间结构体系。

图 1-19　实体构件挡土墙

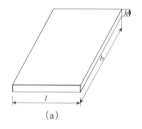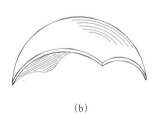

(a)　　　　　　　　　　(b)

图 1-20　二维构件
(a) 板；
(b) 壳

图 1-21　杆件

1.5　本书的基本内容与要求

如前所述，荷载是通过结构构件之间的连接与接触、以作用力与反作用力的方式进行传递的，而在构件内部则是通过内力（或更精细的应力）来传递，在荷载传递的过程中，还伴随着结构的变形和位移。为此，本书将通过荷载在结构上的传递路径、荷载传递中构件的内力与变形、构件横截面内力与变形的分布特性（即应力与应变）等由整体而局部，逐步深入探讨荷载在结构中的传递机制，揭示基本杆件以及基本杆系结构的力学性能，从而认识复杂结构体系的传力路径与空间特性，把握结构选型的基本原则，而本书定量分析的重点在于平面杆系结构，即杆件轴

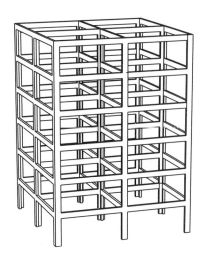

图 1-22　多层多跨刚架结构（左）

图 1-23　组合杆件结构体系重庆朝天门长江大桥（右）

图 1-24　比利时列日丘莱明（Liège-Guillemins）火车站

线均在一个平面内的杆件结构体系，且荷载也简化至结构所在的平面内。

本书的具体要求如下：

1. 了解建筑结构安全性、适用性、耐久性的基本含义以及基于极限状态的结构设计基本思想；

2. 认识常见结构类型，根据实际结构建立合理的计算简图并确定主要荷载形式，分析荷载传递途径；

3. 掌握基本杆件的受力特性，能熟练计算典型平面杆系结构的内力和变形，定性分析复杂结构体系的受力和变形特点；

4. 掌握杆件的强度、刚度和稳定性验算方法，把握其主要影响因素，了解提高杆件强度、刚度和稳定性的常见措施；

5. 建立结构体系整体化分析的概念，把握常见结构水平分体系和竖向分体系的传力特性与构成方法，认识构筑荷载路径和结构选型的基本原则；

6. 最后，通过经典建筑结构案例的学习，体会结构的基本要求如何与建筑功能要求相结合从而构筑强壮、简捷、优美的建筑结构。

本章小结

结构形式的演进与建筑材料、分析方法和建造技术的发展密切相关。

结构是用以承受并传递荷载的，是建筑空间的载体，荷载的传递路径就意味着结构。

建筑结构上的常见荷载和作用包括：重力荷载、水平风荷载、地震竖向与水平作用以及水土压力等。

结构除需满足安全性、适用性和耐久性等基本要求外，尚需兼顾经济和美观等要求。

趣味知识——阿拉米罗大桥

出生于西班牙的建筑师圣地亚哥·卡拉特拉瓦（Santiago Calatrava）是一位致力于将结构与建筑美学结合的典范。卡拉特拉瓦在巴伦西亚修完建筑学与城市设计专业以后，于1979年获得了瑞士苏黎世联邦工学院的结构工程博士学位。建筑学与结构工程的双重修养使他得以把握结构和建筑美学之间的互动。"美态能够由力学的工程设计表达出来"（卡拉特拉瓦）。他的很多作品以纯粹结构形成的优雅动态而著称，展现出技术理性所能呈现的逻辑美，在解决工程问题的同时也塑造了形态特征，呈现出自由曲线的流动、组织构成的形式及结构自身的逻辑。大自然中的林木虫鸟形态优美，同时亦有着惊人的力学效率，成为卡拉特拉瓦灵感的泉源。位于西班牙塞维利亚的阿拉米罗大桥（图1-25），展现了一种新型的斜拉桥样式，采用半边支撑的拉索结构，利用底部的抗弯能力

(a)

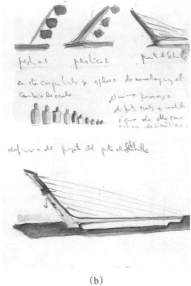

(b)

图1-25　西班牙阿拉米罗大桥
（图片来源：Alexander Tzonis. Santiago Cala-trave：The Complete Works-Expanded Edition[M]. New York：Rizzoli International Publications，Inc.，2007）

并辅以倾斜桥塔的自重，代替常规的后部钢索，形成具有轻盈感的桥梁结构，充满张力的平衡悬挂在永恒与坍塌的"富于想象的瞬间"。

思考题

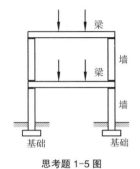

思考题 1-5 图

1-1　结构对于建筑的意义何在？

1-2　根据构件的几何特性，它可以分为哪几种类型？能构成哪些结构形式？

1-3　结构需满足的基本要求是什么？举例说明环境对结构性能的影响有哪些。

1-4　结合实际工程案例说明结构通常承受什么样的荷载与作用。

1-5　试分析如思考题 1-5 图所示结构的荷载传递途径。

1-6　结合一种具体建筑材料或结构形式，简要说明建筑结构演化过程中，这类材料或结构形式的变化。

第2章

建筑结构设计原理概述

建筑结构设计的任务是选择合理的结构方案，确定结构几何尺寸、材料类型及用量等，以使所设计的结构满足建筑使用功能和结构功能要求。然而，建筑的形式、功能、所处的场地环境条件千差万变，对应的结构方案并不唯一，其设计思想和方法是否遵循共同的规律？设计阶段，面对的是尚未建造的虚拟的结构，而实际建成的结构，在材料性质、结构几何尺寸、结点构造方式、建筑物内部的设备设施、实际所受荷载与作用等各方面，对于设计阶段而言，都是未知数，存在不确定性，又该如何量化这些不确定性并在设计阶段对各设计参数合理取值？又如何保障结构具有预期的使用寿命，或在预定的寿命期间满足功能要求？这些都是结构设计所面临的关键问题。本章即通过对基于极限状态的结构设计思想的介绍，让大家了解结构可靠性的含义和要求，对结构设计和使用过程中不确定性因素的考虑和处理方法以及结构设计的一般流程。

2.1 基于极限状态的结构设计原理

2.1.1 极限状态设计思想

结构设计大致包括概念设计和定量设计，结构概念设计即为结构选型，而结构定量设计是针对已选定的结构体系，通过确定施加其上的各种荷载以及作用，而后决定结构上各重要部位的受力状态，并与所选定的承重材料所能承受的应力种类及大小（即材料的强度）进行比较，从而确定构件和结构的几何尺寸、形式等。定量设计阶段，对结构性能的要求主要为可靠性要求，即结构在规定时间内、规定条件下完成预定功能的能力，具体包括绪论所述安全性、适用性和耐久性等。结构系统是否满足这些功能要求，应结合结构系统的具体形式、材料性能以及可能遭受的各种不确定的荷载与作用来综合分析与判断。

结构设计的规定时间即**设计使用年限**，即设计规定的结构或结构构件不需要进行大修，即可按规定目的使用的年限。设计使用年限是结构实际使用寿命的根本保障，需根据建筑物使用功能、社会经济技术条件等确定。结构的实际使用寿命可能受到实际使用状况、维护、加固和改造等的影响而与设计使用年限有差异。如表 2-1 所示，给出了我国常见建筑结构的建议设计使用年限。

针对结构设计的规定条件又称为"**设计状况**"，通俗地说就是"**设计**

建筑结构的设计使用年限　　　　　　　　　表 2-1

类　别	设计使用年限（年）
临时性建筑结构	5
易于替换的结构构件	25
普通房屋和构筑物	50
标志性建筑和特别重要的建筑结构	100

（图表来源：中华人民共和国住房和城乡建设部 . 建筑结构可靠性设计统一标准：GB 50068—2018[S]. 北京：中国建筑工业出版社，2019）

场景"，不同的设计场景对应不同的自然和人为作用（包括荷载和间接作用）及其组合，即在一定时段内（如设计使用年限内）结构实际可能受到的荷载工况、地震、风、地基沉降等不确定性或灾害性工况、使结构产生变形、位移、开裂、性能退化等的环境影响，如温湿度变化、腐蚀、风化等。设计场景是对实际情况的模型化、简化与量化，可采用概率统计、实验和经验等方法确定。

安全性、适用性、耐久性等结构预定功能是通过设置极限状态来表示的。若结构整体或其局部（包括结构构件）超过某一特定状态，就不能满足设计规定的某一功能，而使结构整体或局部失效，就称此特定状态为**该功能的极限状态**。显然，极限状态是结构自身的一种状态，不同的结构功能对应不同的极限状态，主要包括**承载能力极限状态**、**正常使用极限状态**和**耐久性极限状态**。为便于结构设计，各种结构功能所对应的极限状态都需规定明确的限值或标志，而这些限值或标志的确定也与社会经济、技术、文化等因素有关。

因而，基于极限状态的设计思想就是在预定的时间内、在不同的"设计场景"下，结构的各项功能都不应超过相应的极限状态。

2.1.2　承载能力极限状态

当结构或结构构件达到最大承载力或不适于继续承载的变形状态时，称为结构或结构构件达到承载能力极限状态。当结构或构件出现下列状态之一时，即认为超过了承载能力极限状态：

1. 结构构件或连接因超过材料强度而破坏，或因过度变形而不适于继续承载，如混凝土梁、柱结构的受弯和受压破坏；

2. 整个结构或结构一部分作为刚体失去平衡，如结构发生整体倒塌；

3. 结构转变为机动体系；

4. 结构或结构构件丧失稳定，如受压的柱发生弯曲；

5. 结构因局部破坏而发生连续倒塌；

6. 地基丧失承载力而破坏，如地基强度不足发生沉降导致结构倾斜、破坏甚至倒塌；

7. 结构或构件的疲劳破坏。

2.1.3　正常使用极限状态

当结构或构件达到正常使用的某项规定限值的状态，为正常使用极限状态。正常使用极限状态又分为可逆的和不可逆的：当产生超越正常使用要求的作用卸除后，该作用产生的后果可以恢复，则为**可逆的正常使用极限状态**，若不可恢复，则为**不可逆的正常使用极限状态**。当结构或结构构件出现下列状态之一时，即认为超过了正常使用极限状态：

1. 影响正常使用或外观的变形；

2. 影响正常使用的局部损坏；

3. 影响正常使用的振动；

4. 影响正常使用的其他特定状态。

2.1.4　耐久性极限状态

由于导致结构材料性能和结构性能退化的因素、机理以及现象复杂，耐久性极限状态大多不易量化，为此，将对应于结构或结构构件在环境影响下出现的劣化达到耐久性能的某项规定限制和标志的状态作为耐久性极限状态。当结构或结构构件出现下列状态之一时，即认为超过了耐久性极限状态：

1. 影响承载能力和正常使用的材料性能劣化；

2. 影响耐久性能的裂缝、变形、缺口、外观、材料削弱等；

3. 影响耐久性能的其他特定状态。

可见，承载能力极限状态主要考虑结构的安全性，是结构设计时必须首先考虑的性能要求，设计时应严格控制出现这种极限状态的可能；正常使用极限状态主要考虑结构的适用性，结构达到正常使用极限状态时产生的后果不如达到承载能力极限状态时严重，设计时可适当放宽对这种极限状态的控制；耐久性极限状态设计，应使结构构件出现耐久性极限状态标志或限值的年限不小于其设计使用年限。

建筑结构设计时，通常将承载力极限状态放在首位，采用量化分析使结构或结构构件满足安全性要求，再通过部分验算或构造措施来满足正常使用极限状态的要求。耐久性极限状态主要受环境因素影响，因此，结构设计时需首先对环境影响进行评估，若环境影响较大，则需采用相应的结构材料、构造和防护措施，并应定期检修与维护，使结构在设计使用年限内不致因材料劣化而影响其安全与正常使用。对某些结构或构件，若变形对结构性能的影响较为重要，如预应力混凝土结构或构件，则正常使用极限状态要求应放在首位。

2.1.5　基于极限状态的设计方法

结构的工作状态，可用下述关系式表示：

$$Z=g(R, S) \tag{2-1}$$

式中：R 称为**结构抗力**，即结构或构件承受外界作用效应和环境影响的能力，也可理解为结构或构件能够承受的外界作用或荷载的限值，如承载能力、刚度、变形和位移的限值等；S 称为**结构上的作用效应**，即由荷载或作用引起的结构的响应，包括结构内力、变形和位移等；$Z=g(R,S)$ 称为**结构的功能函数**，表示作用或荷载在结构上所引起的效应与结构抵抗这种效应的能力之间的关系。可将结构功能函数简写作：$Z=R-S$。显而易见，

当 $Z=g(R,S)=R-S=0$ 时，结构处于**极限状态**；

当 $Z=g(R,S)=R-S>0$ 时，结构处于**可靠状态**；

当 $Z=g(R,S)=R-S<0$ 时，结构发生**失效**。

因此，按极限状态进行的结构设计，应满足：

$$Z=R-S \geqslant 0 \text{ 或 } R \geqslant S \qquad (2-2)$$

结构设计中的极限状态往往以结构的某种荷载效应，如内力、应力、变形和裂缝等超过相应规定的标准为依据。基于极限状态的设计方法就是按结构或构件达到某种预定功能要求的极限状态为原则的工程结构设计方法。即按照各种结构的特点和使用要求，给出极限状态方程和具体的限值，作为结构设计的依据。

如宽 × 高为 $b \times h$ 的矩形截面梁，以屈服极限 σ_S 作为材料的强度极限，则梁横截面的抗弯承载力为 $M_R=W_z\sigma_S=(bh^2/6)\sigma_S$，则该梁按受弯承载力极限状态设计时须满足：

$$M_P \leqslant M_R=\frac{bh^2}{6}\sigma_S \qquad (2-3)$$

上式表明荷载在梁上引起的弯矩值 M_P 处处都不能大于梁截面的抗弯承载力 M_R，否则梁将破坏。

结构极限状态设计式（2-2）中的重要参数之一是荷载或荷载效应 S [如式（2-3）中的弯矩 M_P]。在结构设计中，需要回答对于某一特定结构，其上作用的荷载或作用有多大。若这一问题得不到解答，任何结构设计的想法都是毫无意义的。然而，结构的重力荷载只有结构确定后并严格控制结构上的所有使用物品后才能确定。其他如雪荷载，屋面积灰荷载乃至风、地震、温度等作用更是超出人们控制和预测的范围，是不确定甚至是不确知的。

极限状态设计中的另一重要参数结构抗力 R，取决于材料的性质和结构的形式。建筑结构材料的性质与施工方式、质量、原材料来源有关，还会随时间变化，可见，结构的抗力也是人们无法明确量化的，存在不确定性。

为克服荷载和抗力的不确定性给结构设计、施工、评估等带来的难题，人们通过对建筑结构及其材料性质的历史记录的长期和大量的统计分析，

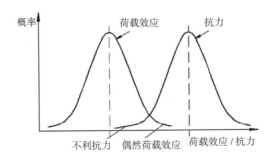

图 2-1　荷载和抗力不确定
性示意图

来预测结构可能遭受的各种荷载及其抗力的变化规律。如图 2-1 所示，以横坐标表示可能遭受的荷载与作用（或荷载效应）与结构可以承受的荷载（即抗力），纵坐标表示荷载效应或抗力特定取值的可能性的大小，即荷载（或荷载效应）或抗力特定取值的概率。显然，结构在施工和使用过程中，如果荷载效应总是小于结构抗力，结构是安全的；若荷载效应大于结构抗力，结构必然失效。显然，抗力与荷载效应相距越远，结构越趋安全。

当结构形式、几何尺寸和材料基本确定后，在特定的时间内，结构所受的作用及其效应以及抗力的取值大致在一定范围内，取一定值的概率比取其他值大，对应图 2-1 中两条概率曲线的峰值，而取峰值两侧较小或较大值的概率均较小。此外，在图 2-1 中，荷载效应概率曲线的右尾部表示结构使用过程中可能遇到的如大地震、飓风、爆炸等灾难性荷载（即偶然荷载）产生的效应，这类荷载发生的概率很小，一旦发生引起的结构效应极大，往往是毁灭性的，然而这类荷载发生与否及其大小又是结构设计时最难预测的；抗力概率曲线的左尾部表示由于制造、施工、使用等原因，造成材料性能和结构抗力远远低于平均水平的情形。在正常设计、制造、施工和使用条件下，这类情形的发生概率也极小，但这类抗力严重不足的缺陷无疑是结构的安全隐患，因此，结构设计、施工与使用中应避免出现结构局部抗力远低于平均水平的情形，工程上一般以材料的强度符合一定的满足率加以保障。

抗力尤其是作用及荷载的不确定性，导致结构的功能也具有不确定性，而由于受到社会经济和技术条件等的限制，结构无法也没必要按最危险的作用效应进行设计，这就提出了结构设计的安全性标准问题，即对于结构设计而言，**多安全才算够安全？**

人们通常根据结构破坏可能产生的后果，即危及人的生命、造成经济损失、对社会或环境产生影响的严重程度，将结构分为不同的安全等级。如表 2-2 所示为我国建筑结构的安全性等级划分。进一步地，结合社会经济发展水平、技术水平、对结构风险的接受程度以及结构的安全等级等，确定相应的设计可靠度或可靠指标。结构设计可靠度即用结构可靠性的概率表示，可靠指标则是可靠度的数值指标。

如图 2-2 所示功能函数的概率图形，坐标轴右侧功能函数大于零的区域就是结构的可靠域，这部分概率图形的面积就是可靠度。坐标轴左

建筑结构的安全等级　　　　　　　　　　　　表 2-2

安全等级	破坏后果
一级	很严重：对人的生命、经济、社会或环境影响很大
二级	严重：对人的生命、经济、社会或环境影响较大
三级	不严重：对人的生命、经济、社会或环境影响较小

注：图表来源同表 2-1。

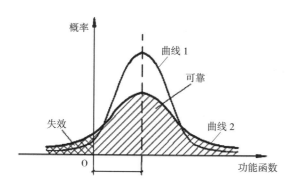

图 2-2　可靠度与可靠指标示意图

侧功能函数小于零的区域就是结构的失效域，这部分概率图形的面积就是结构的失效概率。显然，结构的失效概率与可靠度之和总是等于 1 的，失效概率越大，可靠度就越低。功能函数的峰值大小和曲线形状决定了可靠指标的大小。峰值越大，概率曲线越陡，可靠指标就越大，因为曲线越陡峭，功能函数越集中于可靠域的峰值附近，失效域的面积就越小，如图 2-2 中曲线 1 的可靠指标就比曲线 2 的大。

　　目前，在各国的建筑结构设计规范中，可靠指标仅用于构件的设计，还不能实现从结构体系的角度定量控制结构的可靠性。我国一般工业与民用建筑物的构件按承载力极限状态进行设计时，若构件的破坏为延性破坏，即破坏是有预兆的，其可靠指标规定为 3.2（表 2-3），该类构件在恒载和常遇活载作用下，失效的可能性约为 7.0×10^{-4}。据统计，全世界平均每年死于飞机失事的概率为 2.3×10^{-5}，与之对比，可以大致了解我国目前建筑结构设计可靠度水准的高低。对于重要的或破坏无预兆的（即脆性破坏）建筑，则提高相应的设计可靠指标。事实上，构件失效不一定能造成房屋倒塌，因此，对于结构形式及构造措施合理的房屋建筑，其整体可靠性是高于构件截面承载力的。此外，结构设计应尽量避免局部的失效导致整体倒塌，房屋倒塌时应是有预兆的，且应具备一定的逃生空间。如表 2-3 所示，给出了我国现行结构可靠性设计标准中，结构正常使用条件下，按承载能力极限状态设计的可靠指标。

　　结构构件正常使用极限状态设计的可靠指标，则可根据其可逆程度取 0~1.5，构件的耐久性可靠指标，可根据其可逆程度取 1.0~2.0。

　　在结构设计中，可靠指标是通过荷载分项系数 γ_S、抗力分项系数 γ_R（或材料性能分项系数）和若干荷载组合系数以及荷载、抗力等的统计取

破坏类型	安全等级		
	一级	二级	三级
延性破坏	3.7	3.2	2.7
脆性破坏	4.2	3.7	3.2

结构构件的可靠指标 β 表 2-3

注：图表来源同表 2-1。

值得以满足的。荷载分项系数 γ_S 和抗力分项系数 γ_R 均大于 1，相当于人为假定统计得到的荷载和作用是偏低的、而抗力是偏高的，则分别将统计得到的荷载效应曲线向右、抗力曲线向左移动，如图 2-3 所示。引入分项系数的抗力的设计值为 $R_d=R/\gamma_R$，荷载的设计值为 $S_d=S\times\gamma_S$。此外，影响荷载和抗力的大量复杂的不确定性因素还可以通过部分调整安全系数加以体现。

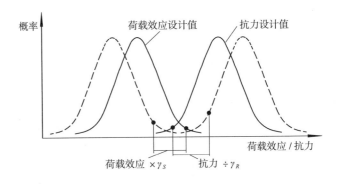

图 2-3 可靠性设计分项系数与设计值

结构抗力除取决于结构体系的组成方式与传力方式外，还受到构成结构的材料性质和结构及构件的几何参数的影响，而材料的物理力学性能通常根据标准试件的试验结果经统计分析确定，并考虑实际结构与标准试件、结构实际使用条件与试验条件等的差异；实际结构由于存在施工、测量等误差、环境温湿度、风化腐蚀等影响，与设计几何尺寸也存在差异，也需采用统计的方法予以修正。

考虑到承载能力极限状态对于结构安全性的重要性，按结构或构件承载力极限状态进行设计时，还根据结构安全性等级引入结构重要性系数，即对于破坏后果很严重的建筑结构（如安全性等级为一级的结构），人为进一步放大荷载效应，从而提高设计可靠性，降低破坏风险；而对于破坏后果不严重（如安全性等级为三级）的建筑结构，则略微降低荷载效应，以适当减小经济成本。我国现行规范的结构重要性系数见表 2-4，则基于承载力极限状态的可靠性设计方法可写作：

$$\gamma_0 S_d \leq R_d \qquad (2-4)$$

表 2-4 中，持久设计状况是指结构正常使用时的设计状况，短暂设计状况，是指持续时间很短如施工、维修等的临时状况，偶然设计状况，

结构重要性系数 γ_0 　　　　表 2-4

结构重要性系数	对持久设计状况和短暂设计状况			对偶然设计状态和地震设计状况
	安全等级			
	一级	二级	三级	
γ_0	1.1	1.0	0.9	1.0

注：图表来源同表 2-1。

指出现概率很小且持续时间很短的设计状况，如火灾、爆炸、撞击等异常情况。

2.2　结构设计的荷载取值方法

相对于抗力，荷载以及作用的不确定性更为显著，表现在其大小、发生规律随时间和空间的变化规律不易用简单而确定的函数描述。而荷载与作用的统计规律以及设计值的确定对于结构设计又至关重要。显然，荷载统计规律受统计时间的长短和空间范围、位置的影响，统计所取的时间越长，统计得到的最大值一般也越大，从经济性考虑，通常在一定时间范围内进行荷载与作用的数据统计分析。这一为了确定荷载与作用的取值而选用的时间范围被称为结构的**设计基准期**。设计基准期不同于结构的设计使用年限，而仅仅是荷载取值所考虑的时间范围。一般设计基准期越长，设计所考虑的荷载取值通常会越大。

对于**永久荷载**，如结构和固定设备的自重、土压力等，其作用大小、位置等的变化可以忽略不计；而在设计基准期内变化较为频繁、变化幅度与其平均值相比又不可忽略的**可变荷载**，如楼面和屋面的活荷载、常规风荷载、雪荷载、车辆荷载等，则可对其设计基准期内的最大值进行统计以确定荷载的设计取值，以保障结构安全性。对强震、强台风、龙卷风、火灾、滑坡泥石流等灾害性的**偶然荷载和作用**，则应根据工程具体情况、偶然荷载和作用可能出现的最大值进行统计确定。

建筑结构往往同时承受多种荷载与作用，而结构同时承受两种或两种以上可变荷载与作用时，所有荷载和作用同时达到最大值的可能性极小，某些荷载与作用还可能不会同时出现。为此，结构设计时还需合理考虑荷载的组合。较通行的处理方法是，对于结构使用过程中可能同时出现的荷载和作用，在考虑全部荷载的基础上，以产生效应最大的可变荷载（包括可能的偶然荷载）为主导（如图 2-4 所示，取 S_1 为主导的可变荷载），加上经过折减的其他可变荷载（如图 2-4 所示中可变荷载 S_2 和 S_3），作为荷载组合。其中，折减系数又称为荷载组合系数，该系数小于 1。即：

$$S_d = S（恒载设计值 + 主导作用的可变荷载设计值 + \sum_{j>1} \psi_j \cdot 其他可变荷载设计值）\qquad（2-5）$$

其中，$S(\cdot)$ 表示荷载组合效应的函数，j 表示其他可变荷载编号。

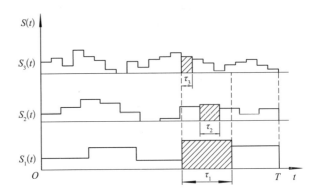

图 2-4 荷载效应组合方式
示意图

通常的荷载组合方式有：

荷载组合 1：由永久荷载效应控制的组合，即恒载与屋面和楼面活荷载的最不利效应组合；

荷载组合 2：由可变荷载效应控制的组合，即恒载与最大活荷载（如风荷载）以及其他屋面和楼面活载的组合；

荷载组合 3：恒载、活载与永久温度荷载的组合。

在抗震设防地区，还需考虑恒载、活载与地震作用的组合。

2.3 结构设计流程

结构及其构件的定量分析、计算与校核只是结构设计全过程的一个环节，结构设计与其他所有工程项目类似，大致经历①场地调研可行性分析阶段，包括场地及环境调查，确定项目设计准则；②概念设计阶段，包括形成结构体系模型、结构体系初步几何图形设计；③几何尺寸初步设计阶段，包括对概念设计阶段的方案比较，初步确定结构以及形式和

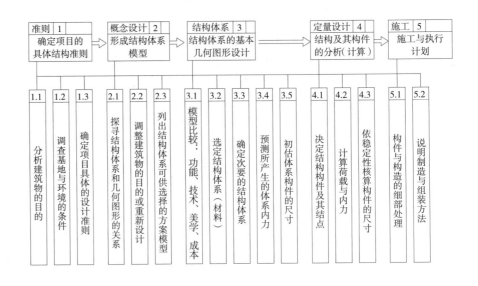

图 2-5 结构设计流程

尺寸；④定量设计阶段，包括结构及其构件的分析和计算，以及⑤施工设计阶段，包括构件及构造的细部设计与制造、安装说明等，结构设计的大致流程，如图 2-5 所示。

本章小结

建筑结构应具有在规定时间内、规定条件下完成预定功能的能力，即具备一定的可靠性，具体包括结构的安全性、适用性和耐久性。结构可靠性是强度、刚度、稳定性要求在结构设计使用年限内的体现。结构预定功能是通过设置极限状态来表示的。不同的结构功能对应不同的极限状态，可分为承载能力极限状态、正常使用极限状态和耐久性极限状态。结构设计中，各种结构功能对应的极限状态具有明确的限值或标志，而这些限值或标志取决于社会经济、技术、文化等因素。一般地，承载力极限状态对结构的安全性起决定作用。结构的抗力和荷载在结构使用过程具有不确定性，因此，结构安全性、适用性、耐久性在使用过程中也是不确定的，为此，各国规范通过设置设计可靠指标来保障结构的可靠性，从而将结构破坏的风险和可能的损伤限制在一定范围内，并采用概率统计与经验相结合的方法，对结构材料性能、几何尺寸、荷载与作用特别是灾害性荷载与作用进行预测、预估，以确定合理的结构设计值。

趣味知识——五倍定律

目前，在结构安全和适用的基础上，从建筑材料、构件和结构形式上保障结构耐久性、延长结构使用寿命的设计理念日益受到人们重视，基于结构生命周期全过程（即设计—施工—使用—维护）的设计观念在结构设计中不断得到体现，而在结构选型及设计中，考虑结构是否易于维护、监测和检测、构件是否易于更换也是保障和延缓建筑结构寿命的有效措施。美国学者提出的"五倍定律"，形象地说明了基于全寿命过程的设计理念在经济层面的重要性，尤其是考虑耐久性的设计的重要性。设计时，若对新建项目在钢筋防护方面每节省 1 美元，则使用过程中一旦发现钢筋锈蚀，采取措施就需追加 5 美元；若锈蚀导致混凝土开裂时才采取措施，则需追加维护费用 25 美元；而致使结构严重破坏时，才进行维护，则需追加维护费用 125 美元。由于结构设计中对耐久性的忽视，已使各国政府在已有钢筋混凝土结构的耐久性加固方面耗费了大量人力物力，甚至付出了惨痛教训。除耐久性外，新建工程的施工质量问题，也会造成巨大的经济损耗。可见，结构的寿命和可靠性单纯依靠承载力安全性设计是无法完全保障的，需从结构生命周期全过程着眼，并依靠合格的施工和使用过程中的定期监测、维护和维修。

思考题

2-1 如何理解结构可靠性？结构安全性、适用性和耐久性之间有何关联？

2-2 结构的极限状态有何含义？结构设计通常需考虑哪些极限状态？极限状态的设置与哪些因素有关？

2-3 结构的设计使用年限、寿命和设计基准期是否相同？

2-4 试列举因材料强度不足、结构变形过大、耐久性损伤、自然灾害导致的结构破坏案例，并比较不同破坏原因、现象、所产生的危害程度的差异。

2-5 试选取一典型房屋建筑结构，根据当地环境地质条件、建筑物使用功能等，结合我国现行《建筑结构荷载规范》GB 50009—2012，认识常见建筑结构的使用荷载、水平风荷载以及水平地震作用等的取值。

第3章

约束与几何构成分析

结构在荷载作用下要保持平衡与稳定，维持特定的建筑空间形式，构件以及结构整体就不应产生显而易见的大的转动和移动，因此需要合理的连接方式。构件与构件之间、结构与地基之间的连接装置或连接方式称为**约束**，构件之间的约束又称为**结点**，结构与地基之间的约束称为**支座或基础**。如图 3-1 所示两根直杆中间用铰连接，右端可以沿地面滑动。受到外力作用时，两根杆件会发生图示转动，右侧杆转动的同时还会水平移动，结构的形状和位置发生显著改变，体系也无法与荷载平衡。可见，杆件的联结方式需要满足一定要求，才能形成结构，从而达到承受并传递荷载的目的。

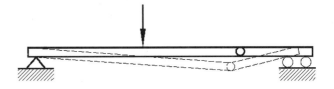

图 3-1

为此，本章首先介绍常见的结构约束形式，包括结点和支座的形式及其性质。再通过探讨杆件之间以及杆件与地基之间的连接规律，建立平面杆系结构的几何构成规则，分析杆件体系的几何构成性质及其静定特性，为选择合理的结构分析方法和计算路径提供依据。最后，介绍如何针对复杂结构，提取主要因素，确定计算简图。

3.1 常见约束及其性质

受到外界作用，物体会有运动的趋势。如图 3-2（a）所示，一古埃

图 3-2
（a）古埃及神庙的梁柱构造；
（b）梁柱之间的接触约束受力图

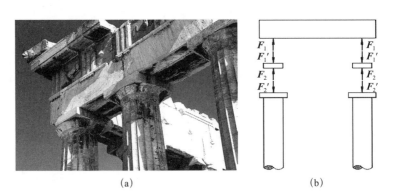

(a)　　　　　　　　　　(b)

及神庙的梁柱结构，石梁受到自重作用，会向下掉落，必须设置约束来限制梁的运动。梁下部的石柱就起到了约束作用，并对梁提供了向上的约束反力。

可见，约束就是限制物体之间（如结构构件之间或结构体系与地基之间）相对运动的装置或方式。约束既指限制物体可能的运动的作用，也指起限制作用的具体装置或连接方式。约束对物体移动和转动的限制作用是通过在被约束物体上的约束反力实施的。**约束反力**由约束装置发出，作用在受约束的物体上，方向与物体的运动趋势方向相反，作用点为约束与被约束物体的接触点。因此，要认识约束，需从物体之间的相对运动趋势以及相应的约束反力性质入手。

以下介绍几种工程结构中常见的约束形式及其约束反力性质。

3.1.1　接触约束

两个物体一旦接触就可能产生约束和约束反力，称为**接触约束**，这是最简单的约束。接触约束在早期砌体结构中很常见。图 3-2（a）梁柱之间的约束就是接触约束。石梁支撑在柱上，没有掉落，就是因为受到柱的竖直向上的约束反力，如图 3-2（b）所示。此外，石梁与柱顶的接触面之间还有摩擦力，阻止了梁的水平滑动。

当接触面之间的摩擦力很小时，我们就将接触面视为理想的光滑表面。此时，接触面没有摩擦，物体可沿接触面切线方向相对滑动，但不能沿接触面的公法线且朝向约束面方向移动。因此，光滑的接触面对物体的约束反力通过接触点、沿接触面公法线且指向受力物体。其约束反力的作用线既垂直于被约束物的接触面，也垂直于约束物的接触面。光滑接触的约束反力也称法向反力，用 F_N 表示。

光滑面接触有面—面（线—线）接触（图 3-2），点—面（点—线）接触和点—点接触。如图 3-3（a）所示为点—面接触，接触反力指向小球，作用点在接触点，作用线沿小球球面和接触平面的公法线。如图 3-3（b）所示为点—点接触，约束反力指向小球，作用线过接触点、沿小球球面与接触曲面的公法线[①]。

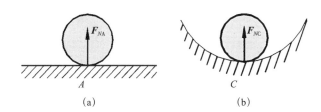

（a）　　　　　　　　（b）

图 3-3　光滑接触约束及其反力

[①]　对于点—面或线—面接触，其公法线的方向就是过接触点且垂直于此面的直线的方向；对于点—点、点—线或线—线接触，垂直于接触面的公法线有无数条，需要依据物体的平衡条件或其他条件来判断约束反力的方向。

3.1.2 柔索约束

由柔软绳索、胶带、链条等所构成的约束称为**柔索约束**，用细实线表示。悬索桥、斜拉索桥的拉索就可视为柔索约束。通常，索的自重相对于所承担重物或荷载可以忽略不计。柔索约束只限制被约束物体沿柔索中心线伸长方向的运动，因此，柔索的约束反力必过连系点，沿柔索的中心线且背离被约束物体，表现为**拉力**，用 F_T 表示。如图 3-4（a）所示，直杆 AB 受到拉索的拉力 F'_{TA} 和 F'_{TB}，该拉力也在拉索上产生相应的反作用力 F_{TA} 和 F_{TB}（图 3-4b）。

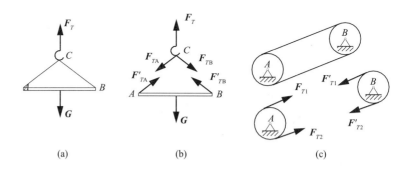

图 3-4 柔索约束及其反力

3.1.3 光滑圆柱形铰链约束

如图 3-5（a）所示，将两物体分别钻上直径相同的圆孔，并用销钉连接起来，若不计销钉与孔壁间的摩擦，称这类约束为**光滑圆柱形铰链约束**，简称**铰链约束**。以铰链连接的两个物体，可以绕销钉轴线相对转动、沿销钉轴线相对滑动，但不能在垂直于销钉轴线所在的平面内相对移动。因此，铰链约束反力作用在销钉与圆孔的接触点上，位于与销钉

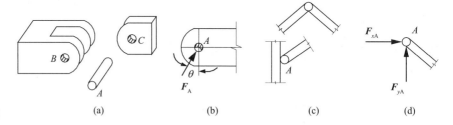

图 3-5 光滑圆柱形铰链约束

轴线垂直的平面内，并通过销钉轴线,如图 3-5（b）所示 F_A。如图 3-5（c）所示为两根杆件用铰链约束连接的示意图，其中，铰链用小"○"表示。铰链约束反力也可用过铰链中心的相互垂直的两个分力 F_{xA}、F_{yA} 表示，如图 3-5（d）所示。不同大小的分力 F_{xA}、F_{yA}，可以组合得到平面内任意方向和大小的约束反力 F_A。

如图 3-6 所示钢结构中的螺栓连接即可视为铰链约束。实际工程结构中，铰链约束通常有如下几种形式：

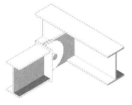

图 3-6 钢结构中的螺栓连接

1. 铰结点

如图 3-7（a）所示，腹杆与上下弦杆相比较细，在连接部位不会发生相对移动，但可以有微小的相对转动，若忽略摩擦，这类连接就可视为**光滑圆柱形铰链约束**，因用于杆件的连接，也称为**铰结点**。简化示意图如图 3-7（b）所示。结构分析中常用杆件轴线代替杆件，后文同此。

图 3-7　平面铰结点

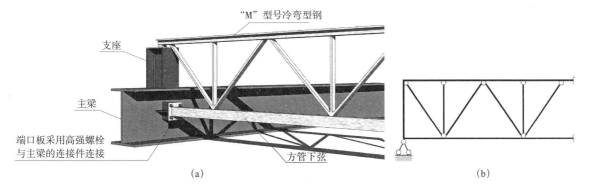

(a)　　　　　　　　　　　　　　　　　　(b)

2. 固定铰支座

将杆件或杆件体系用光滑圆柱形铰链固定在支承物上，杆件或体系可以绕支撑点转动，但不能沿水平或竖向移动，称这种支座为**固定铰支座**，如图 3-8（a）所示。固定铰支座的简图如图 3-8（b）所示，其约束反力也称为支座反力，常用分力 F_{xA}、F_{yA} 表示，如图 3-8（c）所示。

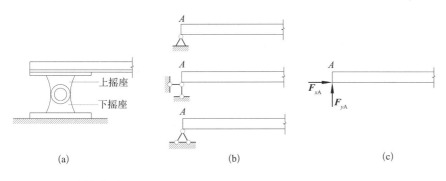

(a)　　　　　　　　　　(b)　　　　　　　　　　(c)

图 3-8　固定铰支座及其支座反力

3. 可动铰支座

在固定铰支座的底座与支承物体表面之间安装几个可沿支承面滚动的辊轴，就构成**可动铰支座**，如图 3-9（a）所示，简图如图 3-9（b）所

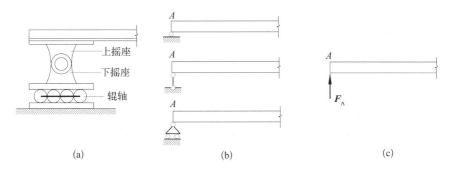

(a)　　　　　　　　　　(b)　　　　　　　　　　(c)

图 3-9　可动铰支座及其支座反力

示。可动铰支座只限制物体垂直于支承面的移动，不限制物体绕铰链轴的转动和沿支承面的滑动。因此，可动铰支座的支座反力通过铰链中心并垂直于支承面，如图 3-9（c）所示。

当构件或构件体系与支承物之间一端用固定铰支座、另一端用可动铰支座相连，这种整体支撑方式就被称为**简单支撑**（Simple Support，简称**简支**），如图 3-10（a）所示采用简单支撑的梁就为简支梁。如图 3-10（b）所示门窗过梁和简易桥梁，在竖向荷载作用下，梁会发生微小弯曲，使梁端与支撑面之间发生微小转动和滑动，可简化为简支梁。

图 3-10　简支梁
（a）简支梁示意图；
（b）门窗过梁与简易桥梁

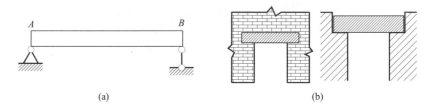

（a）　　　　　　　　　　　　　　　（b）

3.1.4　链杆约束

两端用光滑铰链与不同的物体连接、中间不受力的轻质短直杆称为**链杆约束**（简称**链杆**），通常忽略链杆的自重，如图 3-11（a）所示 *AB* 杆即为链杆。杆件 *CD* 不能沿链杆 *AB* 的轴线方向运动，但可以绕 *A* 点转动。因此，链杆的约束反力沿链杆轴线方向，可为拉力，也可为压力，用 *F* 表示，如图 3-11（b）所示，可见，链杆为二力杆。

当链杆用作支座时，又称为**支杆**，其约束效果等效于可动铰支座，二者的约束反力相同，也可将可动铰支座用支杆表示，如图 3-9（b）所示。

由两根平行链杆还可以构成一类特殊支座，如图 3-11（c）所示，这种支座限制了杆件与支承物之间的相对转动以及沿链杆轴线方向的移动，但不限制杆件沿支承平面的相对滑动，故称为**定向支座**或**滑动支座**，其约束反力包括力矩和沿链杆轴线的力，如图 3-11（d）所示。

图 3-11　链杆约束及其约束反力

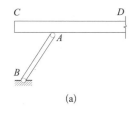
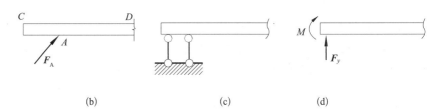

（a）　　　　　　　　　　（b）　　　　　　　　（c）　　　　　　　　（d）

3.1.5　固定约束

如果两个物体之间既不能相对移动也不能相对转动，它们之间的约束即为**固定约束**。如果将结构完全固定在地基上，在连接处不能移动和转动，就称为**固定支座**。如图 3-12（a）所示，现浇钢筋混凝土柱的基础即为固定支座，柱与地基之间不能发生任何相对运动。如图 3-12（b）所示杆件插入墙体，杆件与墙面之间不能移动也不能转动，也为固定支座。

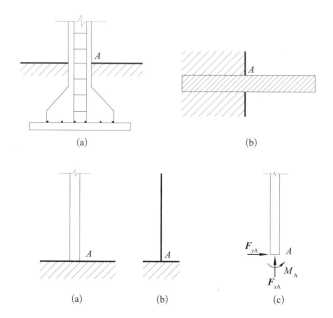

图 3-12　常见固定支座

(a)　　　　(b)

(a)　　　(b)　　　(c)

图 3-13　固定支座简图及其约束反力

　　固定支座的简图如图 3-13（a、b）所示。受固定约束的物体与地基之间不能有任何相对移动和转动，因此，固定支座提供的约束反力包括约束力和约束力矩，常用三个分量 F_{xA}、F_{yA} 和 M_A 表示，如图 3-13（c）所示，其中 A 为支座中心点。

　　固定约束用于连接结构构件时，称为**刚结点**。刚结点所连接的两个及以上杆件，在结点处不发生任何相对移动和转动。如图 3-14（a）所示钢筋混凝土框架结构中的梁柱结点，柱与梁通过钢筋绑扎并被浇筑成整体，二者不能产生相对转动和移动，该连接即可视为刚结点。如图 3-14（b）所示钢结构中的梁柱结点，也为刚结点。刚结点通常简化为如图 3-14（c）所示的形式。与固定支座相同，刚结点在平面内也提供约束力和约束力矩，可用三个分量表示，如图 3-14（d）所示。

（a）　　　　　（b）钢结构中的刚结点　　　（c）　　（d）刚结点约束反力

图 3-14　刚结点及其约束反力

3.1.6　光滑球铰约束

　　将物体一端固结于球体，并将该球体置于球窝形凹槽内，就形成了**球铰约束**，简称**球铰**（图 3-15a）。球铰所约束的杆件，可以绕球铰中心在任意方向转动，但不能发生相对于球体中心的任何移动，如图 3-15（b、c）所示。若忽略球体和凹槽之间的摩擦，球铰的约束反力必通过球心，可用相互垂直的三个分力 F_{xA}、F_{yA} 和 F_{zA} 表示，如图 3-15（d）所示。

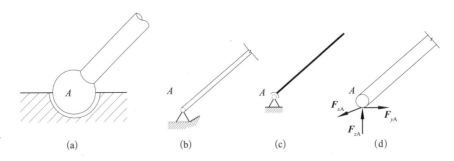

图 3-15　光滑球铰约束及其约束反力

(a)　　　　　　(b)　　　　　　(c)　　　　　　(d)

图 3-16　网架结构中的球铰结点

　　球铰多用于空间结构体系。如图 3-16 所示网架结构，杆件之间采用球形结点连接。在连接处，各杆件不能沿杆件轴线相对移动，但可以绕结点微小相对转动，忽略摩擦，即可视为光滑球铰。

　　如表 3-1 所示，汇总了前述各约束在平面杆件结构体系中，用于结点和支座的常见形式及其约束和约束反力性质。

平面杆件体系的常见约束　　　　　　　　表 3-1

约束名称		约束简图	约束作用	约束反力
结点	铰结点		限制所连接杆件的相对移动，但不限制其相对转动	
	刚结点		限制所连接杆件在平面内的任意相对运动	
支座	固定铰支座		限制结构与支承物之间的相对移动，但不限制其相对转动	
	可动铰支座		限制沿链杆轴线或垂直支撑面的运动，但不限制其他运动	
	滑动支座		限制物体与地基的相对转动以及沿链杆轴线方向的移动，但不限制其相对滑动	
	固定支座		限制物体在平面内的任意相对移动和转动	

3.2 结构几何构成规则

接下来，讨论如何合理运用前述结点与支座（即约束），以构成平面杆系结构。在此，忽略杆件的变形将其视为**刚体**。即假设在运动中或力的作用下，杆件的形状、大小均不发生改变。刚体是一种理想化的力学模型。实际工程结构受力后，其几何形状和尺寸或多或少都会发生改变，是**变形体**。但如果结构的变形与其原始尺寸相比很小，而忽略变形对所分析结果的精度影响甚微，就可将物体视为刚体。本章针对的是平面杆件体系，又将平面上的刚体称作**刚片**。

3.2.1 自由度

若一根杆件，既没有与地基连接，也没有与其他杆件连接，受到外界作用时，就会在平面内发生移动或转动，称为**自由杆件**。一根自由杆件的可能运动方式可以用自由度表示。所谓**自由度**，就是物体可能的运动方式，或完全确定物体在任意时刻的位置所需的独立坐标的数目。

如图 3-17（a）所示，一个点在平面内移动，如果知道该点在平面上的位置坐标 x 和 y，该点的位置就可以唯一确定，则平面内自由运动的点有 2 个自由度。

如图 3-17（b）所示，一根自由的、无约束的刚杆，可以在平面内任意移动或转动，如果确定了杆件上任意一点的位置 x 和 y，如图中 A 点的位置以及杆件轴线绕 A 点的转角 φ，杆件的位置就可以唯一确定。因此，在平面内自由运动的刚杆有 3 个自由度。

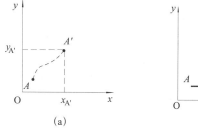
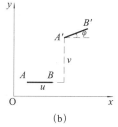

(a)　　　　　　　　　　(b)

图 3-17
(a) 平面上一点的自由度；
(b) 平面上的一根钢杆的自由度

若要使点 A（图 3-17a）或刚杆 AB（图 3-17b）在任意外界作用下其位置不发生改变，可采用前述约束来限制其运动。不同的约束能够限制的运动方式是不同的。一根链杆可以限制所连接的点沿链杆轴线的移动，减少物体的一个自由度；一个光滑铰可以限制点或刚杆在平面内的移动，但允许刚杆绕铰的转动，因此，可以减少物体的两个自由度；一个刚结点（或固定支座）可以完全限制一根刚杆在平面内的移动和转动，可以减少物体的三个自由度。

3.2.2 结构与机构

在忽略构件变形的前提下，结构在任意荷载或外界作用下，应能保持其局部或整体的几何形状和位置不变，构件之间、体系与基础之间不应发生相对运动，从而与荷载保持平衡，这样的体系也称为**几何不变体系**，可维持空间形式的稳定。

反之，若体系在荷载作用下，其局部或整体的几何形状或位置可能发生较大改变，则称为**几何可变体系或机构**。如图 3-18（a）所示体系在荷载 F_P 作用下，无法平衡，会发生倒塌，即为机构（或几何可变体系）；如图 3-18（b）所示增加一个斜杆后，则成为结构（或几何不变体系），可以与荷载保持平衡。

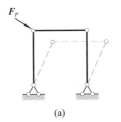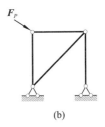

图 3-18

(a)　　　　　　　　　(b)

显然，杆件体系要成为结构，首先，需要有足够多的约束，以保障体系总的自由度数为零，即所提供的约束总数应不小于构成体系的全部自由构件的总自由度数。但约束数满足要求，也不一定能组成结构。

如图 3-19（a）所示，若无约束，杆件 *AB* 在平面内有三个自由度，图 3-19（a）采用了三根平行支杆，约束数与杆件自由度数相等，体系总自由度数为零。但当该体系受到水平荷载时，会发生整体移动，无法平衡，体系实际的自由度数不为零；图 3-19（b、c）改变了支杆的布置方式，限制了杆件 *AB* 在平面内的任意转动和移动，体系均可与平面内任意荷载相平衡，从而成为结构。

图 3-19（d）在图 3-19（c）的基础上增加了一根支杆②，体系仍为结构，其总自由度为零。但图 3-19（d）中的支杆①对约束杆件 *AB* 的水平运动是必需的，称为**必要约束**；而去掉竖向支杆②、③和④中的任意一根，体系仍可平衡，即三根竖向支杆中有一根是多余的，称为**多余约束**。增加或去掉多余约束，不会影响体系的平衡特性，但会改变体系的内力和变形特性。

3.2.3　无多余约束的几何不变体系构成规则

由图 3-19 可知，杆件体系能否成为结构既取决于约束的个数又取决于约束的布置方式。本章重点讨论**没有多余约束的平面几何不变体系的构成规则**，即使平面杆件体系成为结构所需最少约束的规则。

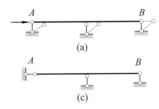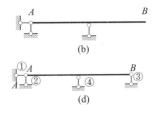

图 3-19

(a)　　　　　　　　　(b)

(c)　　　　　　　　　(d)

平面图形中，三角形是最简单的稳定图形，即边长给定的三角形的几何形状是唯一确定的。利用三角形的这一稳定性，可以建立无多余约束的平面杆系结构的基本构成规则。

如图 3-20（a）所示，平面内 3 根自由刚杆，共计 9 个自由度，将其两两铰接，提供 6 个约束，构成 1 个铰接三角形，如图 3-20（b）所示。该铰接三角形的 3 个顶点之间或任意两根杆件之间均不会发生相对移动和转动，可视为 1 个刚片，仅会发生整体的移动和转动，总自由度数为 3。

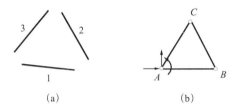

（a）　　　　　　　（b）

图 3-20　铰接三角形规则
(a) 平面内的三根自由刚杆；
(b) 铰接三角形

如果将 3 根杆件用刚结点两两连接，如图 3-21（a）所示，虽然杆件之间也无相对运动，但任意去掉 1 个刚结点，只用 2 个刚结点连接，如图 3-21（b）所示，杆件之间也无相对运动，显然，刚结三角形中有 1 个刚结点是多余的，存在 3 个多余约束。如图 3-21（c）所示铰接四边形，在荷载作用下其形状和大小会发生显著变化，是几何可变体系。

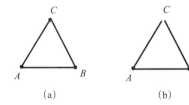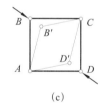

（a）　　　　　（b）　　　　　（c）

图 3-21

可见，由 3 根杆件以光滑铰连接，3 个铰既不共线、也不共点，所构成的铰接三角形，是最基本的无多余约束的平面几何不变体系，称此规则为**铰接三角形规则**。这也是平面杆件几何不变体系最基本的构成规则。由此规则可以衍生出 3 个常见几何构成规则。

点与刚片的连接规则：平面上 1 点和 1 个刚片用不共线的 2 根链杆相连，构成无多余约束的几何不变体系。

如图 3-22（a）所示，点 A 以链杆 AB 和 AC 与刚片 I 连接，A、B、C 形成铰接三角形，构成无多余约束的几何不变体系。

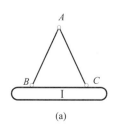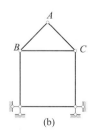

（a）　　　　　　　　（b）

图 3-22

铰接于一点且不共线的两根链杆又称为**二元体。二元体具有如下性质：**在原体系上添加或去掉二元体，不改变原体系的几何特性。如图 3-22（b）所示，链杆 AB 和 AC 构成二元体，去掉该二元体，剩下的体系仍为几何可变体系。

两刚片连接规则： 2 个刚片由 1 个铰和 1 根不穿过铰心的链杆相连，所构成的体系为无多余约束的几何不变体系。

如图 3-23（a）所示，刚片 Ⅰ、Ⅱ 通过铰 A 以及链杆 BC 连接，A、B、C 三点形成铰接三角形，该体系是无多余约束的几何不变体系。图 3-23（b、c）可视为铰接三角形规则的变化：链杆 1、2 交于 A 点，刚片 Ⅰ 和 Ⅱ 通过 A 点以及不过 A 点的链杆 3 连接，构成铰接三角形。其中，如图 3-23（b）所示的铰 A 为实铰（即为实际构造铰），如图 3-23（c）所示的铰 A 为虚铰。

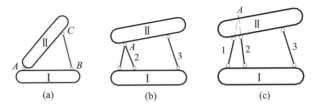

图 3-23

（a）　　　　　　　　（b）　　　　　　　　（c）

因此，两刚片规则也可以变化为：刚片 Ⅰ、Ⅱ 由不全平行也不全交于一点的 3 根链杆相连，构成无多余约束的几何不变体系。

若 3 根链杆的交点位于任意 1 个刚片上，如图 3-24（a）所示，刚片 Ⅰ、Ⅱ 相当于用铰 A 连接，可以绕 A 点相对转动（如图 3-24a 中虚线所示）。若 2 个刚片用 3 根平行且等长的链杆连接，如图 3-24（b）所示，则 2 个刚片相当于以无穷远处的虚铰连接，可相对移动（如图 3-24b 中虚线所示）。这两种体系事实上都未构成铰接三角形，均为几何可变体系。

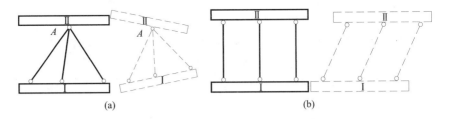

图 3-24
(a) 三链杆共点；
(b) 三链杆平行且等长

（a）　　　　　　　　　　　　　　（b）

此外，平面内的一个刚结点可提供 3 个约束，减少 3 个自由度。2 个刚片通过 1 个刚结点连接也构成没有多余约束的几何不变体系。

三刚片连接规则： 3 个刚片由不在同一直线上的 3 个铰两两相连，构成无多余约束的几何不变体系。

如图 3-25（a）所示，3 个刚片直接用铰连接，构成铰接三角形。此外，还可将图 3-25（a）中任意一个铰用两根相交链杆代替，如图 3-25（b）所示，3 个刚片由 6 根链杆连接，每 2 个刚片之间用 2 根链杆连接形成 1 个铰，最终构成铰接三角形，是无多余约束的几何不变体系。

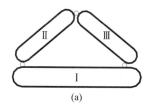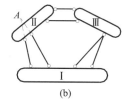

图 3-25

需要说明的是，上述几何构成规则仅适用于平面杆件体系，即受到外力作用时，杆件的变形与其几何尺寸相比很小的一维构件所构成的平面体系，如钢筋混凝土梁、柱、型钢或木杆件等构成的平面体系，对于柔索等组成的体系以及板、壳、空间体系等则不适用。

3.2.4　几种特殊连接方式

如图 3-26 所示三种约束方式，图 3-26（a）中，连接刚片 Ⅰ、Ⅱ 的三根链杆交于一点，但交点不在其中任意一个刚片上，不是实际存在的构造铰结点。当两个刚片绕交点发生微小转动后，三根链杆将不再交于一点，体系转变为几何不变体系；图 3-26（b）中，三根链杆平行但不等长，平行链杆在无穷远处交于一点，两个刚片绕该无穷远点发生微小转动（相当于相对移动）后，三根链杆将不再平行，体系也转变为几何不变体系；图 3-26（c）中，三铰共线，A 点若在竖向移动微小距离，三铰就不再共线，体系也即转变为几何不变体系[①]。这类原本为几何可变体系，但一经发生微小相对运动后就转化为几何不变体系的体系称为**瞬变体系**。

虽然瞬变体系能够转变为几何不变体系，但这类体系在转变过程中会产生非常大的局部内力。工程实践中，瞬变体系的转化通常发生于施工和安装阶段，但结构设计须避免将体系设计为瞬变体系。本书将瞬变体系归入几何可变体系。

如图 3-24（a）、图 3-26（a）所示，三根链杆初期均可交于一点，形成一个瞬时转动中心，称这类瞬时转动中心为虚铰。此处，"虚"具有两重含义：与实铰相比，虚铰不具备实际构造特点，仅是两根或以上链杆轴线的交点；随着刚片的微小相对运动，虚铰（或瞬时转动中心）位置会发生变化。

3.3　几何构成分析方法

通常，采用刚性构件（外力作用下变形与构件几何尺寸相比很小的构件，如钢筋混凝土、型钢、木构

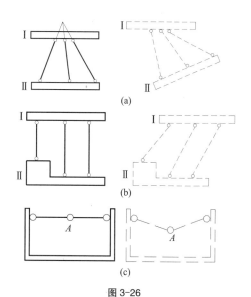

图 3-26
(a) 三链杆交于一虚铰；(b) 三链杆平行但不等长；
(c) 三铰共线

[①]　图 3-26（c）中，当 A 点发生微小竖向移动使体系位形发生微小变化时，杆件长度的变化为更高一级的微量，因此，可认为此时杆件长度没有变化。

件等）组成的体系必须是几何不变的才能与荷载保持平衡。为此，可采用几何构成规则判断其是否为几何不变体系，并确定是否存在多余约束，从而制定合理的结构步骤和方法。采用几何构成规则分析体系几何特性时，有如下常用技巧：

1. 选取特定刚片：地基、任意杆件（包括链杆）、体系内已确定的局部几何不变部分等均可视为刚片。可根据几何构成规则分析选定刚片之间的联结关系，若确定为几何不变体系，将其视为大刚片，如此逐步扩大分析范围。

2. 拆除二元体：利用二元体性质，可从体系最外围开始逐步拆除二元体，以简化体系。注意，拆除二元体只能从外围开始（图 3-27a），而不能从体系内部开始。已确定的局部几何不变体系，将其视为大刚片，也可以构成二元体，如图 3-27（b、c）所示。若其位于体系外围，也可拆除。

3. 拆除支杆：若体系与地基只以三根支杆联结，三支杆不共线、不共点，如图 3-28 所示，则拆除支杆不改变体系的几何构成特性。

4. 链杆、虚铰与刚片相互转换：两根相交链杆与单铰等效，平行链杆与无穷远处虚铰等效；若杆件或局部几何不变部分与其余部分只用两个铰联结，则可简化为链杆，如图 3-29 所示。

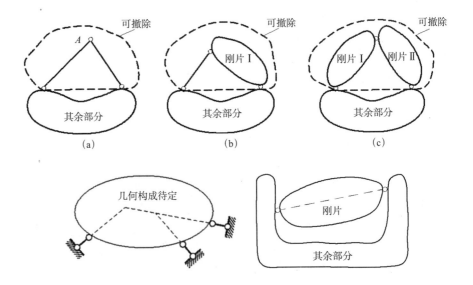

图 3-27　可拆除二元体

（a）　　　　　　　（b）　　　　　　　（c）

图 3-28（左）
图 3-29（右）

5. 完备与试错：分析时，体系中的约束和杆件不能遗漏也不能重复。若分析进行不下去，通常是刚片、约束选取不当，可重新选取刚片和约束再试。每一体系，分析途径可以有多种，但结论唯一。

3.4　几何构成分析示例

几何构成分析的途径大致包括：从地基出发、从内部几何不变体系出发、拆除法以及综合法等。具体分析时需灵活应用基本规则和技巧，尤其是链杆与虚铰、链杆与刚片的等效转化方法。以下结合算例说明各种途径的具体应用。

3.4.1 从地基出发

以地基为基本刚片，将其周围杆件按基本规则联结在基本刚片上，并由近及远分析全部杆件的联结性质。

【例3-1】分析如图3-30所示体系的几何构成。

【解】将地基视为基本刚片，杆件 *AB* 与基本刚片由三根支杆①、②、③相连，构成无多余约束的局部几何不变体系，将其视为扩大刚片；该扩大刚片与杆件 *CD* 之间由支杆④、⑤和链杆 *BC* 相连，组成无多余约束的几何不变体系。

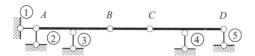

图 3-30

3.4.2 从内部几何不变体系出发

先在体系内部选取一个或几个刚片作为基本刚片，将其与周围杆件按基本规则进行装配，形成一个或几个扩大的刚片，再分析扩大刚片之间及其与地基之间的几何构成特性。

【例3-2】试对如图3-31所示体系进行几何构成分析。

【解】杆件1、2、3构成铰接三角形，以此出发，按二元体规则，逐步构成无多余约束的大刚片 *ABD*，记作刚片Ⅰ；同理，由铰接三角形4、5、6出发，构成无多余约束的大刚片 *ACE*，记作刚片Ⅱ；刚片Ⅰ和Ⅱ由铰 *A* 和链杆 *BC* 构成无多余约束的大刚片 *ADE*，该刚片由3根支杆与地基相连，构成无多余约束的几何不变体系。

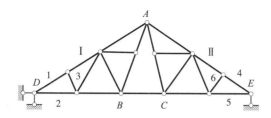

图 3-31

3.4.3 拆除法

先从最外围拆除二元体（图3-27）或拆除简支支杆（图3-28），简化体系，再结合方法1、2进行分析。

如【例3-2】即可先拆除体系与地基的联结支杆，再从两端依次拆除二元体，将体系极大简化。

【例3-3】试对如图3-32所示体系进行几何构成分析。

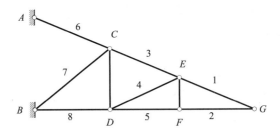

图 3-32

【**解**】由 G 点开始依次拆除二元体，该体系为无多余约束的几何不变体系。

注意，拆除二元体时，只能从最外围的标准二元体开始，而不能从结构内部任意拆除两根链杆。如图 3-32 所示铰结点 C 为内部结点，就不能先拆除其上连接的杆 6、7。

3.4.4 综合法

对于杆件和约束数目较多的复杂体系，则可综合应用前述方法，并灵活进行链杆、虚铰和刚片的转换。

【**例 3-4**】试对如图 3-33 所示体系进行几何构成分析。

【**解**】由二元体规则可以判断，阴影Ⅰ、Ⅱ部分均为内部几何不变体系，且无多余约束，可视为大刚片Ⅰ、Ⅱ。此两刚片用链杆 1、2、3 连接，构成内部无多余约束的几何不变体系。

进一步分析该体系与地基的连接。该体系与基础只需三根链杆即可，故整个体系为有两个多余约束的几何不变体系。

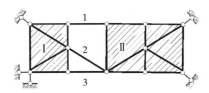

图 3-33

3.5 结构计算简图

由于实际工程结构的复杂性，完全按照结构的实际情况进行力学分析既不可能，也无必要。因此，进行结构分析前，需要根据计算内容与精度的要求，确定能反映结构主要受力及变形特点的简化模型——**结构计算简图**，用以替代实际结构。简化内容通常包括对结构所受荷载、结构体系（空间或平面）、构件以及约束（支座和结点）的简化。

实际工程结构多为**空间结构**，所受荷载也是空间分布的。但通常可以根据荷载传力路径的主要特点而将其简化为**平面结构**。对平面结构力学性能的认识也是分析复杂空间结构体系的基础。

本书重点研究**平面杆件结构体系**（简称**杆系结构**）的受力特点,因此,构件均为一维杆件。在计算简图中,忽略杆件截面尺寸及形状等几何特点,而以杆件轴线来代替（直杆以直线表示,曲杆则以曲线表示）,荷载则需根据结构的使用环境与历史、结构体系的形式及其功能要求等加以确定,具体取值参考相关规范。

结构能否简化为平面体系,取决于荷载传力路径上,不同方向所产生的效应是否相互影响,或其影响是否可以忽略,若可以忽略,则可简化为平面体系。

约束形式（包括支座与结点）则由结构与地基之间或结构构件之间相对运动趋势或约束反力性质加以确定。各类平面约束的简化表示如表3-1所示。

如图3-34（a）所示简易桥梁,受车辆的重力荷载、桥面板和桥梁自重的作用。忽略车辆荷载偏心等问题,上述荷载的传力路径可视作:车辆荷载通过轮胎传至桥面,可简化为集中荷载;桥面板和桥梁自重可简化为沿桥梁跨度方向均匀分布的线荷载,竖直向下。所有荷载沿桥梁轴线传递至两端桥墩,如图3-34（b）所示。荷载取值可参考道路桥梁设计规范。梁高与跨度相比较小,可视为一维杆件,以其轴线表示。

进一步确定桥梁的支座形式。在上述荷载作用下,桥梁会挠曲（图3-34c）,梁端与桥墩支撑面之间会产生微小相对转动,梁两端的支座可视为铰支座。此外,环境温度变化会导致桥梁沿轴线伸缩,车辆制动也将对桥梁产生沿梁轴线方向的水平力。通常允许桥梁在上述荷载和作用下,沿支承面发生微小滑动,但不允许桥梁发生整体的大的水平移动。因此,桥梁最终可简化为简支梁,如图3-34（d）所示。

下面再以如图3-35（a）所示单层厂房为例,说明复杂结构体系计算简图的确定方法。

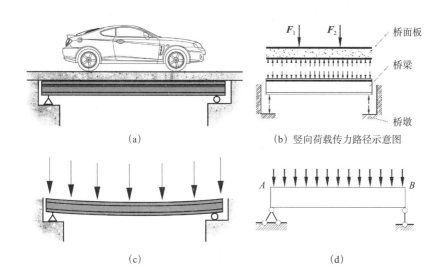

（a）

（b）竖向荷载传力路径示意图

（c）

（d）

图3-34　简支桥梁计算简图

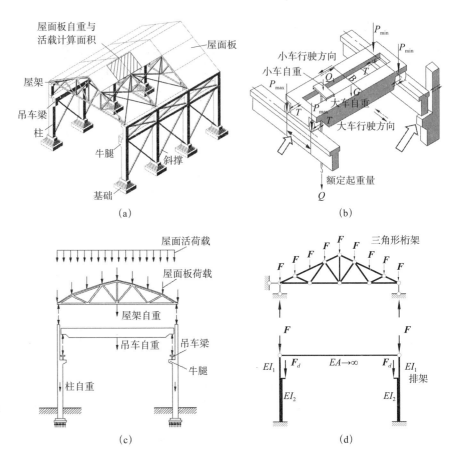

图 3-35
(a) 单层工业厂房示意图；
(b) 吊车和吊车梁示意图；
(c) 传递竖向荷载的典型平面结构体系示意图；
(d) 屋架与排架计算简图

1. 荷载及其传力路径的确定

该厂房整体为一空间结构体系，承受的竖向荷载包括屋面积雪、积灰等活荷载、屋盖自重、吊车与吊车梁自重等重力荷载，屋盖和挑檐处的竖向风荷载，水平荷载包括水平风荷载、吊车制动过程产生的水平荷载等。若在高烈度区，还需考虑水平地震作用。不同的荷载及作用，对应的传力路径可能不同，相应的结构体系也不尽相同。在此重点讨论竖向荷载传力体系及其对应结构体系。

吊车荷载（包括吊车自重）通过轮压传至吊车梁，连同吊车梁的自重等传递至牛腿，如图 3-35（a、b）所示；屋面重力荷载（包括屋面活荷载、屋面板自重、屋面风压等）则通过屋面板传至屋架，如图 3-35（c）所示上部屋架部分。在竖向荷载传力路径中，结构的纵向联系（如屋架桁架之间以及吊车柱之间的斜撑等）的影响可以忽略，即近似认为竖向荷载通过若干平行且相互独立的平面体系进行传递。典型的竖向荷载平面内传力路径，如图 3-35（c）所示。

2. 屋架结构计算简图

屋架主要承受屋面板自重以及屋面活荷载，荷载大小可按柱间距中线之间的阴影部分面积计算，屋面板荷载通过檩条传递给屋架。屋架杆用其轴线表示。屋架杆通常为钢木结构，结点为铆接或焊接，主要传递轴力，可简化为铰结点。屋面板传递给屋架上弦杆的荷载可视为线性分布荷载，并可进一步简化为结点荷载。

若以屋架为研究对象，则屋架与柱之间的连接就是上部屋架的支座。屋架两端通常采用预埋件与柱顶焊结，允许发生微小相对转动，可简化为简支支撑。最终，屋架结构可简化为**简支三角形桁架**，如图 3-35（d）所示。

3．排架结构的计算简图

以下部结构为对象，则可略去上部屋架构造细节，而将其整体简化为杆件。由于上部屋架整体弯曲变形和轴向变形很小，可近似看作不发生轴向变形的刚性链杆（即 EA 近似无穷大），且与柱顶铰接。因要放置吊车梁、承受吊车荷载，工业厂房的柱通常上部细，下部粗，可在相应位置处标注抗弯刚度以示区别。柱上牛腿用一短直线表示。若柱相对于地基不发生移动和转动，则简化为固定支座。上部屋架传递的荷载以及牛腿上作用的吊车荷载等，均可简化为集中荷载。下部结构计算简图如图 3-35（d）所示。此类柱之间以轴向刚度非常大的横梁连接的结构又称为**排架**，常用于装配式工业厂房。

若需分析垂直于山墙的水平风荷载传力路径及其相应结构体系，则必须考虑结构的纵向支撑，而得到不同的结构体系计算简图。若需分析钢结构梁柱结点区域的性能，则应考虑结点域的具体几何尺寸、构造与局部受力变形特点，而不能简化为简单的刚结点或铰结点。

可见，对于同一结构，计算简图的选取并不是一成不变的，需根据荷载性质及其传力路径、分析精度要求等加以选取。计算简图中，需标明荷载的作用位置、方向及类型（如重力荷载、风荷载、地震作用产生的荷载等）。每一荷载都应有出处，不能随意增减。同一类型的荷载在不同计算简图上应一致。

以下各章，如无特殊需要，均采用计算简图代替实际结构。

本章小结

本章介绍了平面杆件结构常见约束及其性质、几何构成规则与应用以及结构计算简图的选取等。

约束是连接结构构件以及结构与地基的装置，限制构件和结构的运动，使结构保持平衡与稳定。结构常见约束有接触约束、柔索约束、铰链约束、链杆约束与固定约束等，用于连接构件的约束为结点，包括刚结点和铰结点；连接结构与地基的约束为支座，常见的有铰支座、支杆、固定支座与球形支座等。

结构在荷载作用下应能保持整体或局部几何形状的稳定性，应为几何不变体系。铰接三角形是最基本的平面杆件几何不变体系，没有多余约束，由此可以推广得到点与刚片的连接规则、两刚片的连接规则和三刚片的连接规则。由几何构成规则可以判断体系是否能维持形状的稳定、能否平衡、是否有多余约束，从而确定合理分析方法。

结构分析是在计算简图基础上进行的，计算简图的确立主要依据结构分析内容、精度、荷载及其传力路径等，从而确定荷载（大小、位置、分布形式等）、结构体系（空间或平面）、构件形式（块体、板、壳或杆件）及其几何尺寸以及约束（支座和结点）形式等。

趣味知识——工程中的复杂支座与结点

实际工程结构的结点或支座往往不是一目了然的，而需要依据构件与构件之间或结构整体与地基之间的相对运动方式以及主要传递的力的性质加以确定，不同的支座和结点形式适合的条件、材料、构造的难易程度也不同。

铰支座不产生弯矩，对地基承载力要求相对较低，但构造比较复杂，通常采用钢支座形式。固定支座构造相对简单，但由于有支座弯矩，对地基承载力要求较高。混凝土基础常为固定支座。

此外，实际工程中的约束还有半刚性的，即传递部分力或力矩。如位于软弱地基上的结构，与地基之间可以发生一定的相对转动和竖向沉降，其转角和沉降大小又受到地基位移的限制，为此可简化为图3-36（a）所示弹性支座的形式。

我国传统木建筑结构采用榫卯连接，如图3-36（b）所示，木构件之间允许有微小的滑动和转动，也是复杂的半刚性约束，弯矩和力在结点区域有少量消耗，而不会全部传递给其他构件。

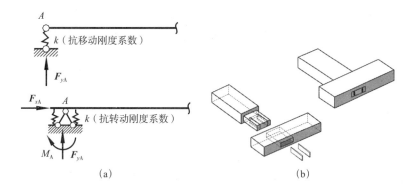

图3-36 半刚性约束
（a）弹性支座；
（b）木结构的榫卯连接

思考题

3-1 举出实际生活中利用三角形稳定性的例子。

3-2 试用最简便的方法确定如思考题3-2图所示，A、B处约束反

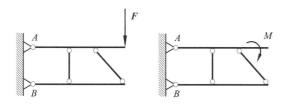

力的作用线。

3-3 下列叙述是否正确：

（1）由一个铰和一根链杆连接的两个刚片一定组成无多余约束的几何不变体系。

（2）三个刚片分别用不完全平行也不共线的两根链杆两两连接，且所形成的三个虚铰不在同一条直线上，则构成无多余约束的几何不变体系。

（3）有多余约束的体系一定是几何不变体系。

3-4 如思考题 3-4 图所示体系中的二元体有哪些？

3-5 如思考题 3-5 图所示，横梁 *AB* 及竖杆 *CD* 为钢筋混凝土构件，*CD* 杆截面远小于 *AB* 杆，杆 *AD* 及 *BD* 为 16Mn 圆钢。试作图示结构的计算简图。

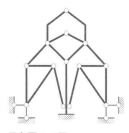

思考题 3-4 图

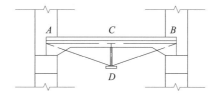

思考题 3-5 图

3-6 试讨论确定如图 3-35 所示工业厂房在水平风荷载下所对应的结构计算简图。

3-7 基于铰接三角形原则的平面杆件体系几何构成规则能否对所有的体系进行几何构成分析？

3-8 如思考题 3-8 图所示体系，在图示荷载作用下能否平衡？若要使体系维持平衡，可采用哪些方法？

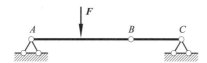

思考题 3-8 图

习题

3-1 指出如习题 3-1 图所示各图中都有哪些约束（包括支座和结点），并画出指定物体所受约束的约束反力（包括约束反力的作用线、作

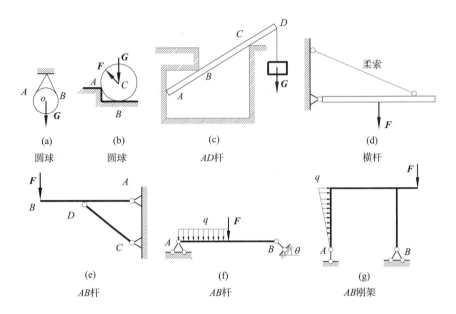

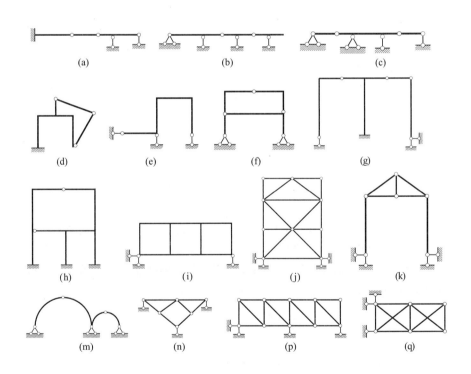

用方向和作用点）。凡未特别注明者，均不计物体自重，所有接触面均为
光滑接触面。

3-2　试分析如习题 3-2 图中所示各体系的几何构成特性，并明确多
余约束的数目。

解答

3-1　略；

3-2　（a）、（b）、（d）、（e）、（f）、（g）、（m）均为无多余约束的
几何不变体系；

（c）有 1 个多余约束的几何不变体系；

（h）有 7 个多余约束的几何不变体系；

（i）有 9 个多余约束的几何不变体系；

（j）有 2 个多余约束的几何不变体系；

（k）几何可变体系；

（n）几何可变体系；

（p）有 1 个多余约束的几何不变体系；

（q）有 2 个多余约束的几何不变体系。

第4章

静力平衡条件及其应用

在荷载作用下保持平衡，即处于静止状态或匀速直线运动状态，是结构满足承载功能的基本要求。一般地，工程结构的平衡都是指相对于地球表面静止，如常见的房屋、桥梁、水坝等建筑物和构筑物，都处于相对于地面静止的平衡状态。也许将来人类会居住于相对于地面匀速运动的建筑物内。使结构维持静止平衡状态的力应该满足什么条件，结构处于静止的平衡状态时，所受到的力具有什么特性，这就是本章将要讨论的内容。使物体处于静止的平衡状态的力所满足的条件也称为静力平衡条件。本章将着重讨论平面力系的静力平衡条件，以及如何利用静力平衡条件计算未知力。在此，不考虑空间力系，也忽略荷载随时间变化、结构具有加速度与惯性力等的动力平衡情形。

4.1 力与力系

在讨论结构静力平衡条件前，先简单回顾中学物理对力与力系的认识。

4.1.1 力的分类

力是物体与物体之间的相互机械作用。力可以改变物体的运动状态，对物体产生运动效应；力也可改变物体的形状或尺寸，即对物体产生变形效应。如推动小车，使其由静止到运动，或使其运动加快，则力对推车有运动效应；钢筋受力被伸长或压缩，则力对钢筋产生了变形效应。

本章将物体视为刚体，忽略力使物体产生的变形，主要讨论力对物体的运动效应，包括移动效应和转动效应。

力不能脱离物体而存在，有力必定存在至少两个物体，一个施力体，一个受力体。

两物体间相互作用的力总是大小相等、方向相反、作用线沿同一直线，分别且同时作用在这两个物体上，这一规律称为**作用力与反作用力定律**。两个物体之间有作用力，必有反作用力。作用力与反作用力正是荷载在结构上传递的依据。

力的作用效应取决于**力的三要素：大小、方向**和**作用点**。力的单位为"牛顿"（N）或"千牛顿"（kN）。通常用一条沿力作用线的有向线段表示力的三要素，称为**力矢**。如图 4-1 所示，表示物体在 A 点受到力矢 F 的作用。图中，点 A 为力的作用点，箭头指向表示力的方向。一般毋需强调力的大小时，则线段的长度不必严格按比例画出。

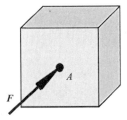

图 4-1 力的三要素示意图

根据力的作用范围可分为集中力和分布力。如图 4-2 所示，均匀分布于作用区域的力称为**均布力**，否则称为**非均布力**。分布在某个面上的力称为**分布面力**，如水压力、风压力等，它常用单位面积所受力的大小来度量，称为**分布面力集度**，单位为牛 / 平方米（N/m²）或千牛 / 平方米（kN/m²）。建筑结构设计中，楼面和屋面活荷载通常作为均布面荷载。分布在体积上的力称为**分布体力**，例如结构或构件的重力，它常用单位体积上所受力的大小来度量，称为**分布体力集度**，单位为牛 / 立方米（N/m³）或千牛 / 立方米（kN/m³）。当荷载分布于狭长形状的体积或面积上时，可简化为沿其长度方向中心线分布的线分布力，它常用单位长度上所受力的大小来度量，称为**线分布力集度 q**，单位牛 / 米（N/m）或千牛 / 米（kN/m）。如图 4-2 所示，给出了建筑结构中常见的力的类型。

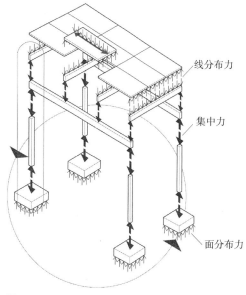

线分布力

集中力

面分布力

图 4-2

4.1.2 力系的分类

作用于物体上的一组力，称为**力系**。根据力系中各力作用线的关系，力系可分为：**汇交力系**，即各力作用线交于一点；**平行力系**，即各力作用线相互平行。全部由力偶组成的力系称为**力偶系**（关于力偶的概念见 4.4 节）。其余的则称为**一般力系**。根据力的作用线是否在同一平面内，又可分为**平面力系**和**空间力系**（本书若无特别说明，仅限于平面力系）。对同一物体作用效应相同的两个力系称为**等效力系**。使物体处于平衡状态的力系称为**平衡力系**。

4.2 基本公理与定理

4.2.1 力的平行四边形法则

在结构受力分析中，常用一个较简单的力系等效代替原力系，称该过程为**力系的简化**。特别地，如果用一个力就可以等效代替原力系，则称该力为原力系的**合力**，而原力系中的各力为该等效力的**分力**。

如图 4-3 所示，作用于物体上同一点的两个力 F_1 和 F_2，可以合成为一个合力 F_R。合力的作用点也在该点，合力的大小和方向由以两力为邻边的平行四边形的对角线确定，记作：

$$F_R = F_1 + F_2 \tag{4-1}$$

表示合力矢 F_R 等于两分力矢 F_1 和 F_2 的矢量和。

根据力的平行四边形法则，可以将任意两个力合成为一个力，也可以将一个力分解为作用于同一点的任意两个分力。

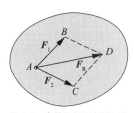

图 4-3 力的平行四边形法则

求合力时，也可不必画出整个平行四边形，而只需画出平行四边形的一半——三角形，如图4-3中所示三角形 *ABD* 或 *ACD*，所以又称为**力的三角形法则**。

4.2.2 二力平衡公理

刚体在两个力作用下保持平衡的必要和充分条件是：这两个力大小相等、方向相反、作用线沿同一直线。如图4-4所示，杆件在一对拉力（或压力）作用下处于平衡状态，这对力称为一对平衡力。二力平衡公理是推证力系平衡条件的基础。

如图4-4所示杆件仅受到两个集中力作用并保持平衡，称这类杆件为**二力体**（或**二力杆**）。二力杆所受的两个力的作用线必须沿此二力作用点的连线，且大小相等、方向相反。

二力平衡公理对于变形体不一定成立。例如，如图4-4（c）所示软绳在两端受到大小相等、方向相反的拉力时可以平衡，如果受到一对压力就无法平衡。此外，作用力与反作用力虽然也是大小相等、方向相反、作用线沿同一直线的一对力，但它们分别且同时作用在不同的物体上，不能构成一对平衡力。

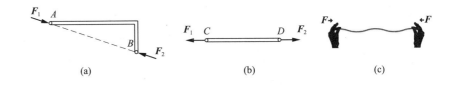

图4-4　二力平衡公理
(a)　　　　　　　　　　　　　(b)　　　　　　　　　　　(c)

4.2.3 加减平衡力系公理

若刚体受到力系作用，在原力系上增加或减去平衡力系，不会改变原力系对刚体的作用效应。这是因为平衡力系中各力对刚体作用的效应相互抵消了。

利用加减平衡力系公理可以将力沿其作用线等效滑动。如图4-5所示，力 *F* 作用于刚体上的 *A* 点。现在其作用线上任一点 *B* 加一对平衡力系 F_1 和 F_2，且 $F_1=F_2=F$。则新的力系 *F*、F_1 和 F_2 对刚体的作用效应与原力 *F* 相同。由图4-5还可看出，力 *F* 与 F_2 也构成一对平衡力，若减去该平衡力系，剩下的 F_1 的作用效应也与原力 *F* 相同。上述过程相当于将 *F* 沿其作用线由 *A* 点滑动至 *B* 点，而力的作用效应不变。

4.2.4 力的投影与分解

设力 *F* 作用在某物体的 *A* 点，在如图4-6所示坐标系 *oxy* 下，将力 *F* 分别向 *x* 轴和 *y* 轴投影，投影线段 *ab* 和 *cd* 记作 F_x 和 F_y。规定：从 *a* 到 *b* 的指向与 *x* 轴正向一致时，投影 F_x 为正，反之为负；F_y 同此。若力 *F* 和 *x* 轴正向之间的夹角为 α，则有 $F_x=F\cos\alpha$，$F_y=F\sin\alpha$。

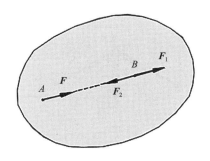 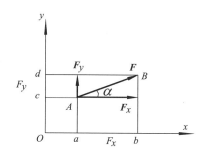

图4-5　加减平衡力系公理（左）
图4-6（右）

注意：力在任意坐标轴上的投影是代数量而非矢量。通常取力与坐标轴之间的锐角计算投影的大小，再按上述规定确定其正负。

投影 F_x、F_y 与 F 的大小关系为：

$$F=\sqrt{F_x^2+F_y^2} \tag{4-2}$$

根据力的平行四边形法则，也可将力 F 沿直角坐标轴的方向分解为两个正交分力 F_x、F_y，则有：

$$F=F_x+F_y \tag{4-3}$$

显然，在直角坐标系中，力 F 在坐标轴上的投影与其沿相应轴分力的大小相等，且投影的正负号与分力的指向相符。

须注意的是，力沿坐标轴方向的分力是矢量，有大小、方向和作用线；而力在坐标轴上的投影是代数量，无所谓方向和作用线。若将力沿非正交轴分解，其分力大小并不等于力在相应轴上的投影（图4-7）。

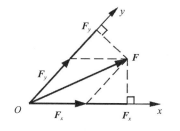 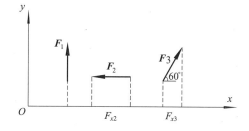

图4-7　力的分解与投影（左）
图4-8　力的正交投影（右）

如图4-8所示，各力在 x 轴上的投影分别为：

$$F_{x1}=F_1\cos90°=0, \quad F_{x2}=-F_2\cos0°=-F_2, \quad F_{x3}=F_3\cos60°=F_3/2$$

可知，若力的作用线与坐标轴垂直，则力在该坐标轴上的投影为零；若力的作用线与坐标轴平行，则力在该坐标轴上投影的绝对值等于该力的大小。

4.2.5　平面汇交力系的合成

各力作用线在同一平面内的汇交力系为平面汇交力系。如图4-9（a）所示为屋架的一部分，在 A 点受到集中荷载 F 作用，则荷载在杆件1、2和3上所产生的内力（关于杆件的内力详见第4章）F_{N1}、F_{N2} 和 F_{N3} 与

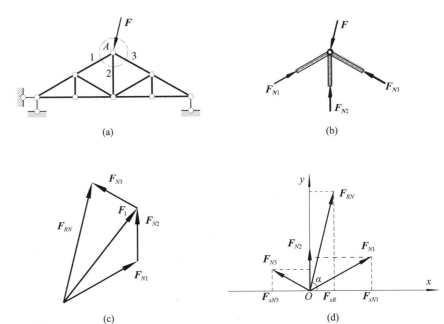

图 4-9　平面汇交力系的合成

荷载 F 都作用在屋架所在的平面内，且交于 A 点，组成一平面汇交力系，如图 4-9（b）所示。

　　根据平行四边形法则或三角形法则，可以作图得到杆件内力 F_{N1}、F_{N2} 和 F_{N3} 的合力。如图 4-9（c）所示，根据三角形法则，先作出 F_{N1} 和 F_{N2} 的合力 F_1，再由 F_{N1} 和 F_{N3} 得到最终合力 F_{RN}。可见，合力与各杆内力构成封闭的力多边形。因此，确定合力的过程还可进一步简化：依次将 F_{N1}、F_{N2} 和 F_{N3} 各力矢首尾相连，再做一有向线段由 F_{N1} 的始端连向 F_{N3} 的末端，该有向线段即为内力的合力矢 F_{RN}，这一方法又称为**力多边形法**。记作：

$$F_{RN}=F_{N1}+F_{N2}+F_{N3} \tag{4-4}$$

即内力的合力 F_{RN} 等于各内力的矢量和。

　　合力也可采用**投影法**计算。即将各力向坐标轴投影（图 4-9d），合力的投影等于各力投影的代数和，即：

$$\left.\begin{array}{l} F_{xRN}=F_{xN1}+F_{xN2}+F_{xN3} \\ F_{yRN}=F_{yN1}+F_{yN2}+F_{yN3} \end{array}\right\} \tag{4-5}$$

　　一般地，n 个力的合力可记作：

$$\left.\begin{array}{l} F_{xR}=F_{x1}+F_{x2}+F_{x3} \\ F_{yR}=F_{y1}+F_{y2}+F_{y3} \end{array}\right\} \tag{4-6}$$

上式称为**合力投影定理**，即：合力在坐标轴上的投影等于各分力在同一坐标轴上的投影的代数和。合力的大小为：$F_R=\sqrt{F^2_{xR}+F^2_{yR}}$，合力的方向为：$\tan\alpha=|F_{yR}/F_{xR}|$，$\alpha$ 表示合力与 x 轴所夹的锐角。

　　合力投影定理既适用于平面汇交力系，也适用于平面一般力系。

4.3　力对物体的转动效应

4.3.1　力矩

力除了能使物体移动外，还能使物体转动。力对物体的转动效应采用力矩表示。

如图 4-10 所示，用扳手拧螺帽时，力 F 使扳手绕螺帽中心 O 点发生转动，其转动效应等于力 F 的大小与 O 点到该力的作用线的垂直距离 h 的乘积 Fh。此外，力使扳手绕 O 点转动的方向不同，作用效果也不同。一般采用带正负号的 Fh 的值表示力 F 使物体绕 O 点的转动效应，称为力 F 对 O 点之矩，用 $M_O(F)$ 表示，即：

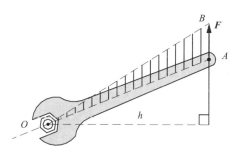

图 4-10　力矩使扳手转动示意图

$$M_O(F) = \pm Fh \qquad (4-7)$$

其中，点 O 称为矩心，h 为力臂，力 F 与矩心 O 所决定的平面为力矩平面。规定：力使物体绕矩心逆时针转动为正，反之为负。在平面力系问题中，力对点之矩是个代数量，单位是 N·m 或 kN·m。

力矩是力使物体绕某点的转动效应，因此，力矩平面上任意一点都可以当作矩心，矩心可以在物体上，也可以在物体之外。同一力对不同点的力矩一般不同。因此，必须指明矩心，力对点之矩才有意义。

力矩具有如下性质：

1. 当力的作用线通过矩心时，力臂为零，该力对该矩心的力矩等于零。

2. 力可以沿其作用线任意滑动，而不会改变该力对指定点的力矩。

4.3.2　合力矩定理

如图 4-11 所示的三角支架，B 点作用集中力 F，F=10kN，α=30°，试计算力 F 对支座 A 之矩。直接计算力 F 的力臂稍嫌复杂，若将其分解为水平分力 F_x 和竖向分力 F_y，则容易得到：

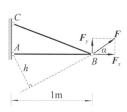

图 4-11

$M_A(F_x)=0$，$M_A(F_y)=F_y \times l_{AB}=F \times \sin\alpha \times l_{AB}=F \times h$，

则力 F 对支座 A 之矩为：

$M_A(F)=M_A(F_x)+M_A(F_y)=F_x \times 0+F_y \times l=F \cdot \sin 30° \times 1 = 5 \text{kN} \cdot \text{m}$

上式可以推广至由 n 个力组成的平面汇交力系，即：

$$M_O(F)=M_O(F_1)+M_O(F_2)+\cdots+M_O(F_3)=\sum_{i=1}^{n} M_O(F_i) \qquad (4-8)$$

式（4-8）中，F_1、F_2、…、F_n 为力 F 沿任意方向的分力。

式（4-8）称为合力矩定理，它表明：平面汇交力系的合力对该平面内任一点的力矩等于各分力对同一点之矩的代数和。利用该定理可以计算平面汇交力系对任意点的合力矩。当求解某力对某点的矩较困难时，还可以将该力分解为容易计算力矩（主要是力臂）的分力形式。

4.3.3 力偶

工程与生活中还常常遇到这样的情形，如用两个手指旋转水龙头或钢笔套，用双手转动汽车方向盘或转动丝锥，力产生的效果是使物体只发生转动但不移动。这类作用力的特点是：由大小相等、方向相反的一对力构成，两个力平行但不共线，使物体只发生转动而不移动，称由这两个力构成的力系为**力偶**，如图 4-12 所示，记作 F，F'。力偶中二力作用线所决定的平面称为**力偶平面**，二力作用线间的垂直距离 h 称为**力偶臂**。

力偶对物体的转动效应取决于力偶中任何一个力的大小与力偶臂的乘积以及力偶在其作用平面内的转动方向。记作：

$$M = \pm F \times h = \pm F' \times h \qquad (4-9)$$

M 称为力偶矩，正负号表示力偶在其作用平面内使物体转动的方向，与力矩的正负号规定一致。力偶矩也是代数量，单位为 $N \cdot m$ 或 $kN \cdot m$，也与力矩相同。

力偶和力都是最基本的力学量。与力相比，力偶的性质如下：

性质一、构成力偶的一对力，其合力为零，但力偶矩不等于零，能使物体转动，不能使物体移动。因此，力偶不是平衡力系，力偶也不能用一个力代替。

性质二、力偶对其作用平面内任意点之矩为常数，不随矩心位置而变化。

性质三、同时改变组成力偶的力的大小和力偶臂的长度，只要保持力偶矩不变，力偶可在其作用面内任意移动和转动，原力偶对刚体的作用效应不会改变。

如图 4-12 所示，将力的作用点分别由 A、B 移动到 C、D，力和力臂均发生改变，但力偶矩的大小和方向不变，则对刚体的转动效应不变。又如用两手转动方向盘时，两手可以位于方向盘的任何位置，只要两手

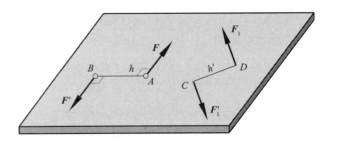

图 4-12

作用于方向盘上的力偶矩不变，则它们使方向盘转动的效应就是完全相同的。可见，力偶矩是力偶对刚体作用效应的唯一度量。力偶可用一段带箭头的弧线表示 $\curvearrowleft$，弧线所在平面代表力偶作用面，箭头表示力偶在其作用面内的转向，M 表示力偶矩大小，即 $M=Fh$。

力偶只能产生转动效应。当平面内同时作用若干力偶时，也只能产生转动效应，且总的转动效应等于各力偶转动效应的代数和。因此，平面力偶系的合成效应可以用一个合力偶表示，合力偶矩等于各分力偶矩的代数和，即：

$$M=M_1+M_2+\cdots+M_n=\sum_{i=1}^{n}M_i \tag{4-10}$$

4.4　平面一般力系的合成

如图 4-13（a）所示梁 AB，梁上悬挂重物 W_2，A 端铰接于墙体，B 端由拉索 BC 拉结，若忽略梁的自重，梁所受到的外力包括重物的重力 W_2、拉索的拉力 F_T、A 端的支撑反力 F_{xA} 和 F_{yA}，如图 4-13（b）所示。各力作用线既不全交于一点，也不全平行，称这种力系为**平面一般力系**。平面一般力系是工程结构中的常见力系。

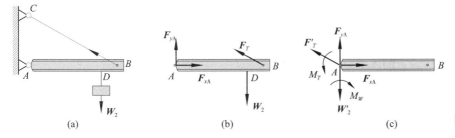

图 4-13

为考察力系对物体总的效应，包括移动效应和转动效应，可将各力向平面上任意一点简化，以合成为一个合力和一个合力矩。如图 4-13 所示，可将梁上各力向 A 点简化。力 F_T 向 A 点的简化，是先将其平移至 A 点成为 F'_T，由于原力 F_T 对 A 点有转动效应，为使平移后力对物体的总效应不变，还需在 A 点附加一力偶，其力偶矩 M_T 等于原力 F_T 对 A 点之矩。重力 W_2 向 A 点的简化与此类似。简化后的力系如图 4-13（c）所示，则原一般力系等效为 A 点的平面汇交力系和平面力偶系。其中，$|F'_T|=|F_T|$，$|W'_2|=|W_2|$，$M_T=M_A(F_T)$，$M_W=M_A(W_2)$。

可见，力向一点的简化需遵循**力的平移定理**：作用在刚体上点 A 的力平移到该刚体上任一点 B，为使力对刚体的作用效应不变，必须在该力与该平移点所决定的平面内附加一力偶，其力偶矩等于原力对平移点之矩。

进一步，可将汇交力系的合力称为原力系的**主矢**，记作 F'_R；平面力偶系的合力偶称为原力系对 A 点的**主矩**，记作 M_A。

上述方法可以推广至刚体上作用多个力构成的平面一般力系，即：

$$F'_R = F'_1 + F'_2 + \cdots + = F'_n = \sum F'_i$$
$$M_O = \sum M_i = \sum M_O (F_i) \qquad (4-11)$$

可见：平面一般力系向平面内任一点 O 简化，可得一个合力和一个合力偶，该合力作用线通过简化中心 O，其大小和方向为该力系的主矢 F'_R，力偶之矩等于该力系对简化中心的主矩 M_O。力系主矢的大小和方向与简化中心位置无关，而主矩与简化中心的位置有关。

进一步地，若主矢和主矩不全为零，则主矢与主矩还可以合成为一个合力，该合力的大小和方向与主矢相同，合力对 O 点之矩等于力系对 O 点的主矩。具体见算例 4-1。

通常，力系的主矢还可以用投影方式表示为：

$$F'_{xR} = \sum F'_{xi}, \quad F'_{yR} = \sum F'_{yi} \qquad (4-12)$$

式中，F'_{xR}、F'_{yR} 和 F'_{xi}、F'_{yi} 分别表示主矢 F'_R 和力系中第 i 个分力 F_i 在坐标轴上的投影。上式表示力系的主矢在某轴上的投影等于原力系中各个分力在同一轴上投影的代数和。主矢的大小为 $F'_R = \sqrt{F'^2_{xR} + F'^2_{yR}}$，方向为 $\tan\alpha = \left|\dfrac{F'_{yR}}{F'_{xR}}\right|$，$\alpha$ 为 F'_R 与 x 轴正向所夹角度，以逆时针转向为正。

【例 4-1】如图 4-14 所示为平面一般力系。已知：$F_1 = 130N$，$F_2 = 100\sqrt{2}\,N$，$F_3 = 50N$，$M = 500N \cdot m$，图中尺寸单位为 m，各力作用线及作用点均在图中标明。试求该力系向 O 点简化后的主矢与主矩，以及最终合力的大小、方向与作用点。

【解】以 O 点为原点，建立图示直角坐标系 Oxy。

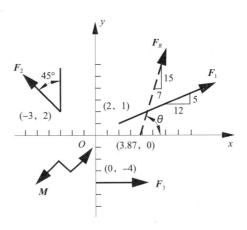

图 4-14

（1）计算主矢 F'_R

$$F'_{xR} = \sum F_{xi} = F_1 \times \frac{12}{13} - F_2\cos45° + F_3 = 70N,$$

$$F'_{yR} = \sum F_{yi} = F_1 \times \frac{5}{13} + F_2\sin45° = 150N,$$

$$F'_R=\sqrt{F'^2_{xR}+F'^2_{yR}}=165.5\text{N}, \quad \tan\alpha=\left|\frac{F'_{yR}}{F'_{xR}}\right|=\frac{15}{7}\text{。}$$

（2）计算主矩 M_O

$$M_O=\sum M_O(F)$$

$$=-F_1\times\frac{12}{13}\times1+F_1\times\frac{5}{13}\times2+F_2\sin45°\times2-F_2\cos45°\times3+F_3\times4+M$$

$$=580\text{N}\cdot\text{m}$$

（3）确定最终合力 F_R

由于主矢和主矩都不为零，所以该力系可继续合成为一个合力 F_R，该合力的大小和方向与主矢 F'_R 相同，作用线不过原点 O，对 O 点之矩应等于该力系对 O 点的主矩，则该合力 F_R 与 x 轴的交点坐标为：

$$x=M_O/F'_{yR}=3.87\text{m}$$

最终合力 F_R 的作用线如图 4-14 中虚线所示。

【例4-2】试确定如图 4-15 所示，梁段 AB 上作用均布荷载的合力。

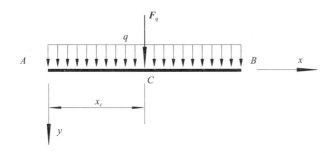

图 4-15

【解】（1）计算合力大小

AB 段分布荷载的合力大小为 $F_q=q\times l$，相当于 AB 段荷载图形的面积。

（2）确定合力位置

设合力 F_q 的坐标为 x_c，由合力矩定理可知，F_q 对平面内任意一点的矩应等于分布荷载 q 对该点的合力矩，可取 A 点计算，即：$M_A(F_q)=\sum M_A(q)$。其中，$\sum M_A(q)$ 为分布力对 A 点的合力矩。

可以将杆件 AB 分为若干小段，每一段长 Δx，荷载大小为 $q\Delta x$，任意取一小段，位置坐标为 x，则该小段对 A 点的矩为：

$$\Delta M_A(q)=q\Delta x\times x$$

全部分布荷载对 A 点的合力矩等于各小段力矩之和，即：

$$M_A(q)=\sum\Delta M_A(q)=\sum q\Delta x\times x$$

当每一段非常小时，就记作 $\mathrm{d}x$，微段对 A 点的力矩记作 $\mathrm{d}M_A(q)$，则分布荷载的合力矩就转化为如下积分运算：

$$M_A(q)=\int_A^B\mathrm{d}M_A(q)=\int_A^B q\times x\times\mathrm{d}x=\frac{1}{2}ql^2$$

因而

$$M_A\left(\boldsymbol{F}_q\right)=\boldsymbol{F}_q\times x_c=M_A\left(q\right)=\frac{1}{2}ql^2$$

则：
$$x_c=l/2$$

即：均布荷载的合力作用点位于杆段跨中。事实上，x_c 也是均布荷载图形形心 C 的 x 坐标。

通常，沿直线且垂直于该直线分布的同向线荷载，其合力的大小等于荷载图形的面积，合力的方向与原荷载方向相同，合力作用线通过荷载图形形心。

如图 4-16 所示，给出了工程上常见的三角形分布荷载、梯形分布荷载和斜杆上的线性分布荷载的合力大小及其作用线位置。

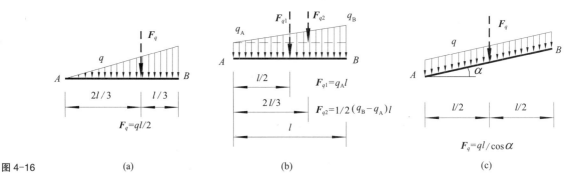

图 4-16   (a)   (b)   (c)

4.5   平面一般力系的平衡条件

若作用在刚体上的平面一般力系的主矢和主矩都等于零，则该刚体既不会移动也不会转动，刚体处于静平衡状态；反之，若要使刚体保持平衡状态，作用在刚体上的力系的主矢和主矩必须同时为零。可见，平面一般力系使物体平衡的必要和充分条件是：力系的主矢和对平面内任一点的主矩都为零。即：

$$\boldsymbol{F}'_R=0,\ M_O=0 \tag{4-13}$$

上述平衡条件也可表示为：

$$\left.\begin{aligned} F_{xR}=F_{x1}+F_{x2}+\cdots+F_{xn}=\sum F_{xi}=0 & \quad (\text{a})\\ F_{yR}=F_{y1}+F_{y2}+\cdots+F_{yn}=\sum F_{yi}=0 & \quad (\text{b})\\ \sum M_O\left(\boldsymbol{F}_i\right)=0 & \quad (\text{b}) \end{aligned}\right\} \tag{4-14}$$

即：力系中各力在力系平面内任一轴上投影的代数和为零，同时，各力对力系平面内任一点之矩的代数和也为零。

式（4-14）是三个独立的方程，故平面一般力系平衡条件可求解三个未知量。此外，平面一般力系的平衡方程还可表述为以下两种形式：

（1）二矩式平衡方程

$$\sum F_{ix}=0$$
$$\sum M_A\,(\,\boldsymbol{F}_i\,)=0$$
$$\sum M_B\,(\,\boldsymbol{F}_i\,)=0$$

（4-15）

其中 A、B 两矩心的连线不得垂直于所选投影轴（如 x 轴）。

（2）三矩式平衡方程

$$\sum M_A\,(\,\boldsymbol{F}\,)=0$$
$$\sum M_B\,(\,\boldsymbol{F}\,)=0$$
$$\sum M_C\,(\,\boldsymbol{F}\,)=0$$

（4-16）

其中 A、B、C 三点不得共线。

这两种表达方式均可由式（4-13）导出。

特别地，若物体受到平面汇交力系作用，保持平衡的条件是平面汇交力系的合力必须等于零，即：

$$\boldsymbol{F}_R=\boldsymbol{0}$$

（4-17）

或采用式（4-14a、b）。

若某刚体只受平面力偶系作用，其合力偶矩必须为零，才能使该刚体处于平衡状态。即：

$$M=\sum_{i=1}^{n}M_i=0$$

（4-18）

可见，平面汇交力系和力偶系为平面一般力系的特例。

4.6　静力平衡条件的应用

4.6.1　静定结构与超静定结构

如图 4-17（a、c）所示梁，根据几何构成规则可以判断均为几何不变体系。如图 4-17（a）所示为简支梁，没有多余约束，未知约束反力有 3 个，构成平面一般力系（图 4-17b），独立的静力平衡方程数也为 3 个，则该结构的未知约束反力数与独立的静力平衡方程数相等，在任意已知

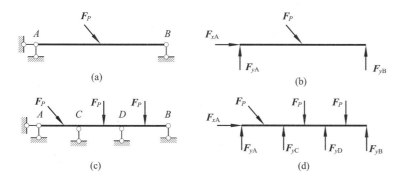

图 4-17

荷载作用下，结构的全部约束反力和内力由静力平衡方程可以唯一确定。称此类无多余约束的结构为**静定结构**（Statically Deterministic Structure）。

如图4-17（c）所示。是有两个多余约束的连续梁，未知的支座反力共5个，如图4-17（d）所示，而独立的静力平衡方程只有3个，仅利用静力平衡方程无法唯一确定结构的全部约束反力。这类有多余约束的结构又称为**超静定结构或静不定结构**（Statically Indeterminate Structure），即仅由静力平衡条件无法唯一确定全部反力和内力的结构，需补充其他条件。多余约束的存在不会改变结构的几何构成特性，但对结构的传力路径、内力及变形特性等会产生影响，从而决定结构分析方法。

本章与第5、6、8章均针对静定结构，第9章针对超静定结构，第7、10章则不区分静定和超静定结构。

4.6.2 静定结构约束反力的计算

下面举例说明如何利用静力平衡条件计算静定结构的约束反力，包括支座反力和结点约束力。约束反力的计算也是结构分析的首要步骤。

计算约束反力的基本思想是解除结构的约束，使其暴露成为作用在结构上的外力，而后利用平衡条件求解。而首先，需确定结构的**隔离体受力图**，即解除结构全部或部分约束，代之以相应约束反力，加上作用在结构上的原有全部荷载的结构受力示意图。

【**例4-3**】如图4-18（a）所示简支梁AB，不计杆件自重，跨中C点处受一集中力F作用。试作该梁的隔离体受力图。

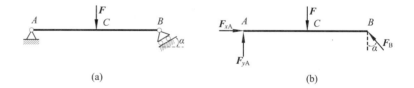

图4-18   (a)   (b)

【**解**】以梁AB为研究对象，解除A、B两处的支座约束。B为可动铰支座，其反力F_B过铰心且垂直于支承面，指向待定，可设其指向结点B；A为固定铰支座，其约束反力可用过点A的相互垂直的分力F_{xA}、F_{yA}表示，方向待定，可如图假定。梁AB的隔离体受力图，如图4-18（b）所示。

结构分析对象可以是单个构件、由若干构件组成的局部分体系或结构整体体系。**作结构的隔离体受力图时需注意：**

1. 根据求解问题的需要，确定研究对象后，应解除其与周围物体的所有约束，使其从周围物体中分离出来成为隔离体。

2. 在隔离体上需画出全部荷载和每个约束的约束反力。通常，约束反力的方向待定，作图时可任意假定。

3. 不要运用力系的等效变换或力的可传递性改变力的真实作用位置。

【**例4-4**】三铰刚架及其荷载如图 4-19（a）所示，不计结构自重。试分别画出构件 AC、BC 和刚架整体的隔离体受力图。

【**分析**】F_2 作用在铰结点 C 处，将 F_2 视为全部或部分由 AC 杆承担或 BC 杆承担，对计算结果没有影响（同学们可自行分析比较）。在此，将 F_2 全部作用于 AC 杆。

【**解**】（1）取 BC 为研究对象，解除 B、C 两处的约束。由于不计自重，BC 杆仅在 B、C 两点受力的作用而平衡，为二力构件，根据二力平衡公理，反力 F_B、F_C 的作用线必然沿 B、C 两点的连线，且大小相等，方向相反，即：$F_B=-F_C$，BC 杆受力图如图 4-19（b）所示。

（2）取 AC 为研究对象，解除 A、C 两处的约束。AC 杆受到荷载 F_1 和 F_2 作用。C 点还受到杆 BC 的反作用力 F'_C（$F'_C=-F_C$）。A 为固定铰支座，其约束反力用过点 A 的两个垂直分力 F_{xA}、F_{yA} 表示，AC 杆受力图如图 4-19（c）所示。

（3）取整体结构为研究对象，解除 A、B 两处约束，铰结点 C 对于刚架整体而言是内部约束，予以保留。将荷载 F_1 和 F_2、约束反力 F_{xA}、F_{yA} 和 F_B 绘于刚架上，受力图如图 4-19（d）所示。注意，图 4-19（d）中，F_{xA}、F_{yA} 和 F_B 应与杆件 AC、BC 隔离体受力图中的一致。

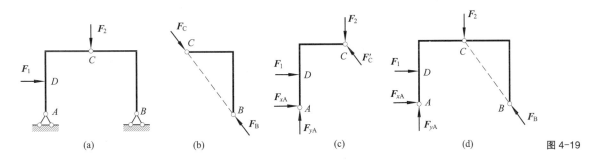

(a)　　　　　　(b)　　　　　　(c)　　　　　　(d)　　　　　　图 4-19

进一步地，可利用平衡条件，针对隔离体受力图求解结点约束反力和支座反力。

【**例4-5**】求图 4-20 所示简支梁的支座反力。

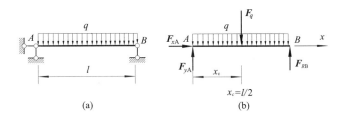

(a)　　　　　　(b)　　　　　　图 4-20

【**解**】（1）解除约束，做梁 AB 的隔离体受力，如图 4-20（b）所示
（2）列平衡方程，计算支座反力

由【例4-2】知，均布荷载的合力大小为 $F_q=q \times l$，作用线位于梁的跨中。

由：$\sum F_{xi}=0$，可得：$F_{xA}=0$。

由：$\sum M_A(F_i)=0$，可得：$F_{RB} \times l - F_q \times l/2=0$，

则有：$F_{RB}=F_q/2=ql/2$，

正值表示 F_{RB} 的实际方向与假设方向相同，竖直向上；

由：$\sum F_{yi}=0$，可得：$F_{yA}=ql/2$。

正值表示，F_{yA} 的实际方向与假设方向相同，竖直向上。

以上算例也可以列平衡方程，在方程中计算分布力的合力以及对 A 点的合力矩。读者可自行尝试。

注意：做隔离体受力图时，约束反力方向是事先假定的。计算得到的约束反力若为正，表示力的实际方向与假设方向一致；若为负，表示方向相反。后续各章计算内力和位移时，正负号意义同此。

【例 4-6】试计算如图 4-21（a）所示简支刚架的支座反力。已知 $F=ql$，不计杆件自重。

【解】（1）作刚架 $ABCD$ 的隔离体受力图如图 4-21（b）所示。

（2）列平衡方程，求约束反力。

由 $\sum F_{yi}=0$，得：$F_{xA}-F=0$，则：$F_{xA}=ql$（→）。

注意：为简化计，除非特别说明，后文的计算分析中，均以箭头表示力的方向。

以 B 为矩心，求 F_{yA}。

由 $\sum M_B=0$，得：$F_{yA} \times l - F \times l - \dfrac{1}{2}ql^2=0$，则：$F_{yA}=\dfrac{3}{2}ql$（↑）。

由 $\sum F_y=0$，得：$F_B+F_{yA}-ql=0$，则：$F_B=-\dfrac{1}{2}ql$（↓）。

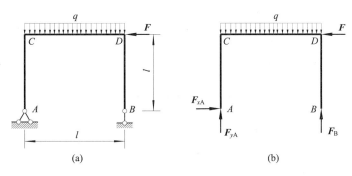

图 4-21

                          （a）   （b）

该例题中，支座反力 F_B 也可利用对 A 点的力矩平衡方程求解。

【例 4-7】试求如图 4-22（a）所示，悬臂刚架中固定支座 A 的约束反力。已知：$q=10kN/m$，$F=10kN$，$M=8kN \cdot m$。

【解】（1）刚架 AB 的隔离体受力图如图 4-22（b）所示。

（2）列平衡方程，求解支座反力。

由 $\sum F_x=0$，得：$F_{xA}-F=0$，解得：$F_{xA}=F=10kN$（→）。

由 $\sum F_y=0$，得：$F_{yA}-q \times 2=0$，解得：$F_{yA}=20kN$（↑）。

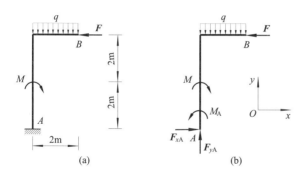

图 4-22

由 $\sum M_A(F_i)=0$，得：$M_A+F\times4-q\times2\times1-M=0$，解得：$M_A=-12$kN·m (↩)。

注意，求解未知力时，合理选择矩心，列力矩平衡方程，并使力矩方程中只包含一个未知力，可避免联立求解方程组，使计算简化。

此外，约束反力的求解顺序也会对计算的繁简程度有影响。总的原则是先简单，后复杂。如上述算例中，支座的水平反力可直接判断，就先计算，其他支座反力再结合前述列力矩方程的技巧计算。

本章小结

力会使刚体移动或转动。当结构处于静力平衡状态时，既无移动也无转动，因此，作用在结构上的力需处处满足静力平衡条件，即合力和合力偶应处处等于零。结构的静力平衡条件是结构受力分析的重要依据。根据力的平行四边形法则、二力平衡公理、加减平衡力系公理和合力矩定理等，可进行力系的合成、分解、滑动和移动。

无多余约束的结构也称为静定结构，因其全部内力和支座反力可由静力平衡条件唯一确定；有多余约束的结构则为超静定结构，其全部内力和支座反力由静力平衡条件不能唯一确定。

计算结构约束反力的基本步骤是先确定隔离体受力图，再利用平衡条件求解。

趣味知识——悬索桥的稳定

工程结构通常必须在任意荷载作用下都能保持几何形状的稳定性。某些特殊材料构成的结构，如索、膜结构等，可在拉力作用下保持平衡及几何形状的稳定，在受压和受弯的情况下则难以平衡，而需与其他刚性结构共同形成组合结构抵抗荷载。于 2007 年 10 月开始建造，2012 年 3 月通车的湖南省湘西州吉首市的矮寨大桥就是一座典型的柔索与刚性结构组成的悬索桥，如图 4-23 所示。该悬索桥的主跨为 1176m。由吊索和主缆承受拉力，将桥面重力荷载以拉力的方式传至主塔，再由主塔传至桥墩。吊索和主缆不能承受沿桥纵向的、向上的以及扭转的荷载，这

图 4-23　悬索桥主体结构示意图

些荷载需由桥面板、加劲梁与主塔所构成的刚性结构体系承担。

思考题

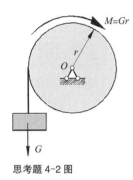

思考题 4-2 图

4-1　二力平衡条件及作用力与反作用力定律中，均有两个大小相等、方向相反、且作用线共线的力，其区别在哪里？

4-2　既然力偶不能与一个力相平衡，为什么如思考题 4-2 图所示轮子又能保持平衡？

4-3　试计算如图 4-16 所示，各分布荷载的合力和合力作用线的位置。

4-4　某平面力系向力系所在平面内任一点简化的结果都相同，该力系的简化结果可能是什么？

4-5　平面汇交力系、平面平行力系和平面力偶系各有几个独立的平衡方程？为什么？

4-6　试阐述式（4-16）所示平面一般力系的平衡条件为什么可以表示为三矩式和二矩式。

习题

4-1　试计算如习题 4-1 图所示各结构中力 F 对 A 点之矩。

4-2　分别计算如习题 4-2 图所示水平风荷载集度 q 与结构自重 G 对 A 点之矩，并计算两者的比值即抗倾覆系数 K_q，$K_q = M_A(G)/M_A(q)$。

习题 4-1 图

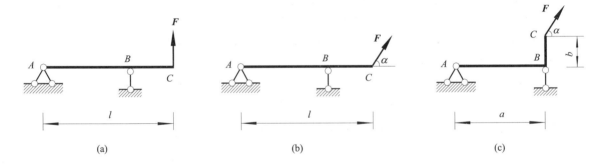

已知：$q=0.5$kN/m，自重沿高度的分布为 $G=4.2$kN/m，结构高 $h=50$m，$l=15$m。

4-3　如习题 4-3 图所示薄壁钢筋混凝土挡土墙，试计算该墙的倾覆力矩和抗倾覆力矩，并分析该墙是否会在土压力下倾覆。已知：墙重 $G_1=95$kN，覆土重 $G_2=120$kN，水平土压力 $F_3=90$kN。

4-4　如习题 4-4 图所示平面力系中，$F_1=40\sqrt{2}$N，$F_2=40$N，$F_3=100$N，$F_4=80$N，$M=3200$N·mm。图中尺寸单位为 mm。求：（1）力系向 O 点的简化结果；（2）力系合力的大小、方向及作用位置。

4-5　已知如习题 4-5 图所示平面力系 $F_1=1.5$kN，$F_2=2$kN，$F_3=3$kN，$M_1=100$N·m，$M_2=80$N·m。图中尺寸单位为 mm。求：该力系的合力和合力矩。

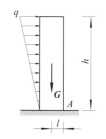

习题 4-2 图

习题 4-3 图（左）
习题 4-4 图（中）
习题 4-5 图（右）

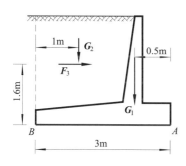
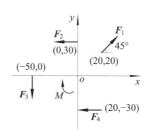
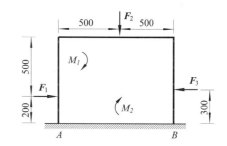

4-6　某厂房砖柱的尺寸及受力情况如习题 4-6 图所示。由吊车传来的最大压力 $F_1=56.2$kN，屋面荷载作用于柱顶中点，大小为 $F_2=86.5$kN；柱的下段及上段自重分别为 $G_1=42.3$kN，$G_2=2.2$kN。由吊车刹车而传来的掣动力 $F_3=2.3$kN，风压力集度 $q=0.236$kN/m。图中尺寸的单位为 cm。试求：此力系向柱子底面中点 O 简化的结果。

4-7　试绘制如习题 4-7 图所示各指定物体的隔离体受力图。凡未特别注明者，均不计物体自重，所有接触面均为光滑接触面。

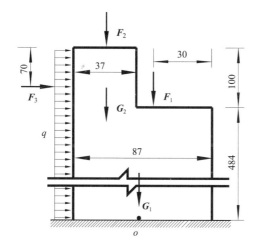

习题 4-6 图

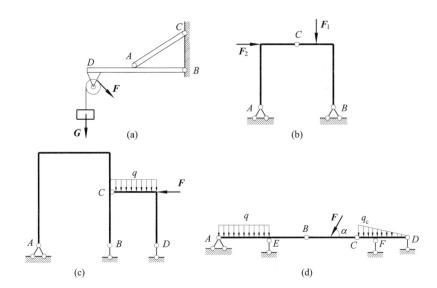

习题 4-7 图

（a）AC 杆、BD 杆连同滑轮、整体结构；

（b）AC 杆、BC 杆、整体结构；

（c）框架 ACB、框架 CD、整体结构；

（d）AB 杆、BC 杆、CD 杆；

4-8　求如习题 4-8 图所示各梁支座反力。不计杆件自重。

4-9　求如习题 4-9 图所示各刚架的支座反力。不计杆件自重。

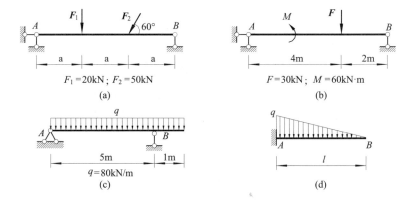

习题 4-8 图

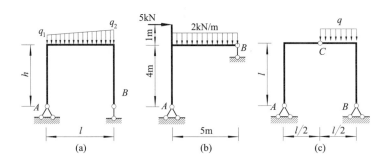

习题 4-9 图

（a）已知：$q_2>q_1$。提示：可以将荷载分解为均布荷载 q_1 和三角形荷载（q_2-q_1），分别计算单独作用后产生的支座反力，再叠加。

4-10　求如习题 4-10 图所示各梁的支座反力。不计结构自重。

4-11　快速计算如习题 4-11 图所示结构的支座反力。已知各杆 EI 为常数。

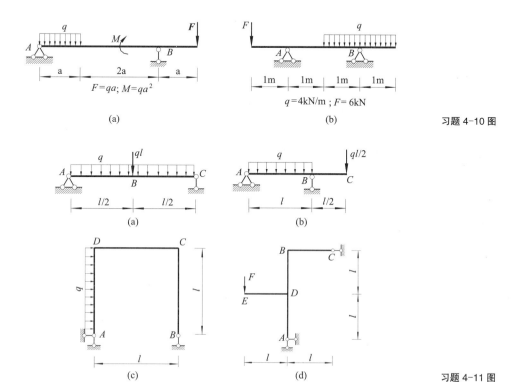

解答

4-1　（1）Fl（逆时针）；（2）$Fl\sin\alpha$（逆时针）；
　　　（3）$Fa\sin\alpha-Fb\cos\alpha$（逆时针）；

4-2　$M_A(q)$=416.67kN·m，$M_A(G)$=3150kN·m，
　　　K_q=7.56>1，不会倾覆；

4-3　倾覆力矩 M_{FA}=144kN·m；抗倾覆力矩：M_{GA}=287.5kN·m；

4-4　（1）向 O 点简化结果：
　　　F'_{xR}=-80N，F'_{yR}=-60N，M_O=600N·mm（逆时针）；
　　　（2）平移至作用线与 x 轴交点为 x=-10mm 处，得到最终简化
　　　结果；

4-5　F_{xR}=-1.5kN；
　　　F_{yR}=-2kN，作用线与直线 AB 的交点到 A 点的距离 x=290mm；

4-6　F'_{xR}=4.68kN，F'_{yR}=-189.2kN，M_O=6.15kN·m（顺时针）；

4-8　（a）F_{xA}=25kN（→），F_{yA}=27.77kN（↑）；F_{yB}=35.53kN（↑）；

（b）$F_{xA}=0$，$F_{yA}=20\text{kN}$（↑），$F_B=10\text{kN}$（↑）；

（c）$F_{xA}=0$，$F_{yA}=192\text{kN}$（↑），$F_B=288\text{kN}$（↑）；

（d）$F_{xA}=0$，$F_{yA}=ql/2$（↑），$M_A=ql^2/3$（逆时针）；

4-9 （a）$F_{xA}=0$，$F_{yA}=q_1l/3+q_2l/6$（↑），$F_B=q_1l/6+q_2l/3$（↑）；

（b）$F_{xA}=5\text{kN}$（←），$F_{yA}=0$，$F_B=10\text{kN}$（↑）；

（c）$F_{xA}=ql/16$（→），$F_{yA}=ql/8$（↑），$F_{xB}=ql/16$（←），$F_B=3ql/8$（↑）；

4-10 （a）$F_{xA}=0$，$F_{yA}=\dfrac{qa}{6}$（↑），$F_B=\dfrac{11qa}{6}$（↑）；

（b）$F_A=9\text{kN}$（↑），$F_{xB}=0$，$_{yB}=5\text{kN}$（↑）；

4-11 （a）叠加均布荷载与集中荷载单独作用下的反力，

$F_{yA}=F_C=ql$（↑）；

（b）叠加均布荷载与集中荷载单独作用下的反力，

$F_{yA}=\dfrac{1}{4}ql$（↑），$F_{yB}=\dfrac{5}{4}ql$（↑）；

（c）A、B 竖向反力构成力偶，

$F_{xA}=ql$（←），$F_{yA}=-F_{yB}=\dfrac{1}{2}ql$（↓）；

（d）A、B 水平反力构成力偶，

$F_{yA}=F$（↑），$F_{xA}=-F_{xC}=\dfrac{1}{2}F$（←）。

第5章

静定梁与刚架的内力分析

工程结构承受并传递荷载，就意味着结构与荷载的平衡。在结构整体层面，由支座反力、结点约束反力构成了结构对荷载的整体平衡机制，而在结构构件层面，则由构件的内力与荷载以及约束反力平衡。内力是构件相邻截面间的作用力与反作用力，结构通过这种作用力与反作用力的连续变化，将荷载由作用点传至整个结构并最终抵达支座或基础。可以说，结构就是"一种在所有层面上需要达到平衡的精妙系统"（塞西尔·巴尔蒙德），而力的传递途径就意味着结构。

结构构件在荷载或其他诸如温度、湿度等外界作用下，会发生变形，本章首先通过认识直杆的拉伸、压缩、剪切、扭转和弯曲等基本变形特点，把握力在结构内部的传递方式，进而学习典型的静定平面梁和刚架的内力分析方法及其内力分布特点。

结构的内力分析是结构设计的重要依据。杆件的力学特性也是把握杆件结构体系以及板、壳乃至复杂空间结构体系受力特点的基础。因此，本章及下一章是本书的重点之一。

5.1　内力和截面法

受到荷载与其他作用，杆件通常会发生变形，使杆件内部相邻部分之间产生相互作用力。这种因外界作用而引起的结构内部的相互作用力，称为**内力**。如图 5-1 所示直杆，一端受拉力（外力）作用，整个杆件将被拉伸。从杆件中截取小段，这一小段受到其相邻部分的拉力作用，也将被拉伸。同时，小段又产生反力，作用于其相邻部分上。作用在杆件端部的拉力就这样逐段传递到支座。外部拉力在各杆段之间产生的相互作用力就是杆件的内力。

可见，内力是荷载在结构构件上的传递方式，也是结构对外界作用（包括荷载、温度与湿度的变化，等等）的一种响应方式。结构受到外界作用，除产生内力外，往往还伴随着变形，变形是结构对外界作用的另一响应，结构变形的计算详见第 7 章。

欲了解内力，首先要使其"暴露"出来，这与上一章计算约束反力的思想类似。而暴露内力的方法就是**截面法**。

如图 5-2（a）所示杆件在外力作用下平衡。杆件轴线与横截面对称轴构成的平面称为杆件的**纵向对称面**。用一垂直于杆件轴线的假想平面将杆件截成两段，该截面也称为杆件的**横截面**，后文均简称**截面**。任

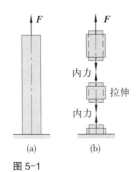

图 5-1

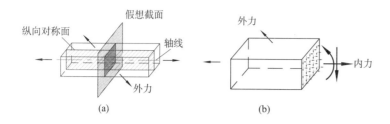

图 5-2

取被截断的杆段为**隔离体**，如图 5-2（b）所示，选取截面左段为隔离体。该段的右截面受到来自右段的作用力。假设杆件由许多纤维组成，则截面上每一根被截断的纤维都会受力，所有纤维所受力的合力就是整个截面的内力。整个杆件在荷载作用下保持平衡，意味着该杆件的任意杆段也应保持平衡，因此，左段隔离体在其截面内力和所受外力的共同作用下平衡，根据隔离体的平衡条件即可确定该杆段截面内力的大小和方向。

若荷载关于杆件的纵向对称面对称，则变形前与纵向对称面平行的平面，变形后仍然平行，如图 5-2（a）所示，则可将荷载等效转换到纵向对称面，并以纵向对称面的变形和内力来代替整个杆件的变形和内力。进一步地，可用杆件轴线代替纵向对称面。本书若无特殊说明，即采用此简化假定，在纵向对称面上描述杆件的力学性能。若荷载关于纵向对称面不对称，杆件就会发生空间变形。

5.2　直杆的基本变形与内力

杆件的变形和内力性质视受到的荷载而定，以下介绍直杆的常见变形与内力的形式。

5.2.1　轴向变形与轴力

图 5-1 所示直杆，其受到与杆件轴线重合的外力作用，将沿轴线伸长。若将荷载反向，则杆件将沿轴线压缩，称此类杆件为**轴向受力杆件**，简称**轴力杆、二力杆或桁杆**。工程结构中常见的轴力杆有桁架结构中的桁杆、起吊重物的吊缆、斜拉桥的拉索、轴向受压柱，等等。杆件的轴向拉伸和压缩是最简单最基本的变形形式，轴力杆也是最高效的传力方式。

如图 5-3（a）所示杆件，两端受到轴向拉力作用而平衡。沿 I-I 截面将其截断，取左段为隔离体，如图 5-3（b）所示，由于杆件内部的相互作用，左段截面应有内力，且分布于整个截面，方向向右。由平衡条

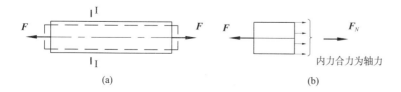

图 5-3

件可知，该截面分布内力的合力应等于作用在左段的全部轴向外力的合力，称此分布内力的合力为**轴力**，记作 F_N，其作用点在杆件横截面形心处，作用线与杆件轴线重合。

轴力使杆件沿轴向拉伸或压缩，发生轴向变形。轴力以使杆件受拉为正，受压为负。如图 5-3 所示杆件的轴力为正。

5.2.2　剪切变形与剪力

如图 5-4（a）所示简支梁，梁上作用了垂直于杆件轴线的横向力。在梁上截取微段，可以看到，该横向力也将在梁的横截面上传递（图 5-4b）。传递过程中，梁的横截面上将产生与截面相切的分布力。称此横截面切向分布力的合力为**剪力**，记作 F_Q，其作用点在杆件横截面形心处。杆件横截面剪力的大小可以由隔离体的平衡条件确定。

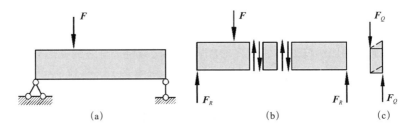

图 5-4　简支梁中剪力的传递和剪切变形

(a)　　　　　　　　　　(b)　　　　　　(c)

为进一步认识剪力的效果，单独考察微段的变形和受力。如图 5-4（c）所示，为使微段在垂直方向保持平衡，微段的两个侧面都将受到切向力的作用，这对力大小相等、方向相反，使微段的两个侧面相对错动，这种错动称为**剪切变形**。规定使相邻截面发生顺时针方向相对错动的剪力为正，反之为负。如图 5-4（c）所示的剪力即为负值。

钢结构中的各种连接，如焊缝连接（图 5-5）、螺栓连接（图 5-6）、铆钉连接，等等，容易因剪力作用而发生剪切破坏，为此，钢结构设计时需对连接件的抗剪强度进行校核。

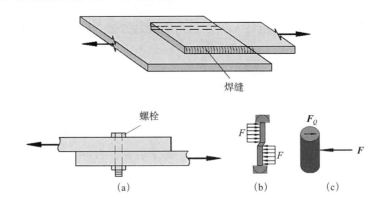

图 5-5　钢结构中的焊缝连接

焊缝

图 5-6　钢结构中的螺栓连接
(a) 螺栓连接示意图；
(b) 螺栓剪切破坏示意图；
(c) 螺栓截面剪力

螺栓

(a)　　　　　　(b)　　(c)

5.2.3　弯曲变形与弯矩

由图 5-4（c）所示可知，微段上若只作用一对剪力，该微段会发生整体转动，不能平衡。因此，图示简支梁的内力除了剪力外，应还有限制转动的力矩。如图 5-7（a）所示，除了使截面发生相对错动外，荷载与支座反力还共同对杆件产生了力偶效应，会使截面发生相对转动。如图 5-7（b）所示的微段，梁的两侧横截面除有剪力外，还需要提供内力矩与外力偶矩平衡。该内力矩由截面上的一对拉、压内力共同构成，如图 5-7（b）使杆件截面上部受拉、下部受压，截面发生转动。由杆件相邻截面的作用力与反作用力，该内力矩将沿杆件轴线在全梁传递，使梁各截面依次发生转动，其累计效应将使杆件发生**弯曲变形**（图 5-7c），杆件轴线弯曲为曲线，横截面的形心偏离初始位置，发生竖向位移，也称为**挠度**。称梁横截面的内力矩为**弯矩**，用 M 表示，矩心在杆件截面形心处。弯矩不规定正负，但需指出使杆件哪侧受拉。

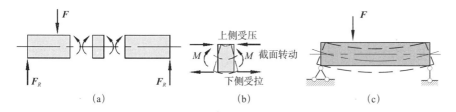

（a） （b） （c）

图 5-7 简支梁中弯矩的传递和弯曲变形

　　工程结构中，弯曲变形也是最常见、最重要的一种基本变形形式。变形以弯曲为主的杆件称为**梁**或**梁式杆**。例如屋架大梁及如图 5-8 所示的楼板梁等。

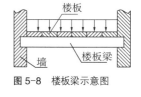

图 5-8 楼板梁示意图

5.2.4 扭转变形与扭矩

　　如图 5-9（a）所示，在杆件两端垂直于轴线的平面内，作用一对大小相等、旋转方向相反的力偶，杆件将绕轴线发生相对转动，发生**扭转变形**，对应的横截面上的内力矩称为**扭矩**，记作 M_e。如果在杆件表面做一条平行于轴线的直线，发生扭转变形后，该直线会变成空间曲线（图 5-9a）。建筑结构中，发生单纯扭转的情形并不多见，扭转通常以组合变形的方式出现。如图 5-9（b）所示为房屋建筑中的次梁、主梁和柱构成的子结构，其中，主梁受次梁传递的竖向荷载作用，除产生弯曲变

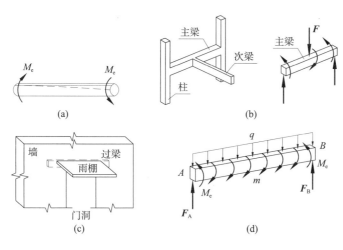

（a） （b）

（c） （d）

图 5-9
（a）扭转与扭矩；
（b）主次梁与柱子结构示意图；
（c）雨棚与过梁示意图；
（d）过梁弯曲与扭转变形示意图

形外，还将产生扭转变形；如图 5-9（c）所示为门洞上方的雨棚示意图，雨棚的重力与其他竖向荷载会引起过梁产生扭转和弯曲的组合变形，如图 5-9（d）所示。

综上，轴力杆以轴力和轴向变形的方式传递荷载，荷载的传递方向与其作用方向一致，杆件内力、变形的方向与荷载方向也一致（图 5-10a），其传力路径最短，传递效率最高，由第 8 章可知，轴力杆的材料利用率也最高。梁式杆主要以弯曲变形与弯矩的方式传递横向荷载，荷载传递方向与其作用方向不一致（图 5-10b）。梁式杆主要内力（弯矩）与变形（挠曲）的方向也与荷载方向不一致，传力路径和效率比轴力杆低。由第 8 章还可知，与轴力杆相比，梁式杆的材料利用率也较低。而工程结构中，扭转通常伴随着弯曲，是更为复杂和不利的传力方式。

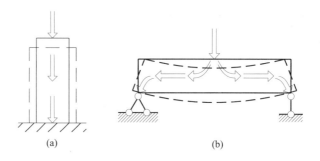

图 5-10　直杆传力路径示意图
（a）轴向荷载传力路径；
（b）横向荷载传力路径

5.3　杆系结构静力分析的基本假定

在讨论平面杆系结构的内力分析方法之前，我们先对问题做如下简化假定：

1. 连续性与均匀性假定：即在外界环境作用下，结构及其材料均保持连续，没有间断或空隙，材料的性质处处相同。

2. 线弹性假定：工程材料在荷载作用下都会发生一定的变形，若卸去荷载后材料可以完全恢复原状，称此变形为**弹性变形**。如果弹性变形与荷载始终成正比则称为**线弹性变形**。建筑结构和工程结构在自重、常规风荷载和小震作用下，其材料通常都处于线弹性状态。但当荷载过大时，卸去荷载后结构的变形可能只能部分复原，而残留一部分变形不能恢复，这类不能复原的变形就称为结构的**塑性变形**。

3. 各向同性假定：即材料在受到不同方向的力的作用时，表现出相同的力学性能。常见的金属材料就是各向同性材料，在各个方向上的抗拉（或抗压）性质和强度都相同。有些材料，受到不同方向的力的作用，表现出的性质会不同，这种材料称为**各向异性材料**。如木材沿其纹理方向的抗拉强度很大，而垂直于纹理的方向则容易被劈裂；混凝土或砌块抗压性能好，抗拉性能较差。关于材料的性质，在第 7 章会详细介绍。

4. 小变形假定：即假定杆件受到外界作用，任意截面所产生的变形和位移都是微小的。结构分析时，可忽略受力变形前后杆件变形导致的结构整体位形的变化，而仍采用没有受力的初始位形，即平衡方程建立在结构未变形的状态下。如图 5-11 所示悬臂梁，其在外力作用下所产生的变形与其自身的几何尺寸相比通常很小，在计算结构内力时，忽略杆件的变形，而始终按其变形前的原始尺寸以及位置进行计算，即梁的长度以初始长度 l_0 计，保持水平。荷载作用的位置和作用线方向也始终沿初始竖直的方向，作用在初始位置。

图 5-11 小变形假定示意图

5. 平截面直法线假定：本书所研究的杆件除非特别说明，均假设为细长杆，即忽略杆截面剪切变形产生的附加挠度，变形前后截面均保持平面，变形前截面法线变形后仍垂直于截面。

本书若无特别说明，均为满足上述假定的平面杆系结构。这类结构分析问题也称为线性问题。对于线性问题，解具有唯一性，即对于给定的外部作用，满足线性问题假定的结构的内力和变形是唯一的。由此，可以得到线性问题分析中非常重要的原理——**叠加原理**。即：当受到多个荷载与作用时，结构的内力和变形为各荷载和作用单独施加时所产生的内力和变形的代数和，且总的内力和变形与加载的秩序无关。

5.4 静定梁

梁（Beam）是最常见的结构之一，一般起水平连接作用，承受垂直于杆件轴线的横向荷载，以弯曲变形为主，内力主要是弯矩和剪力。

5.4.1 单跨静定梁

1. 单跨静定梁的基本形式

单跨静定梁是最简单最基本的梁。如图 5-12 所示，给出了常见的单跨静定梁，包括简支梁（图 5-12a）、简支斜梁（图 5-12b）、悬臂梁（一端固定，另一端自由悬挑，如图 5-12c 所示）和伸臂梁（中部简支，一端或两端悬挑，如图 5-12d 所示）。在建筑结构中，窗台上的过梁可视为简支梁，楼梯梁为简支斜梁，雨棚可视为悬臂梁，而阳台挑梁则为伸臂梁。

在垂直于杆件轴线的横向荷载作用下，梁的变形以挠曲为主，如图 5-13 所示。

图 5-12 单跨静定梁的结构形式
(a) 简支梁；
(b) 简支斜梁；
(c) 悬臂梁；
(d) 伸臂梁

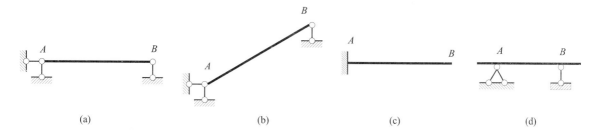

(a)   (b)   (c)   (d)

图 5-13　简支梁和悬臂梁
的变形示意图

2. 单跨静定梁指定截面内力的计算

静定梁指定截面的内力可采用**截面法**计算。即：做横截面截断杆件，选取隔离体，再由隔离体平衡条件计算截面内力。具体步骤为：

1）作梁的受力图，计算支座反力。

2）做横截面截断杆件，选取隔离体。

3）绘隔离体受力图，注意须将所选隔离体受到的外力、支座反力及截面内力等全部绘制在隔离体中。截面上未知的轴力和剪力假设为正，未知弯矩可设为使杆件下侧受拉。

4）列平衡方程，求解截面内力。

下面举例说明单跨静定梁指定截面内力的计算方法。

【**例 5-1**】试求图 5-14（a）所示，伸臂梁中截面 C 的弯矩 M_C、截面 A 的剪力 $F_{QA左}$（A 截面左侧的剪力）和 $F_{QA右}$（A 截面右侧的剪力）。

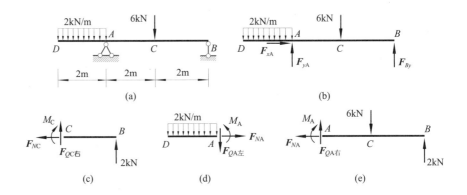

图 5-14

【**分析**】梁所承受的荷载通常包括楼盖、屋盖的重力荷载（即使用活载）以及结构自重（恒载），这类荷载可以简化为竖向均布荷载，如图 5-14（a）所示伸臂段的荷载；主次梁体系中由次梁传至主梁的荷载，则可忽略其作用面积的大小，而视为集中荷载，如图 5-14（a）所示 AB 跨中的集中荷载。易知，该梁未受轴向荷载作用，轴力为零。而该梁指定截面的弯矩和剪力，需先计算梁的支座反力，再由隔离体的平衡得到。

【**解**】（1）求支座反力

做全梁的隔离体受力图，如图 5-14（b）所示。易知 $F_{xA}=0$；

由 $\sum M_A=0$，可得：$6\times 2=\dfrac{1}{2}\times 2\times 2^2+F_{yB}\times 4$，解得：$F_{yB}=2\text{kN}$（↑）；

由 $\sum F_y=0$，可得：$F_{yA}+F_{yB}=2\times 2+6$，代入解得的 F_{yB}，

可求得：$F_{yA}=8\text{kN}$（↑）。

（2）求指定截面的内力

①求截面 C 的弯矩：截断 C 截面，取受力简单的 CB 段为隔离体，受力图如图 5-14（c）所示。

注意：须将 C 截面所暴露出的三个内力绘在隔离体上。

对 C 点列力矩平衡方程，由 $\sum M_C=0$，得：$M_C=F_{yB}\times2=4\mathrm{kN\cdot m}$（杆件下侧受拉）。

②求截面 A 的剪力

求解 A 截面左侧剪力 $F_{QA左}$：沿支座 A 截面左侧切开梁，取 DA 段为隔离体，其受力图如图 5-15（d）所示，注意：支座反力 F_{yA} 不作用在隔离体 DA 上。

由 $\sum F_y=0$，得：$F_{QA左}=-2\times2=-4\mathrm{kN}$。

求解 A 截面右侧剪力 $F_{QA右}$：沿 A 截面右侧切开梁，取 AB 段为隔离体，其受力图如图 5-15（e）所示。

由平衡方程 $\sum F_y=0$，得：$F_{QA右}=6-2=4\mathrm{kN}$。

上例表明，在集中力作用处（如上例 A 截面 F_{yA} 作用处），截面左右两侧的剪力不相等，需在集中荷载作用的两侧分别做截面求取。

应用截面法求结构内力时，与计算支座反力类似，应注意以下问题：

（1）选取受力较为简单的部分作为隔离体，以简化计算。例如上例中求 M_C 时，宜选取 C 截面以右作为隔离体；

（2）隔离体受力图须完整，应将隔离体受到的外荷载、支座反力和截开截面的内力全部绘制在受力图中。通常，梁未受到轴向荷载作用时，轴力为零，可以略去不画；

（3）应熟练运用力矩平衡方程，尽量避免联立求解方程组；

（4）弯矩需注明哪侧受拉，剪力和轴力需标出正负。

3. 梁的内力图及其与荷载的关系

结构分析和设计往往需要把握整个结构的内力分布情况，从而根据内力变化规律进行合理、经济的设计，或预测结构破坏的位置以及破坏形式等。直观反映结构内力分布规律的是**结构内力图（包括弯矩图、剪力图和轴力图）**。

内力图一般以杆件轴线为基线，以垂直于基线的竖标表示对应位置处杆件截面的内力值。正的剪力和轴力绘于基线上方，并注明正负；弯矩绘于杆件受拉一侧，毋需标注正负。如图 5-15（a、b）所示就是图 5-14 中梁在所受荷载下的弯矩图和剪力图。由内力图可以直观看出杆件上何

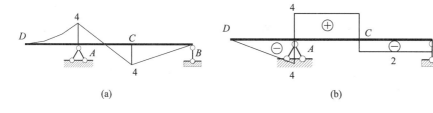

（a）

（b）

图 5-15
（a）弯矩图；
（b）剪力图

处内力取极值（局部最大值或最小值），杆件哪侧受拉、哪侧受压，是结构设计的重要依据。

结构设计或分析时并不是通过逐个截面求取梁的内力或建立内力沿杆件截面的函数表达式来得到内力图的，而是根据杆件内力图形状与荷载分布特性的关系，快捷得到结构的内力图。

如图 5-16（a）所示简支梁，在分布荷载作用部分截取微小的一段 dx，它的隔离体受力图如图 5-16（b）所示。不失一般性，可以设微段两侧截面内力为弯矩、剪力和轴力，且两侧截面的内力不相等，相差分别为 dM、dF_Q 和 dF_N。由该微段的平衡条件：

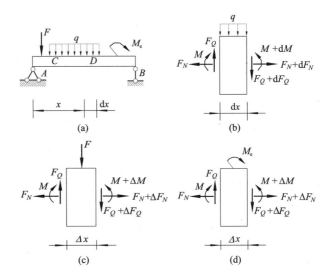

图 5-16　梁杆上一微段 dx 的受力
（a）任意荷载作用下的简支梁；
（b）分布荷载作用下微段隔离体受力图；
（c）集中力作用下微段隔离体受力图；
（d）集中力偶下微段隔离体受力图

$$\left.\begin{aligned} F_N-(F_N+dF_N)&=0\\ F_Q-(F_Q+dF_Q)-qdx&=0\\ M-(M+dM)+\frac{1}{2}q(dx)^2+F_Qdx&=0 \end{aligned}\right\} \qquad (5\text{-}1)$$

可得：$dF_N=0$，即微段无轴向外力作用时，两侧截面的轴力相等。

上述平衡方程中，dx^2 是一个非常小的量（称为二阶小量），可以忽略，则得到该微小杆段的弯矩、剪力与荷载之间存在如下微分关系：

$$\frac{dF_Q}{dx}=-q \qquad (a)$$

$$\frac{dM}{dx}=F_Q \qquad (b) \qquad (5\text{-}2)$$

$$\frac{d^2M}{dx^2}=-q \qquad (c)$$

式（5-2）给出了分布荷载作用下，梁的弯矩、剪力图随荷载的变化规律。

由式（5-2a）可知，在分布荷载作用处，剪力图切线的斜率等于该截面分布荷载的集度（如图 5-15b 所示中 DA 段剪力图）。在无荷载段，剪力图斜率为 0，是平行于杆件轴线的直线（如图 5-15b 所示中 AB 段和 AC 段剪力图）。

由式（5-2b）可知：杆件截面弯矩图切线的斜率等于该截面的剪力值，若剪力为零，则弯矩图为与杆件轴线平行的直线，若剪力为常数，弯矩图为斜直线（如图 5-14a 所示 AB 段和 AC 段弯矩图）。

进一步地，由式（5-2c）可知，在均布荷载段，弯矩图为抛物线，其曲率等于分布荷载的集度，抛物线凸出的方向与分布荷载的方向一致，如图 5-14（a）所示为 DA 段弯矩图。

对式（5-2）积分，可以得到：

$$F_{QC} - F_{QD} = -qx$$
$$M_C - M_D = F_Q x$$

（5-3）

式（5-3）表示，分布荷载作用段，两截面间的剪力之差等于两截面间分布荷载图形面积的负值，两截面间弯矩之差等于两截面间剪力图形的面积。

同样地，在集中力和集中力偶作用处，根据微段平衡条件（图 5-16c、d），可以得到截面剪力、弯矩与荷载的如下增量关系：

$$\Delta F_Q = -F, \quad \Delta M = 0, \quad \text{集中力 } F \text{ 作用处}$$
$$\Delta F_Q = 0, \quad \Delta M = m, \quad \text{集中力偶 } m \text{ 作用处}$$

（5-4）

上式表明：在集中力作用处，梁的剪力值（图）有突变，其突变值等于集中力的数值（如图 5-15b 所示 C 截面剪力图的突变）；弯矩值（图）无突变，但有转折（如图 5-15a 所示，C 截面弯矩图）。

在集中力偶作用处，梁的弯矩值（图）有突变，其突变值等于集中力偶的数值，而剪力值（图）没有变化。

上述内力图的特征示于表 5-1。此外，图 5-17 和图 5-18 给出了常见荷载下简支梁和悬臂梁的弯矩图和剪力图。初步判断弯矩图形状时，我们还可以假想一根拉直的橡皮筋，将荷载加在皮筋上，皮筋的形状即

常见荷载下梁式杆内力图特征 表 5-1

受力情况	无荷载	均布荷载作用区段 $q<0$ $q>0$	集中力 F C	集中力偶 M C
剪力图特征	平行于杆轴线 $\oplus$ $\ominus$	斜直线 或	C 处有突变 C F	C 处无变化
弯矩图特征	斜直线 或	抛物线 下凸 上凸	C 处尖角与 F 方向一致	C 处有突变两侧弯矩图平行 M
最大弯矩截面		在 $F_Q=0$ 的截面	在剪力突变的截面	在紧靠 C 的某一侧截面

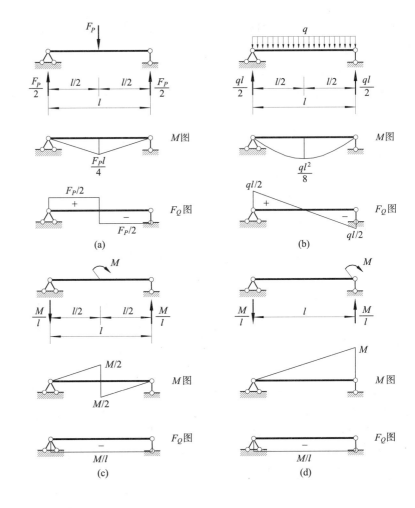

图 5-17 简支梁在单一荷载作用下的内力图
(a) 跨中作用集中力；
(b) 满跨作用均布荷载；
(c) 跨中作用集中力偶；
(d) 梁端作用集中力偶

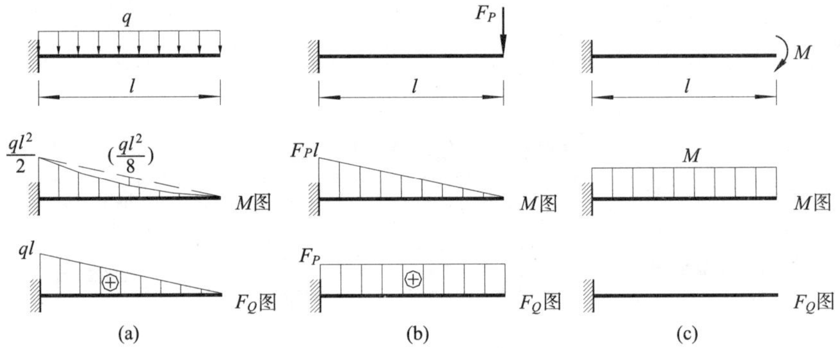

图 5-18 悬臂梁在单一荷载作用下的内力图

弯矩图的形状。

4. 分段叠加法作梁的内力图

利用内力图与荷载的关系可以快速做梁的内力图。具体方法是：

先用截面法求出杆件上某些特殊截面的内力，比如均布荷载作用的始端截面和末端截面、集中力或集中力偶作用截面、支座截面等，称这些截面为**关键截面**；

再利用内力图特征绘制内力图。

【**例5-2**】试作前述图5-14（a）所示伸臂梁的弯矩图和剪力图。

【**分析**】图示伸臂梁作用了均布荷载和集中荷载，根据荷载与内力图关系，均布荷载段弯矩图为抛物线、剪力图为斜线，因此，只需求得截面 A、D 处的弯矩与剪力，即可确定 AD 段的内力图；AC 段和 CB 段无荷载作用，弯矩为斜线、剪力为平直线，则只需求得 A、C、B 截面的内力值，即可得到这两段的内力图。D 截面是自由端，内力为零，因此，A、C 和 B 截面的内力是关键。

【**解**】（1）求结构支座反力。支座反力的求解过程见【例5-1】，此处不再赘述（图5-19）。

（2）选取关键截面，计算截面内力。

由前述分析知，A、B、C 截面为关键截面，依次计算各截面弯矩和剪力。

取 DA 段为隔离体，如图5-20（a）所示。

$$M_A = -\frac{ql^2}{2} = -4\text{kN}\cdot\text{m}（上侧受拉），\quad F_{QA左} = -4\text{kN}；$$

取 AC 段为隔离体，如图5-20（b）所示。可知，

$M_A = -4\text{kN}\cdot\text{m}$（上侧受拉），$F_{QA右} = 4\text{kN}$，$F_{QC右} = 4\text{kN}$，见【例5-1】；

由 $\sum M_C = 0$，易得：$M_C = 4\text{kN}\cdot\text{m}$（下侧受拉）；

取 CB 段为隔离体，如图5-20（c、d）所示。因 C 截面作用集中荷载，因此，需在荷载两侧分别做截面计算。

有：$\qquad\qquad M_C = 4\text{kN}\cdot\text{m}$（下侧受拉）

B 截面为铰支，$\qquad M_B = 0$；$F_{QC右} = -2\text{kN}$，$F_{QB} = -2\text{kN}$。

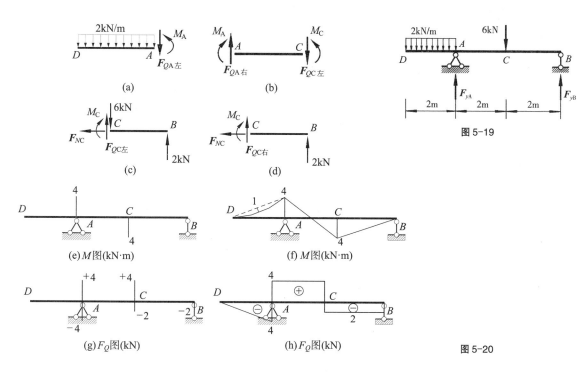

图5-20

（3）作弯矩图

将各关键截面的弯矩标注在图 5-20（e）中，利用弯矩图特征作各杆段的弯矩图：

DA 段作用均布荷载，弯矩图为抛物线，下凸：

先以虚线连接截面 D、A 的弯矩，在 DA 段跨中竖直向下作线段，线段取值为 $ql^2/8=1\text{kN}\cdot\text{m}$，以此确定 DA 段跨中点的弯矩值，再以光滑曲线连接三点的弯矩，得到 DA 段弯矩图；

AC 梁段无荷载作用，用直线连接截面 A、C 的弯矩得到 AC 段弯矩图；

同理，用直线连接截面 C、B 的弯矩得到 CB 段弯矩图。

最终弯矩图如图 5-20（f）所示。

（4）作剪力图

将各关键截面的剪力标注在图 5-20（g）中，利用剪力图与荷载的关系作各杆段剪力图如下所示：

均布荷载作用 DA 段，剪力图为斜直线，以直线连接截面 D、A 的剪力；

AC 段、CB 段无荷载作用，剪力图为平直线，分别连接截面 A、C 和截面 C、B 的剪力。

最终剪力图如图 5-20（h）所示。

上述内力图绘制过程也可以看作将全梁分为若干梁段，每一段相当于其上作用单一荷载、两端作用集中力偶的简支梁或悬臂梁，如图 5-21（a）和图 5-22（a）所示。

如图 5-21（a）所示梁的弯矩图相当于两部分的叠加：

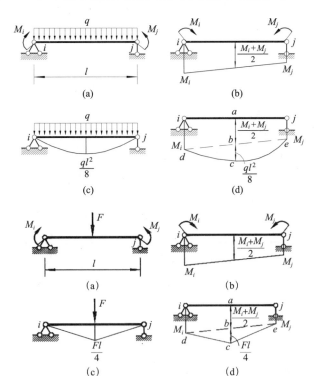

图 5-21 两端作用集中力偶、满跨布置均匀荷载的简支梁弯矩图做法

图 5-22 两端作用集中力偶、跨中作用集中荷载的简支梁弯矩图做法

一部分为仅在两端集中力偶作用下的简支梁弯矩图（图5-21b），另一部分为仅在均匀荷载作用下的简支梁弯矩图（图5-21c）。

叠加法做弯矩图时，先用虚线连接 M_i 和 M_j，再以此虚线为新基线，叠加均布荷载下的弯矩图，即在虚线的中点 b 处将 ab 线段延长 $ql^2/8$ 至 c 点，用光滑曲线连接 d、c、e 三点，得到该梁最终弯矩图（图5-21d）。

如图5-22所示，两端作用集中力偶、跨中作用集中力的简支梁弯矩图做法同此。

这种将梁分为若干作用单一荷载的简支梁段和悬臂梁段的方法也称为**分段叠加法**。这一方法就应用了叠加原理。

计算并绘制结构内力图时，也可先计算并绘制弯矩图，再根据剪力图与弯矩图以及剪力图与荷载的关系，逐段确定剪力图。

【例5-3】 试绘如图5-23所示简支伸臂梁的内力图。

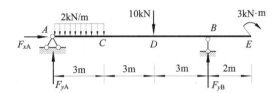

图 5-23

【分析】 该梁可以分为简支梁段 AC、CB 和悬臂梁段 BE。其中，AB 作用均布荷载，CB 跨中作用集中荷载，BE 自由端作用集中力偶。关键截面为 C、D、B。

【解】（1）求支座反力

全梁受力图如图5-23所示。易知 $F_{xA}=0$。

由 $\sum M_A=0$，得：

$$\frac{1}{2} \times 2 \times 3^2+10 \times 6+3=F_{yB} \times 9，$$

则：

$$F_{yB}=8\text{kN}（\uparrow）；$$

由 $\sum F_y=0$，得：

$$F_{yA}+F_{yB}-2 \times 3-10=0，$$

代入求得的 F_{yB}，可得：

$$F_{yA}=8\text{kN}（\uparrow）；$$

（2）分段，计算关键截面弯矩，作弯矩图

该梁可划分为简支梁段 AC、CB 和悬臂梁段 BE，如图5-18（b~d）所示，关键截面为 A、C、B、E 截面。

对 AC 段（图5-24a），$M_A=0$；

由 $\sum M_C=0$，可得：

$$F_{yA} \times 3=\frac{1}{2} \times 2 \times 3^2+M_C。$$

则：

$$M_{CA}=15\text{kN} \cdot \text{m}（下侧受拉）。$$

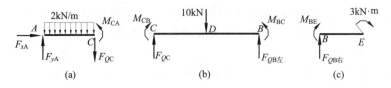

图 5-24

对 CB 段（图 5-24b）：

$$M_{CB}=M_{CA}=15\text{kN} \cdot \text{m}（下侧受拉），M_{BC}=M_{BE}。$$

由悬臂段 BE 的力矩平衡知，$M_{BE}=3\text{kN} \cdot \text{m}$（上侧受拉）。

分段作弯矩图：

AC 段作用均布荷载，弯矩图为下凸抛物线，采用图 5-20（f）所示的方法作抛物线，如图 5-25（a）所示的 AC 段；

CB 段跨中作用集中力。弯矩图为跨中向下的折线，采用如图 5-21 所示方法作弯矩图，如图 5-25（a）所示的 CB 段；

BE 段为无荷载作用的悬臂段，弯矩图为连接截面 B、E 弯矩的直线。

该梁最终弯矩如图 5-25（a）所示。

（3）计算关键截面剪力，作剪力图

AC 段作用均布荷载（图 5-24a），剪力图为斜直线。易知：

$$F_{QA}=8\text{kN}，F_{QC}=F_{QA}-2 \times 3=2\text{kN}，$$

以直线连接截面 A、C 剪力。

CB 段跨中作用集中力（图 5-24b），剪力有突变，突变大小为 10kN，由 CB 段平衡条件易得：

$$F_{QB左}=-8\text{kN}$$

CD 段和 DB 段剪力图均为平直线，分别从截面 C、B 作平行杆轴线的线段，在 D 截面处形成突变台阶，大小为 10kN。

BE 段无荷载作用（图 5-24c），剪力图平行于杆轴线，由 BE 段平衡条件，可得 $F_{QB右}=0$。

结构最终剪力如图 5-25（b）所示。

图 5-25
(a) M 图（kN · m）；
(b) F_Q 图（kN）

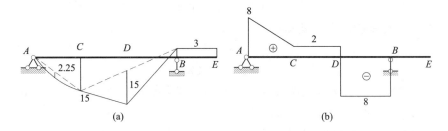

【例 5-4】房屋建筑中的楼梯梁、屋架梁等常为斜梁，如图 5-26（a）所示。与水平梁不同，这类斜梁在竖向荷载作用下将产生轴力。图 5-26（a）所示斜简支梁（以下简称斜梁）的力学性能可用相当水平简支梁（以下简称相当水平梁，如图 5-26b 所示）来对比分析。相当水平梁的跨度、荷载布置与斜梁相同。

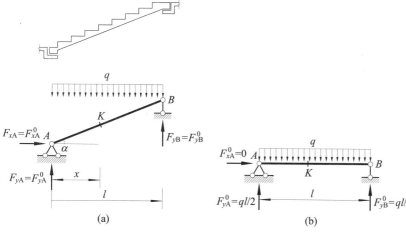

图 5-26
（a）斜梁；
（b）相当水平梁

【解】（1）简支斜梁支座反力

对斜梁利用整体平衡条件 $\sum F_x=0$，得：$F_{xA}=0$；

由整体力矩平衡条件：$\sum M_B=0$，有：$F_{yA}l=ql\times\dfrac{1}{2}$，

解得：$F_{yA}=\dfrac{1}{2}ql$（↑）；

再由：$\sum F_y=0$，得：$F_{yB}=\dfrac{1}{2}ql$（↑）。

可见，当斜梁受到沿水平方向分布的均匀荷载时，其支座反力与相当水平梁相同，即：

$$F_{xA}=F_{xA}^0,\ \ F_{yA}=F_{yA}^0,\ \ F_{yB}=F_{yB}^0$$

式中，上标"0"表示相当水平梁的对应量。

（2）简支斜梁内力

分别取斜梁上任意截面 K 以左和相当水平梁对应 K 截面以左为隔离体，如图 5-27（a、b）所示。

对比斜梁 K 截面内力与相当水平梁 K 截面的内力，可知：

$$M_K=M_K^0,$$

$$F_{QK}=F_{QK}^0\cos\alpha,$$

$$F_{NK}=-F_{QK}^0\sin\alpha$$

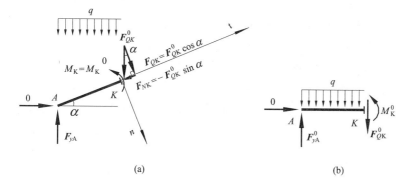

图 5-27
（a）简支斜梁的 AK 隔离体；
（b）相当水平简支梁的 AK 隔离体

即两者弯矩相同，斜梁的剪力小于相当水平梁的剪力，为后者沿斜梁截面方向的投影。斜梁具有轴力，大小为相当水平梁的剪力沿斜梁轴线的投影。也就是说，简支梁的剪力在斜梁上一部分转化为了轴力。

（3）内力图

先绘出相当水平梁的弯矩图和剪力图，再根据前述对应关系绘制斜梁内力图。如图 5-28（a、b）所示。

可见，斜梁与水平梁的主要差异在于在竖向荷载作用下，斜梁会产生轴力，而其剪力比水平梁小。

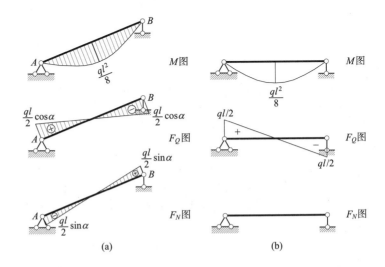

图 5-28
（a）简支斜梁的内力图；
（b）相当水平简支梁的内力图

5.4.2 多跨静定梁

1. 多跨静定梁的几何构造特点

多跨静定梁是将若干单跨梁用铰相连而形成的静定结构，可以提供较长距离的连接，在桥梁、屋架檩条、幕墙支撑等结构中有着广泛的应用。多跨静定梁的几何构造特点和传力次序，是确定其计算步骤的关键。

如图 5-29（a）所示桥梁可以简化为图 5-29（b）所示多跨静定梁，若仅受到竖向荷载，其伸臂梁 ABC 段和 DEF 段均可单独与荷载保持平衡，为静定部分；而 CD 段，则必须依靠与 ABC 和 DEF 段的连接才能与荷载保持平衡（图 5-29c）。因此，从几何构成特性的角度，多跨静定梁可分为**基本部分**和**附属部分**。基本部分指多跨静定梁中静定的或可独立承担荷载的梁段；附属部分指必须依靠基本部分才能承受荷载的梁段，这些梁段因缺少必要的约束而无法独立承担荷载。

2. 多跨静定梁的传力途径

多跨静定梁的传力路径为：附属部分的荷载通过铰结点传至基本部分，而后传递到支柱；基本部分的荷载，直接传至支柱，不会传给附属部分和其他基本部分。如图 5-29（b）所示多跨静定梁，CD 段荷载 F_{P1} 通过 C、D 结点传递给基本部分 ABC 和 DEF，而荷载 F_{P2} 只在基本部分

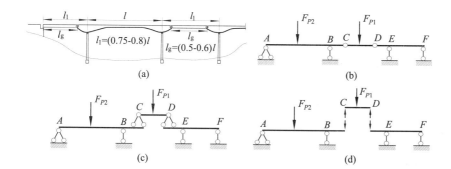

图 5-29

ABC 段产生内力，不会影响其余部分，传力路径见图 5-29（d）所示。

3. 多跨静定梁的内力计算

根据多跨静定梁的传力特点，在计算多跨静定梁的约束反力和内力时，应先计算附属部分，而后将基本部分对附属部分的约束力反向，作为附属部分向基本部分传递的荷载，再计算基本部分。具体计算步骤如下：

1）进行几何构成分析，作传力路径层次图；

2）计算附属部分的约束反力，并反向作为向基本部分传递的作用力；

3）按照"先附属，后基本"的顺序逐段计算并绘制内力图；

4）将第3步绘制的各段内力图拼接，得到全梁内力图；

5）校核，可利用微分关系校核内力图、支座结点平衡条件校核支座反力。

【**例5-5**】试绘图 5-30 所示多跨静定梁的内力图。

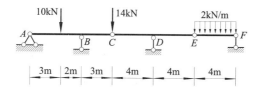

图 5-30

【**分析**】对该梁进行几何构成分析，可知，ABC 段是基本部分，CDE、EF 段都是附属部分，传力路径如图 5-31（a）所示。

【**解**】（1）按 EF 段、CDE 段、ABC 段的顺序依次计算约束反力和内力，如图 5-31（b）所示。

EF 段：取 EF 段为隔离体，利用平衡条件 $\sum M_E=0$，有：

$$F_{yF}\times 4-\frac{2\times 4^2}{2}=0$$

得：

$$F_{yF}=4\text{kN （↑）}$$

再由 $\sum F_y=0$，得：

$$F_{yE}=4\text{kN （↑）}$$

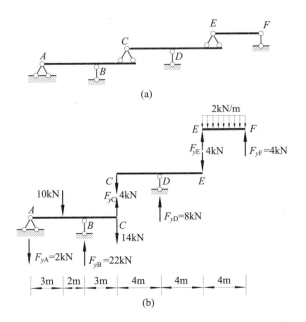

图 5-31

CDE 段：将 F_{yE} 反向加在 *CDE* 段的 *E* 截面上。取 *CDE* 段为隔离体，利用平衡条件 $\sum M_D = 0$，得：

$$F_{yC} = 4\text{kN}\ (\downarrow)$$

再由 $\sum F_y = 0$，得：

$$F_{yD} = 8\text{kN}\ (\uparrow)$$

ABC 段：取 *ABC* 段为隔离体，利用平衡条件 $\sum M_B = 0$，有：

$F_{yA} \times 5 + 10 \times 2 - (14 - 4) \times 3 = 0$，得：$F_{yA} = 2\text{kN}\ (\downarrow)$；

再由 $\sum F_y = 0$，得：

$$F_{yB} = 22\text{kN}\ (\uparrow)$$

（2）逐段绘制弯矩图

采用分段叠加法，分别绘制 *EF* 段、*CDE* 段和 *ABC* 段的弯矩图。其中，*EF* 段为满跨作用均布荷载的简支梁、*DE* 段、*CD* 段和 *CB* 段均为自由端作用集中力的悬臂梁、*AB* 段为跨中作用集中力的简支梁，最终弯矩如图 5-32（a）所示。

（3）同理，采用分段叠加法，分别绘制 *EF* 段、*CDE* 段和 *ABC* 段的剪力图，最终剪力图如图 5-32（b）所示。

图 5-32
(a) *M* 图（kN·m）；
(b) F_Q 图（kN）

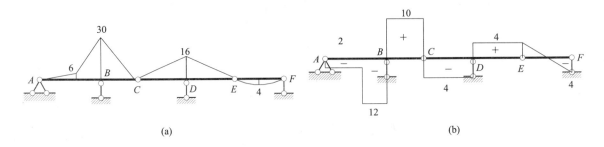

(a)

(b)

5.5　静定柱

柱（Pole 或 Column）也是常见的
结构形式，在结构中主要起竖向支撑作
用，如房屋建筑中的柱，桥梁的桥墩、
桥塔等。柱除了承受竖向压力外，还要
承受水平荷载，如水平风荷载、地震水
平作用，桥墩、桥塔等还要承受波浪和
水压力，作为房屋建筑基础的柱还需承

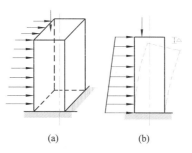

图 5-33　工程结构中的柱
（a）柱受到的常见荷载；
（b）沿纵向对称面的柱的
变形

受侧向土压力，等等。实际工程中，柱受到的水平荷载往往来自不同方
向（图 5-33），使柱发生复杂的空间弯曲甚至扭转。因此，柱的受力变
形比梁复杂，内力有轴力、剪力和弯矩，变形包括轴向变形和弯曲变形。
柱也常被称为压弯构件。

为简化计算，可将柱所受荷载简化至柱的纵向对称面上，并假设柱
的弯曲变形平行于纵向对称面，则与梁类似，柱的内力和变形也可以用
纵向对称面上的内力与变形表示（图 5-33b），并可以进一步简化为用柱
的轴线表示。如图 5-34（a）所示一工业厂房中的变截面简支柱，柱顶
受到由上部结构传来的重力荷载（包括结构自重和屋盖、楼盖的使用活
荷载），柱中部受到来自吊车梁与吊车的重力荷载，此外，该柱还受到水
平风荷载作用，可近似简化为沿柱高的均布荷载。

可以将柱视为竖向放置的同时承受轴向荷载和横向荷载的梁，则该
柱将发生轴向的压缩变形以及在纵向对称面内的弯曲变形，梁内力分析
的分段叠加法对柱也同样适用。因此，该柱在水平风荷载作用下的剪力、
弯矩与简支梁相同，弯矩图和剪力图的形状如图 5-17（b）所示。由于
沿柱高的轴向荷载有变化，轴力在 B 截面有突变，突变值为 10kN。分别
在 B 截面上下截断柱，隔离体受力分别如图 5-34（b、c）所示，则有：
$F_{NB \pm} = -15$kN，$F_{NB \mp} = -25$kN，该柱的轴力如图 5-34（d）所示。

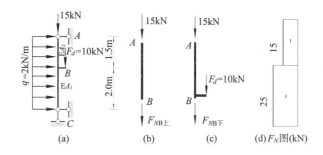

（a）　　　　（b）　　　　（c）　　　　(d) F_N 图(kN)

图 5-34　变截面简支柱的
轴力

5.6　静定平面刚架

刚架是常见的结构形式。将梁与柱主要采用刚结点连接而成的结构

体系就是刚架（Framed Structure，也称框架），也可将刚架视为将梁在竖向弯折而成。与梁相比，刚架在承受并传递荷载的同时，自身也形成了一定的空间，因而在建筑工程中得到了大量应用，如图 5-35 所示。

若组成刚架的所有杆件轴线及其所受荷载都在同一平面，则为平面刚架。如图 5-35（b、c）所示结构，在传递竖向荷载和平面内水平荷载时，都可视为平面刚架。有些框架结构，虽然是空间形式，如图 5-35（a）所示，但如果整体结构在两个正交方向的荷载效应不会相互影响，也可以简化为两个正交方向的平面框架分别独立分析。如果结构没有多余约束，则为静定平面刚架。

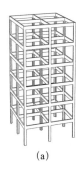
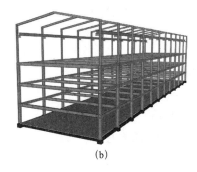

(a)   (b)   (c)   (d)

图 5-35
(a) 房屋建筑中的框架结构；
(b) 工业厂房中的刚架；
(c) 框架式桥墩　重庆菜园坝长江大桥
(d) 路灯杆悬臂刚架

5.6.1　静定平面刚架的基本形式及受力特点

常见的平面静定刚架有：如图 5-36（a）所示的悬臂刚架，可用于站台雨棚或走廊顶棚；如图 5-36（b）所示简支刚架，可用于桥梁或房屋建筑；如图 5-36（c）所示三铰刚架，可用于坡屋顶的屋架，如图 5-35（b）所示工业厂房的上部屋架即为三铰刚架，由这三种基本静定刚架可组合出各种静定刚架。

图 5-36
(a) 悬臂刚架；
(b) 简支刚架；
(c) 三铰刚架

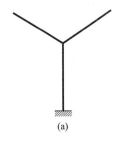
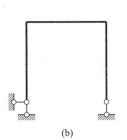
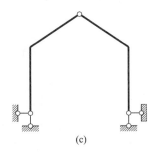

(a)   (b)   (c)

刚架整体承受平面内的竖向和水平荷载，组成刚架的杆件均相当于梁式杆，杆件的内力包括弯矩、剪力和轴力，其正负号规定同梁，变形以弯曲为主。而刚结点处杆件的夹角始终不变，杆件在刚结点处不能发生相对转动和移动（图 5-37），因此，刚结点能够在杆件之间传递弯矩、剪力和轴力等所有内力。

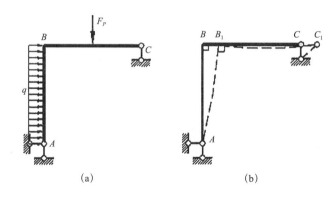

图 5-37　简支刚架的受力与变形

5.6.2　静定平面刚架的内力计算

刚架内力计算本质上与梁相同，对指定截面的内力可采用截面法。但鉴于刚架结构的构造特点，通常将刚架在结点处拆开，拆成若干简单梁式杆，如例 5-6 所示。

【例 5-6】求如图 5-38 所示刚架的杆端内力 M_{BA}、M_{BC}、F_{QBA} 和 F_{QBC}。

【分析】该刚架可视为 AB、BC、DB 三根杆件在 B 处刚结而成，可拆为三根杆件分析。刚架结点所连接的杆件数一般大于等于 2，杆件轴线有竖向的、也有水平的，为避免混淆，工程中通常采用双下标表示杆件截面的内力，第一个下标表示内力所在的截面，第二个下标表示内力所在杆件的远端截面。如 M_{BA} 表示 BA 杆件 B 端截面的弯矩。本例中，待求的内力分别在 AB 杆和 BC 杆上。

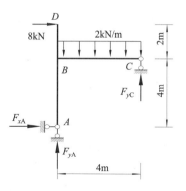

图 5-38

【解】（1）求支座反力

对刚架整体利用平衡条件 $\sum M_A=0$，有：

$$8\times6+\frac{1}{2}\times2\times4^2=F_{yC}\times4,$$

得：

$$F_{yC}=16\text{kN}（\uparrow）;$$

由 $\sum F_x=0$，得：

$$F_{xA}=-8\text{kN}（\leftarrow）;$$

再由 $\sum F_y=0$，得：

$$F_{yA}=-8\text{kN}（\downarrow）。$$

（2）拆分杆件，求杆端内力

取 AB 杆为隔离体，如图 5-39（a）所示，隔离体受力图中，未知剪力和轴力假设为正，弯矩方向可任意假设，此处设为外侧受拉。A 为铰结点，$M_{AB}=0$；

对截面 B 建立力矩平衡方程 $\sum M_B=0$，则有：

$$M_{BA}=F_{xA}\times4=-8\times4=-32\text{kN}\cdot\text{m}（右侧受拉）;$$

由 $\sum F_x=0$，可得：

$$F_{QBA}=8kN。$$

做 BC 杆的隔离体受力图，如图 5-39（b）所示。

对截面 B 建立力矩平衡方程 $\sum M_B=0$，可得：

$$M_{BC}=\frac{1}{2} \times q \times 4^2 - F_{yC} \times 4 = -48KN \cdot m（下侧受拉）;$$

由 $\sum F_y=0$，可得：

$$F_{QBC}=2 \times 4-16=-8kN。$$

（3）校核

如图 5-39（c）所示，由刚结点 B 的力矩平衡可知，所求得的截面弯矩正确。

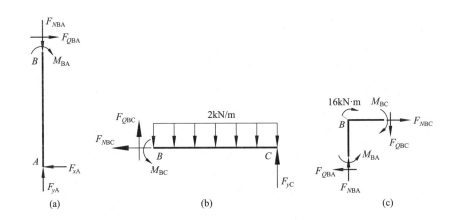

图 5-39　　　　　　　　　　　　　　（a）　　　　　　　　　　　　（b）　　　　　　　　　　　　（c）

5.6.3　静定平面刚架的内力图

静定平面刚架的内力图与梁类似，可采用分段叠加法。即在结点（包括支座结点）处将刚架拆为若干单杆，各单杆可视为单跨静定梁，利用内力图特征和叠加法绘制单杆的内力图后，将其拼接即可得到整个刚架的内力图。内力图表示规则与梁相同。刚架分析中，通常还将刚结点也作为隔离体。

确定刚架内力图的具体步骤如下：

1. 求刚架结构支座反力。

2. 在结点处将各杆截断，将刚架离散为若干单杆和刚结点。若杆件为阶梯型变截面，可将截面突变处视为刚结点。

3. 依次计算各杆控制截面弯矩，绘制各杆弯矩图。通常，刚架各杆的控制截面取在梁端截面和柱顶截面，即梁柱结点处和支座处。

4. 根据内力图特征以及杆件的平衡条件，由弯矩图求作各杆剪力图。

5. 根据结点的力的平衡条件计算各杆轴力，绘制各杆轴力图。由于轴向荷载一般不作用在杆件上，所以各杆轴力图一般为平行于杆件轴线的直线。

6. 将各杆内力图拼接在一起得到整个刚架内力图。

7.校核。

【例5-7】试绘如图5-40所示刚架的内力图。

【解】（1）求支座反力

对刚架整体利用平衡条件 $\sum M_A=0$，有：
$$F_{yD}=-ql\ (\downarrow);$$

由 $\sum F_x=0$，可得：$\qquad F_{xA}=ql\ (\rightarrow);$

由 $\sum F_y=0$，可得：$\qquad F_{yA}=2ql\ (\uparrow)_\circ$

由 A 和 D 为铰结点，易知：
$$M_{AB}=M_{DC}=0$$

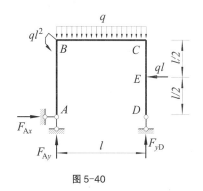

图5-40

（2）拆分结构，确定各单杆的杆端截面弯矩，作弯矩图

将结构拆为单杆 AB、BC、CD 以及刚结点 B、C。

AB 杆隔离体受力图如图5-41（a）所示，由 $\sum M_B=0$，可得：
$$M_{BA}=ql^2\ (\text{左侧受拉})_\circ$$

AB 杆无外荷载作用，弯矩图为斜直线。

结点 B 的隔离体受力图如图5-41（b）所示，由 $\sum M_B=0$，有：
$$M_{BC}=2ql^2\ (\text{上侧受拉})_\circ$$

BC 杆隔离体受力如图5-41（c）所示。由于 BC 杆两端剪力未知，直接由 BC 杆的力矩平衡条件无法计算 M_{CB}，但由结点 C 的受力图5-40（d）所示可知，$M_{CB}=M_{CD}$。

由 CD 杆的力矩平衡（图5-41e）$\sum M_C=0$，可得：
$$M_{CB}=M_{CD}=\frac{1}{2}ql^2\ (\text{上侧受拉})_\circ$$

BC 杆上作用了均布荷载，弯矩图为抛物线。

CD 杆跨中作用集中力，弯矩图为折线。

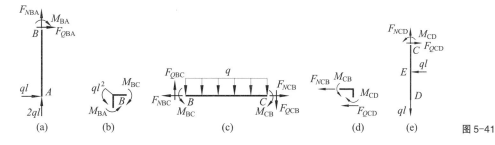

图5-41

（3）计算各杆的杆端剪力，作剪力图

AB 杆无荷载作用，剪力图平行于杆件轴线，易得 $F_{QAB}=-ql$。

BC 杆剪力图为斜直线，BC 杆隔离体受力如图5-40（c）所示，由 $\sum M_B=0$，可得：
$$F_{QCB}=ql;$$

由 $\sum F_y=0$，得：

$$F_{QBC}=2ql_{\circ}$$

CD 杆跨中作用了集中力，$F_{QDC}=0$；

由 $\sum F_x=0$，得：

$$F_{QCD}=ql_{\circ}$$

CE、ED 段剪力图平行于杆件轴线，在截面 E 处有突变。

剪力图也可根据荷载、弯矩、剪力之间的关系由各杆弯矩图直接得到。如 AB 杆弯矩图为斜线，剪力则为平行于轴线的直线，大小为弯矩图的斜率 ql，取负值；

CD 杆中，CE 段剪力图为平行于轴线的直线，大小为弯矩图的斜率 ql，取正值，ED 段剪力为零；

BC 段剪力图为斜直线，斜率为 q。

（4）计算各杆的杆端轴力，作轴力图

刚架各杆中均无沿杆件轴向作用的荷载，各杆的轴力为常数，轴力图平行于杆件轴线，各杆仅需求一个杆端截面的轴力即可。

对于 AB 杆，由 A 结点平衡易得 $F_{NAB}=-2ql$；

对于 CD 杆，由 D 结点平衡可知 $F_{NDC}=ql$；

对于 BC 杆，由 C 结点的平衡 $\sum F_x=0$（图 5-40d），可得 $F_{NCB}=-ql$。

刚架最终内力如图 5-42 所示。

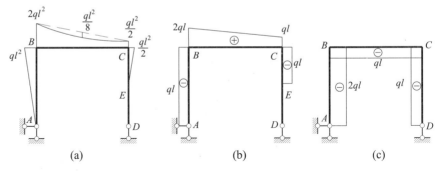

图 5-42
(a) M 图；
(b) F_Q 图；
(c) F_N 图

（5）校核

任取刚架的一部分作为隔离体，检查其是否满足平衡条件，若满足，则计算无误。

如图 5-40 所示，结点 C 处有 $M_{CB}=M_{CD}$，两个弯矩方向相反，大小相等。通常，对于未受集中力偶作用、且只连接两根杆件的刚结点，所连接的两杆的杆端弯矩必定大小相等、方向相反，称此刚结点为**简单刚结点**。利用简单刚结点的规律可简化计算。

【例 5-8】试绘如图 5-43 所示三铰刚架的内力图。

【分析】三铰刚架有 4 个未知支座反力，仅依靠 3 个整体平衡方程无法完全求出这 4 个支座反力。注意到铰 B 处的弯矩为 0，故沿 B 铰将三铰刚架切开，取 B 铰以左或以右为隔离体，补充平衡方程 $\sum M_B=0$，则可求出全部支座反力。

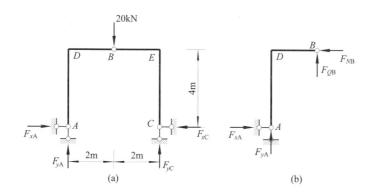

图 5-43

【解】（1）求支座反力

对整个刚架列平衡方程，由 $\sum M_A=0$，$F_{yC}\times4-20\times2=0$，得：

$$F_{yC}=10\text{kN}（\uparrow）；$$

由结构的对称性，可得：

$$F_{yA}=10\text{kN}（\uparrow）；$$

由 $\sum F_x=0$，得：

$$F_{xA}=-F_{xC}。$$

沿铰 B 将结构切开，取铰 B 以左为隔离体（图 5-43b），由 $\sum M_B=0$，有：

$$F_{xA}\times4-F_{yA}\times2=0，$$

得：

$$F_{xA}=5\text{kN}（\rightarrow），\text{故 }F_{xC}=5\text{kN}（\leftarrow）。$$

（2）作弯矩图

取 AD 杆为隔离体，可得：

$$M_{AD}=0，M_{DA}=20\text{kN}\cdot\text{m}（左侧受拉）；$$

对 DB 杆：

D 结点为简单刚结点，$M_{DB}=M_{DA}=20\text{kN}\cdot\text{m}$（上侧受拉），$M_{BD}=0$。

因结构及作用的荷载均对称，故 BE、EC 杆的弯矩分别与 DB、DA 杆对称弯。

矩图如图 5-44（a）所示。

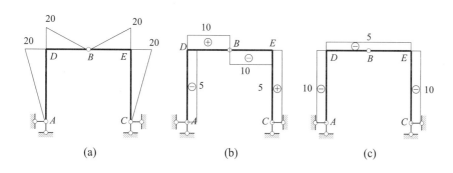

图 5-44

(a) M 图（kN·m）；

(b) F_Q 图（kN）；

(c) F_N 图（kN）

（3）作剪力图

该结构各杆均未受外荷载，剪力图平行于杆件轴线，各杆只需求任一截面的剪力即可。

对 AD 杆，由 A 结点平衡可知 $F_{QAD}=-5\text{kN}$；

对 CE 杆，由 C 结点平衡可知 $F_{QCE}=5\text{kN}$；

对 DB 杆，可在 B 结点以左做截面，取左侧部分为隔离体。

由 $\sum F_y=0$，得：$F_{QBD左}=10\text{kN}$。同理，可得：$F_{QBE}=-10\text{kN}$。

剪力图如图 5-44（b）所示。

（3）作轴力图

由 A 结点平衡可知 $F_{NAD}=-10\text{kN}$；

由 C 结点平衡可知 $F_{NCE}=-10\text{kN}$；

对 DBE 杆，可由 D 结点平衡，得：$F_{NDE}=-5\text{kN}$。

轴力图如图 5-44（c）所示。

图示结构为对称结构，而荷载也关于结构的对称轴对称，这类问题称为对称问题。所得弯矩图和轴力图关于结构对称轴对称，剪力图关于结构对称轴反对称。

本章小结

直杆是最基本的结构构件，杆件的基本变形和内力传递方式包括：弯曲变形与弯矩和剪力，轴向变形与轴力。根据传力和变形方式，可以将杆件分为梁式杆和桁架杆，梁式杆是横向传力构件，内力以弯矩为主，变形以挠曲为主，传力效率低；桁架杆是轴向传力构件，内力以轴力为主，传力效率高。

静定梁和刚架内力分析的基本方法是截断杆件，使内力暴露出来成为外力，而后利用平衡条件求解。通常，先利用截面法计算出关键截面的内力；再利用分段叠加法、内力图特征绘制单个杆件的内力图；最后，将各杆件的内力图拼接得到结构整体的内力图。

由多根简单梁通过铰结点可连接而成多跨梁。对于多跨静定梁，应按照先计算附属部分，再计算基本部分的步骤，逐杆绘制内力图。

静定刚架是由梁、柱主要由刚结点连接而成的，可在结点处将其拆分为若干等截面直杆加以分析，并充分利用结点平衡特性简化计算。

趣味知识——中国传统木结构

框架结构的重要特点是梁柱"刚结"，从而可以有效抵抗风、地震等水平荷载作用。中国传统木结构使用梁—柱构成正交结构体系，但由于受到木材抗劈裂性能差的限制，梁和柱之间事实上并未完全刚结，而是半刚性连接。传统木结构中，梁柱的连接方式主要有两种，贯通式

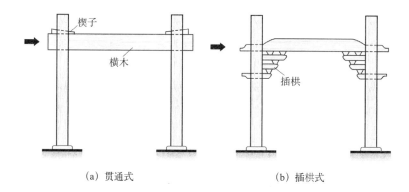

(a) 贯通式　　　　　　　　　　　　(b) 插栱式　　　　　　　　　图 5-45

（图 5-45a）和插栱式（图 5-45b）。贯通式是在柱上凿贯通孔，将梁完全插入孔中，并用楔块加强，尽可能实现刚结。贯通式多用于穿斗式传统木结构体系。插栱式中，横梁未完全插入柱中，梁柱之间的绝大部分弯矩和剪力依靠斗栱传递。插栱式多见于抬梁式木结构体系。贯通式和插栱式都不能完全传递弯矩和剪力，部分由连接部位的摩擦力平衡和抵消。这种特性，在抵抗强震作用时，却发挥了意想不到的功效，梁柱连接区域的摩擦吸收和消耗了地震的能量，从而提高了结构的抗震性能。这也是山西应县木塔、北京故宫等木建筑结构历经多次强震而不倒的原因。

思考题

5-1　轴力杆的变形和内力特点是什么？建筑结构中的哪些构件可视为轴向拉压杆？

5-2　受弯杆件的变形和内力特点是什么？建筑结构中常见的受弯构件有哪些？

5-3　杆件受扭的变形和内力特点是什么？建筑结构中有哪些杆件受扭的情形？

5-4　如思考题 5-4 图所示多跨静定梁中，哪些为附属部分？哪些为基本部分？

5-5　如思考题 5-5（a、b）图所示多跨静定梁的弯矩图是否相同？

5-6　若要减小梁的跨中弯矩，可采取哪些措施？

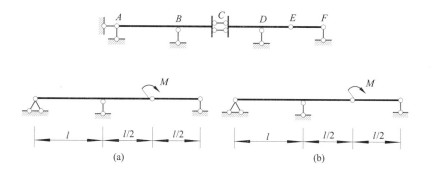

思考题 5-4 图

(a)　　　　　　　　　　　　　　(b)　　　　　　　　　　思考题 5-5 图

习题

5-1　作如习题 5-1 图所示各单跨梁的弯矩图和剪力图。

5-2　作如习题 5-2 图所示各多跨静定梁的弯矩图和剪力图。

5-3　判断如习题 5-3 图所示各刚架的弯矩图是否正确，若有错误，请改正。

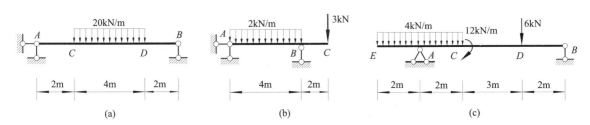

习题 5-1 图

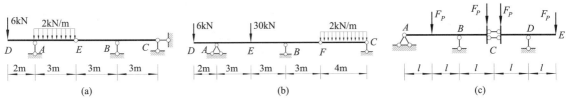

习题 5-2 图

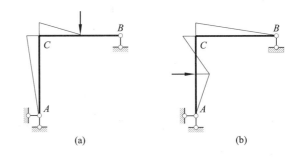

习题 5-3 图

5-4　作如习题 5-4 图所示各刚架的内力图。

5-5　试用最少的计算量，速作如习题 5-5 图所示各刚架的内力图。

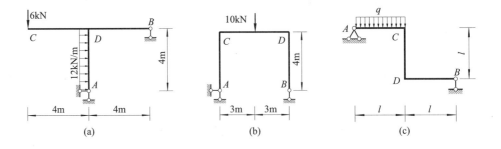

习题 5-4 图

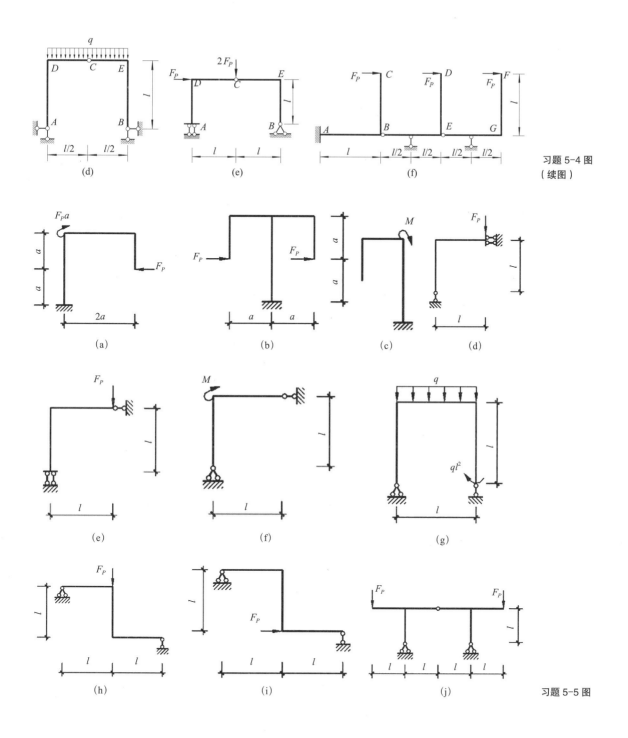

习题 5-4 图
（续图）

习题 5-5 图

解答

5-1　（a）$F_{QC左}$=40kN，M_{CD}=80kN·m（下侧受拉）；

（b）$F_{QA右}$=2.5kN，M_{BC}=6kN·m（上侧受拉）；

（c）F_{QC}=0，$M_{CD右}$=12kN·m（下侧受拉）；

5-2　（a）$F_{QB左}$=1kN，M_{BE}=3kN·m（下侧受拉）；

　　　（b）$F_{QB左}$=-15kN，M_{EB}=33kN·m（下侧受拉）；

　　　（c）$F_{QB右}$=F_P，M_{BC}=F_Pl（上侧受拉）；

5-3　（a）BC 杆跨中弯矩不为 0；

　　　（b）BC 杆应为下侧受拉；

5-4　（a）F_{QDA}=0，M_{DA}=96kN·m（右侧受拉）；

　　　（b）F_{QCA}=0，M_{CA}=0，M_{DB}=0；

　　　（c）F_{QDB}=-$ql/4$，M_{CD}=M_{DC}=$ql^2/4$（左侧受拉）；

　　　（d）F_{QEC}=-$ql/2$，M_{EB}=$ql^2/8$（上侧受拉）；

　　　（e）F_{QEB}=-F_P，M_{AD}=F_Pl（左侧受拉）；

　　　（f）F_{QBE}=0，M_{AB}=F_Pl（上侧受拉）；

5-5　略。

第6章

静定拱、悬索与桁架结构 内力分析

以轴力为主的结构形式如拱、索和桁架、网架等，在大跨空间中应用普遍。本章即通过讨论平面静定拱、悬索和桁架的内力分析方法，并与受弯型结构如静定梁、静定刚架等的比较，认识这三类典型轴力结构的受力特点、平衡机制与传力特点，及其与梁式结构体系的对应关系，为认识更为复杂的现当代空间结构体系力学性能奠定基础。

6.1 静定拱

拱结构也是实际工程中常见的结构类型。拱结构常用砖、石、混凝土等抗压性能好的材料建造，内力以压力为主，多用于大跨的桥梁、屋盖、隧道工程等（图 6-1）。与刚架类似，拱自身也能形成一定的空间。

 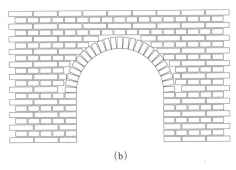

图 6-1
(a) 石拱桥；
(b) 砖拱

(a)　　　　　　　　　　　　(b)

6.1.1 拱的基本形式及受力特点

根据铰的数量，拱结构可分为三铰拱、二铰拱和无铰拱，如图 6-2所示。三铰拱为静定结构，两铰拱和无铰拱为超静定结构。拱的支座称为拱趾，拱趾间水平连线为起拱线，拱趾间水平距离为跨度，拱轴上距起拱线的最远点为拱顶，拱顶与起拱线之间的竖直距离为拱高，拱高 f 与跨度 l 之比为高跨比（图 6-3），是控制拱受力的重要参数。此外，还可在拱趾间设拉杆，称为拉杆拱。拉杆拱也为超静定拱。本节只讨论静定三铰拱的静力特性。

图 6-2
(a) 静定三铰拱；
(b) 两铰拱；
(c) 无铰拱

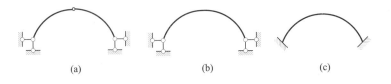

(a)　　　　　　　　(b)　　　　　　　　(c)

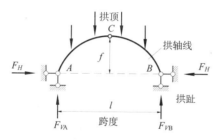

图 6-3　三铰拱计算简图及各部分名称

6.1.2　静定三铰拱

如图 6-4（a）所示为受到集中力作用的静定三铰拱。与斜梁分析方法类似，可作该三铰拱的相当简支梁来对比分析拱的支座反力和内力特点。相当简支梁与三铰拱跨度相同，对应截面处作用与三铰拱相同的荷载，如图 6-4（b）所示。

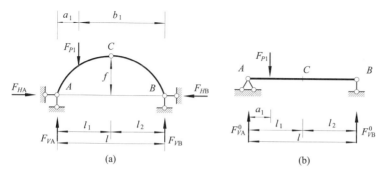

（a）	（b）

图 6-4　三铰拱及其支座反力

1. 三铰拱的支座反力

对图 6-4（a）所示三铰拱，由整体平衡方程 $\sum M_B=0$，可得：$F_{VA}l=F_{P1}b_1$，则：

$$F_{VA}=\frac{F_{P1}b_1}{l}=F_{VA}^0$$

同理，由 $\sum M_A=0$，可得：$F_{VB}=\dfrac{F_{P1}a_1}{l}=F_{VB}^0$。

可见，拱的竖向反力与相当简支梁的竖向反力相同。

利用整体平衡方程 $\sum F_x=0$，得：$F_{HA}=F_{HB}=F_H$

与三铰刚架分析类似，取拱顶铰 C 以左部分为隔离体，由 $\sum M_C=0$，有：

$$F_H=\frac{F_{VA}l_1-F_{P1}\left(l_1-a_1\right)}{f}=\frac{M_C^0}{f}$$

式中，M_C^0 表示相当简支梁截面 C 处的弯矩。

可见，三铰拱的支座反力与相当简支梁的支座反力与内力之间存在以下关系：

$$F_{VA}=F_{VA}^0,\ \ F_{VB}=F_{VB}^0,\ \ F_H=\frac{M_C^0}{f} \tag{6-1}$$

即，三铰拱的竖向支座反力 F_{VA}、F_{VB} 与相当简支梁的竖向支座反力相同，而水平推力等于相当简支梁对应截面 C 的弯矩 M_C^0 除以拱高。

上式还表明，拱越平坦，即拱高 f 越小，支座的推力就越大，对拱的支座承载力的要求也就越高。工程中可采用增设拉杆的方式减小支座推力。

2. 三铰拱任意截面的弯矩

在三铰拱上任取截面 K，其形心坐标为 x_K、y_K，形心处拱轴线的倾角为 φ_K，拱轴线的法线方向记作 n，切向 t，如图 6-5（a）所示，拱轴线的倾角随截面位置变化。相当简支梁如图 6-5（b）所示。

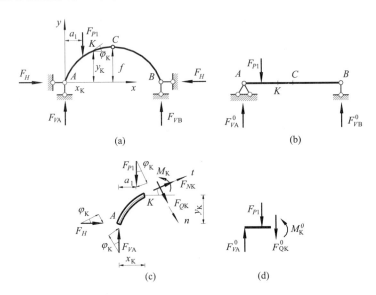

图 6-5　三铰拱内力计算

取拱的隔离体 AK（图 6-5c），由 $\sum M_K = 0$，可得：

$$F_{VA}x_K = F_{P1}(x_K - a_1) + F_H y_K + M_K$$

整理得：

$$M_K = [F_{VA}x_K - F_{P1}(x_K - a_1)] - F_H y_K$$

相当简支梁对应截面 K 的弯矩 $M_K^0 = [F_{VA}x_K - F_{P1}(x_K - a_1)]$ 如图 6-5（d）所示，故有：

$$M_K = M_K^0 - F_H y_K$$

上式表明，拱内任一截面的弯矩 M_K 等于相当简支梁对应截面的弯矩 M_K^0 减去水平推力 F_H 所引起的弯矩。因此，三铰拱中的弯矩小于相当简支梁的对应截面弯矩。

3. 三铰拱任意截面的剪力与轴力

将如图 6-5（c）所示中所有力沿 K 截面法向 n 投影并求和，由 $\sum F_n = 0$，则：

$$F_{QK} = F_{VA}\cos\varphi_K - F_{P1}\cos\varphi_K - F_H\sin\varphi_K = (F_{VA} - F_{P1})\cos\varphi_K - F_H\sin\varphi_K$$

由图 6-5（d）可知，相当简支梁上截面 K 的剪力为 $F_{QK}^0 = F_{VA}^0 - F_{P1}$，故有：

$$F_{QK} = F_{QK}^0\cos\varphi_K - F_H\sin\varphi_K$$

将图 6-5（c）中所有力沿 K 截面切向 t 投影并求和，有 $\sum F_t=0$，则：

$$F_{NK}=-\left(F_{VA}-F_{P1}\right)\sin\varphi_K-F_H\cos\varphi_K=-F_{QK}^0\sin\varphi_K-F_H\cos\varphi_K$$

综上所述，三铰拱与相当简支梁内力的关系为：

$$\left.\begin{array}{l} M=M^0-F_Hy \\ F_Q=F_Q^0\cos\varphi-F_H\sin\varphi \\ F_N=F_Q^0\sin\varphi-F_H\cos\varphi \end{array}\right\} \tag{6-2}$$

式中，y 和 φ 为拱轴线上任意截面的竖向坐标与倾角，其取值与拱轴线形状有关。可见，三铰拱的内力值不仅与荷载及三个铰的位置有关，还与拱轴线的形状有关。

由上述分析可知，竖向荷载在拱的支座处产生水平推力，推力在拱内产生了较大轴向压力，竖向反力与荷载构成的外力偶通过推力与压力构成的内力偶平衡，从而极大减小了拱中的弯矩和剪力（图 6-6a）。而梁只能依靠弯矩和剪力平衡（图 6-6b）。拱的这一平衡机制，使拱与单跨梁相比，可以跨越更大的空间。

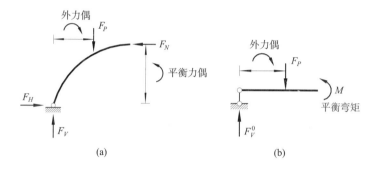

图 6-6
(a) 拱的平衡机制；
(b) 梁的平衡机制

6.1.3　压力线与拱的合理轴线

令式（6-2）中弯矩 $M=M^0-F_Hy=0$，可得：

$$y=\frac{M^0}{F_H} \tag{6-3}$$

这意味着当拱的轴线满足一定形式时，拱的弯矩和剪力处处为零，拱内只有轴向压力，称此拱轴线形式为拱在对应荷载下的合理轴线。

由式（6-1）和式（6-3）可知，当三铰拱的拱铰位置给定时，水平推力 $\boldsymbol{F}_H$ 与弯矩 M^0 将随荷载而改变，因此，对于铰位置给定的三铰拱，不同的荷载对应不同的合理拱轴线。

拱的合理轴线还可以做如下理解：如图 6-7（a）所示，要将 C 处的荷载传递至 A、B 支座，最简单的方式是采用图示铰接 AB 杆和 AC 杆，各杆只有轴向压力，AC 和 AB 的连线称为压力线。如图 6-7（b）所示，若要将 D、E 处的荷载传至 A、B 支座，且杆件内部只有压力，可先求出 A、B 支座反力，用力的三角形法则做力多边形，如图 6-7（c）所示，其中，F_{RA}、F_{DE}、F_{RB} 即为压力线。可见，压力线是荷载从作用点到支座的压力传递路线，拱轴线若与压力线重合，则拱内只有压力而无弯矩和剪

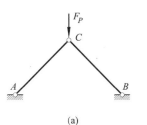
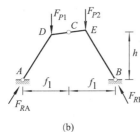
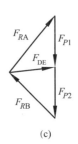
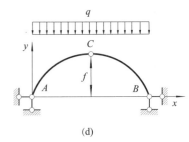

(a)   (b)   (c)   (d)

图 6-7

力，压力线即为拱的合理轴线。

当荷载增多成为分布荷载时，压力线就由折线变成曲线。如图 6-7（d）所示，沿跨度方向均匀分布的竖向荷载作用下，压力线为抛物线，这也是在桥梁或大跨屋盖中广泛采用抛物线型拱的原因。

6.2 悬索

索结构是大跨屋盖和桥梁中常用的另一种曲线形结构。索结构的内力为轴向拉力，其截面抗拉性能高，抗弯和抗剪性能低，因此，索的形状会随荷载作用形式而变化，如图 6-8 所示。

图 6-8 索形状随荷载而变化
(a) 三角形；
(b) 梯形；
(c) 索多边形；
(d) 沿索长均匀分布荷载下的悬链线；
(e) 沿跨度均匀分布荷载下的抛物线；
(f) 梯形荷载下的椭圆

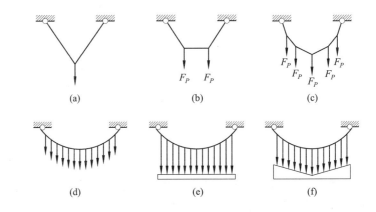

(a)   (b)   (c)

(d)   (e)   (f)

特别地，悬索在沿索长均匀分布的荷载下（如悬索的自重），形成的曲线是悬链线（图 6-8d），而在沿跨度方向均布荷载下（如桥面板自重，图 6-8e）为抛物线。工程中，悬索桥的悬索曲线即为抛物线，而输电线为悬链线。

如图 6-9（a）所示悬索，受沿跨度方向均布荷载作用。

由 $\sum F_y = 0$，得竖向支座反力为：

$F_{VA} = F_{VB} = \dfrac{1}{2} ql$，与相当简支梁的竖向支座反力相同；

因为索中任意截面弯矩均为零，以跨中截面为矩心（图 6-9b）列平衡方程：

$$\frac{1}{8}ql^2 - F_H f = 0,$$

则：

$$F_H = \frac{ql^2}{8f} = \frac{M_0}{f}，\text{为支座拉力。}$$

其中，M_0 是相当简支梁的跨中弯矩。

在竖向荷载作用下，悬索支座会受到水平拉力的作用。该水平拉力的大小与悬索的垂跨比有关。荷载与跨度一定时，垂度越大，拉力越小；反之，垂度越小，拉力越大（图 6-9c）。可采用增设推杆以减小支座拉力。

悬索的上述性质与拱正好相对。如果将拱上的荷载作用在同样跨度的悬索上，将所得到的悬索曲线"冷冻"并反向，就可得到拱在给定荷载和跨度下的合理拱轴线。因此，拱和悬索为对偶体系，其结构形式、内力、变形和支座反力特征相互对应。

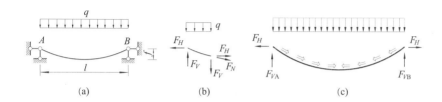

图6-9　悬索结构的受力分析

6.3　静定平面桁架

由短直杆交叉组合而成的格构式体系称为桁架，可起水平连接和竖向支撑作用，承受并传递沿跨度方向的纵向荷载和垂直于跨度方向的横向荷载，作用与梁、柱类似，因此，桁架也被视为格构化的梁或柱，是除拱和悬索结构外，广泛采用的又一大跨结构形式，常用于屋盖、楼盖、大跨桥梁中，如图 6-10 所示。桁架包括空间桁架（也称网架）和平面桁架（即组成桁架的所有杆件以及所受荷载在同一平面内），本节讨论静定平面桁架的特点及其内力分析方法。

实际工程中的桁架结构形式多样、结点构造复杂，但总体具有以下特点：组成桁架的杆件通常为细而短的直杆，杆件内力以轴力为主，弯矩和剪力相对较小；结点处因杆件较细，可以有较小的相对转动，但不能相对移动。因此，为便于分析，通常将桁架作如下简化：

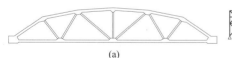

(a)

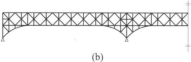

(b)

图 6-10
（a）桁架式屋架；
（b）桁架式桥梁

1. 将桁架的结点视为光滑铰结点，忽略结点的摩擦；

2. 假设杆件为等截面直杆，其轴线通过光滑铰结点中心；

3. 假设荷载和支座反力均作用在结点上，杆件上没有分布荷载或其他集中荷载。

经上述简化假设的桁架称为**理想桁架**。

理想桁架只承受结点荷载，结点只传递力而不传递弯矩，各杆件的内力只有轴力而无弯矩和剪力，杆件均为桁架杆或二力杆，且各杆轴力为常数。

实际桁架与理想桁架是存在差异的。如木桁架中，杆件常采用螺栓或榫卯连接，可以传递部分弯矩，且存在摩擦；由于制造和装配的误差，实际桁架各杆的轴线不全通过铰心，使杆件受到偏心荷载而产生弯矩；桁架上弦杆通常受到其他部分传来的分布荷载，杆件的自重也是分布荷载，这些分布荷载会在杆件上产生弯矩和剪力，等等。但上述原因在桁架杆件中产生的弯矩和剪力与轴力相比都较小，可以忽略。如图 6-11（a、b）所示屋架，外观和构造方式均不相同，但都可简化为相应的桁架结构，如图 6-11（c、d）所示。

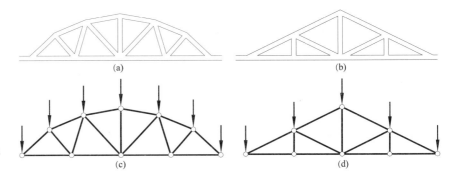

图 6-11　桁架结构的简化及其计算简图

图 6-12 给出了平面桁架各部分的名称。桁架结构在外力作用下，虽然各杆只发生轴向拉/压变形，但桁架结构整体会产生类似于梁的弯曲变形，如图 6-13 所示。由图示桁架的整体变形，可以判断，该桁架受荷载作用，下弦杆受拉，上弦杆受压。

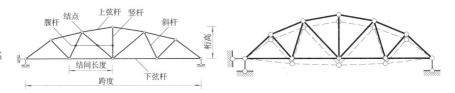

图 6-12　平面桁架各部分名称（左）
图 6-13（右）

6.3.1　平面桁架的类型

平面桁架按其几何构成方式可分为以下三类：

1. 简单桁架：由基础或一个基本铰结三角形开始，依次增加二元体所构成的桁架（图 6-14a）；

2. 联合桁架：由若干简单桁架按多刚片规则组成的桁架（图 6-14b、c）；

3. 复杂桁架：除上述方式以外其他方式组成的桁架（图 6-14d）。

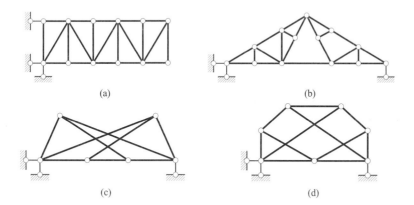

图 6-14
(a) 简单桁架；
(b) 联合桁架；
(c) 联合桁架；
(d) 复杂桁架

平面桁架的外观轮廓有平行弦桁架（图 6-15a）、三角形桁架（图 6-15b）、抛物线桁架（图 6-15c）和梯形桁架（图 6-15d）等。

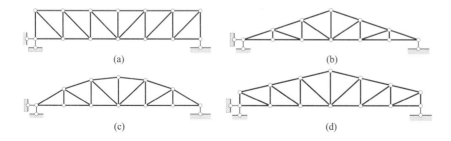

图 6-15
(a) 平行弦桁架；
(b) 三角形桁架；
(c) 抛物线桁架；
(d) 梯形桁架

6.3.2　结点法

计算静定平面桁架内力时，可选取桁架的某一铰接点为隔离体，称为**结点法**。由于平面内交于一点的汇交力系，只能列两个平衡方程，故每次截取结点上的杆件未知轴力数不应多于两个。计算时，应从未知杆件轴力不超过两个的结点开始依次计算。

桁架结构中有较多斜杆，可先将斜杆的轴力分解为水平分力和竖向分力，再建立力的平衡方程。也可利用力的三角形（图 6-16a）与杆件三角形的相似性（图 6-16b）以简化计算。两相似三角形间存在如下比例关系：

$$\frac{F_{NAB}}{l} = \frac{F_{xAB}}{l_x} = \frac{F_{yAB}}{l_y} \tag{6-4}$$

【**例 6-1**】试用结点法计算，如图 6-17 所示静定平面桁架各杆的轴力。

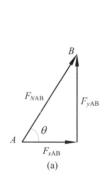

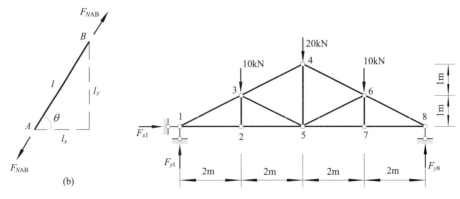

图 6-16（左）
图 6-17（右）

【**分析**】该桁架为简单桁架，求出支座反力后，从结点 1 或 8 开始，将每个结点作为隔离体，依次求解即可。且结构对称，只需分析一半的结构。

【**解**】（1）求支座反力

利用桁架的整体平衡条件，可求得 $F_{x1}=0$、$F_{y1}=20$kN（↑）、$F_{y8}=20$kN（↑）。

（2）计算各杆轴力

按结点 1、2、3、4、5 的顺序依次分析，未知的杆件轴力假设为拉力。

取结点 1 为隔离体，如图 6-18（a）所示。

由三角形的相似性：

$$\frac{|F_{y1}|}{1}=\frac{|F_{N12}|}{2}=\frac{|F_{N13}|}{\sqrt{5}},$$

可得：

$$F_{N12}=40\text{kN}，F_{N13}=-44.72\text{kN}$$

进一步地，有：

$$F_{y13}=-20\text{kN}，F_{x13}=2\times F_{y13}=-40\text{kN}。$$

式中，F_{x13} 和 F_{y13} 表示 13 杆轴力 F_{N13} 分别在 x 轴和 y 轴的投影，后文如无特殊说明，表示方法与此相同。

取结点 2 为隔离体，如图 6-18（b）所示。

易得：

$$F_{N23}=0\text{kN}，F_{N25}=F_{N12}=40\text{kN}$$

取结点 3 为隔离体，如图 6-18（c）所示。

34 杆与 35 杆均为斜杆，将其轴力向 x 轴和 y 轴投影，建立投影平衡方程。

由 $\sum F_y=0$，得：

$$F_{y34}+20=F_{y35}+10；$$

由 $\sum F_x=0$，得：

$$F_{x34}+F_{x35}+40=0$$

且：

$$\frac{|F_{y34}|}{1}=\frac{|F_{x34}|}{2}=\frac{|F_{N34}|}{\sqrt{5}}，\quad \frac{|F_{y35}|}{1}=\frac{|F_{x35}|}{2}=\frac{|F_{N35}|}{\sqrt{5}}。$$

则利用比例关系，联立求解以上两个方程即可得到 F_{N34} 和 F_{N35}，但过程较为复杂。

为避免联立求解上述方程组，可利用力矩平衡方程计算 F_{N34} 和 F_{N35}。

如图 6-18（d）所示，对结点 5 建立力矩平衡方程，将 F_{N34} 移至结点 4（不会改变力对点之矩）进行分解，则 F_{y34} 对结点 5 的力矩为零，F_{x34} 对结点 5 的力矩为 $F_{x34} \times 2$；

F_{N35} 对 5 点的力矩为零。

F_{N13} 对结点 5 的力矩可分解为 F_{x13} 和 F_{y13} 对结点 5 之矩。

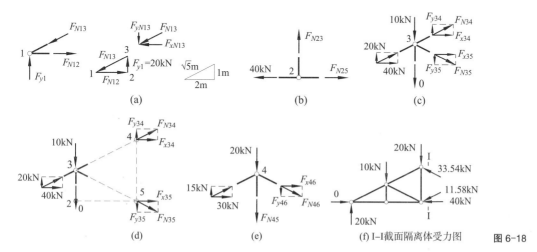

(a)　　　　　　　　　　(b)　　　　　　　　　　(c)

(d)　　　　　　　　(e)　　　　　　(f) I-I截面隔离体受力图　　　图 6-18

由 $\sum M_5 = 0$ 可得：

$$20 \times 2 + 40 \times 1 + F_{x34} \times 2 = 10 \times 2，$$

解得：

$$F_{x34} = -30\text{kN}。$$

由三角形相似性可得：

$$F_{y34} = F_{x34}/2 = -15\text{kN}；\quad F_{N34} = F_{x34} \times \sqrt{5}/2 = -33.54\text{kN}。$$

由 $\sum F_y = 0$ 可得：

$$F_{y35} = -5\text{kN}，\quad F_{x35} = 2 \times F_{y35} = -10\text{kN}，\quad F_{N35} = \sqrt{5} \times F_{y35} = -11.18\text{kN}。$$

取结点 4 为隔离体，如图 6-18（e）所示。由对称性可知：

$$F_{y46} = F_{y43} = -15\text{kN}，\quad F_{x46} = F_{x43} = -30\text{kN}，\quad F_{N46} = F_{N43} = -33.54\text{kN}。$$

再由 $\sum F_y = 0$ 可得：

$$F_{N45} = 10\text{kN}。$$

其余各杆轴力可根据对称性得到。

（3）校核

做 1-1 截面截取隔离体如图 6-18（f）所示，代入前述求的杆件轴力，校核以下平衡条件：

$$\sum F_x = 0；\sum F_y = 0；\sum M_1 = 0$$

平衡条件均满足，计算无误。

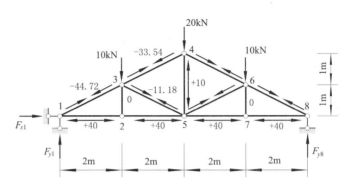

图 6-19　桁架轴力图

在各杆一侧标出其轴力的代数值，如图 6-19 所示。

若将桁架整体视为刚片，其整体性能与梁类似。如图 6-19 所示，桁架也可看作格构化的简支梁，传递横向荷载。但其内在传力机制与实腹的梁相比，发生了本质变化。桁架是通过若干短直杆件的轴向传力，杆件内力构成了向量化的平面网格，相邻网格线的内力不再连续变化。与梁相比，桁架极大地节省了材料，减轻了结构自重，而且桁架通常桁高较高，整体刚度较大。因此桁架多用于大跨屋盖、楼盖和桥梁中。

如图 6-19 所示，杆 23 和 67 的轴力为零，桁架中这类在特定荷载下轴力为零的杆件为**零杆**。分析桁架内力时，可利用结点平衡的某些特殊情况，判定杆件是否为零杆，从而简化计算。

常见零杆的情形有：

1. 两杆为 **L 形连接**，结点无外力，则这两杆均为零杆，如图 6-20（a）所示；

2. 三杆成 **T 形连接**，结点无外力，共线的两杆轴力相等，拉压性质相同，另一杆必为零杆，如图 6-20（b）所示；

3. 两杆为 L 形连接，但有外力，且沿其中一根杆件的轴线方向，则另一杆必为零杆，也称**推广的 L 形连接**，如图 6-20（c）所示。

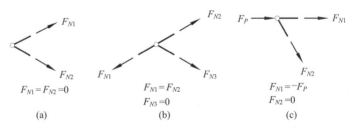

图 6-20　常见的零杆情形　　　　　(a)　　　　　　　　(b)　　　　　　　　(c)

应用零杆判断方法，可以判定如图 6-21 所示荷载作用下桁架中虚线所示的各杆均为零杆。

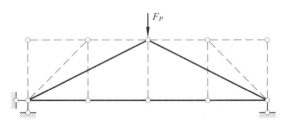

图 6-21

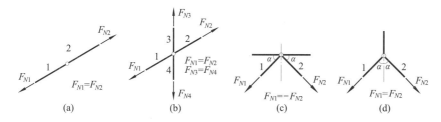

图 6-22　常见等力杆的情形

此外，还存在如图 6-22 所示为等力杆的情形。利用等力杆的判断也可简化计算。

6.3.3　截面法

在桁架分析中，有时仅需求出某些指定杆件的轴力，这时采用截面法较为方便。即用截面截取桁架的某一部分（至少包括两个结点）为隔离体，根据该隔离体的平衡条件求解杆件的轴力。截面法截取的隔离体通常包含两个及以上结点，构成平面一般力系，可列出三个平衡方程，适于隔离体上未知力不多于三个的情形。

应用截面法计算静定平面桁架内力时，与结点法类似，可将杆件轴力沿其作用线滑动至恰当位置再进行分解、或求对某点之矩；应选择适当截面，以尽量避免联立求解方程组。

【**例 6-2**】某桁架吊车梁如图 6-23 所示，试用截面法计算 a、b、c 三杆的内力。

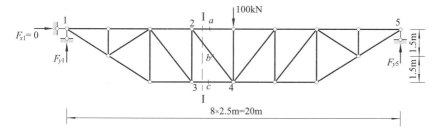

图 6-23

【**分析**】若采用结点法，需从结点 1 开始，共需求解 7 个结点才能求出 a、b、c 三杆的内力。若采用截面法，三杆可用一个截面截断，大大提高了计算效率。

【**解**】（1）计算支座反力

利用桁架的整体平衡条件，可求得支座反力为：

$$F_{x1}=0、F_{y1}=50\text{kN}（↑）、F_{y5}=50\text{kN}（↑）$$

（2）做截面截取隔离体，计算杆件内力

沿截面 I-I 将 a、b、c 三杆截断，取截面以左部分为隔离体，如图 6-24 所示。

因杆 a 和杆 b 在结点 2 相交，以 2 点为矩心，由 $\sum M_2=0$，得：

$$50×7.5=F_{Nc}×3，$$

故：
$$F_{Nc}=125\text{kN}（拉杆）。$$

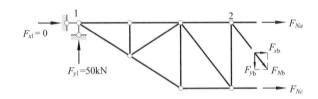

图6-24

同理，杆 b 和杆 c 在结点 4 相交，以 4 点为矩心，由 $\sum M_4=0$，得：

$$F_{Na} \times 3+50 \times 10=0,$$

故：

$$F_{Na}=-500/3kN（压杆）。$$

只有杆 b 存在竖向分力，由 $\sum F_y=0$，得：

$$F_{yb}=50kN,$$

根据杆 b 的比例关系，可得：

$$F_{Nb}= \frac{3.905}{3} \times F_{yb}=65.1kN（拉杆）。$$

如图 6-25 所示，与图 6-23 所示桁架对应的相当简支梁及其弯矩图和剪力图。比较 I-I 截面处梁的弯矩、剪力与桁架杆件轴力可知，在 I-I 截面处，上弦杆 a 与斜杆 b 的水平分力之和与下弦杆 c 的轴力构成一对力偶，大小等于梁中相应截面处的弯矩，而腹杆 b 的竖向分力等于梁中相应截面处的剪力。这表明，桁架的整体受力与梁是等价的。桁架上下弦杆的轴力构成的力偶相当于对应梁截面的弯矩，而腹杆以及弦杆的竖向分力则提供了对应截面剪力。

通常，桁架弦杆轴力（或其水平分量）为：

$$F_{xN}=M^0/r,$$

桁架腹杆的轴力（或其竖向分力）为：

$$F_{yN}= \pm F_Q^0,$$

其中，M^0 和 F_Q^0 为相当梁对应截面的弯矩和剪力，r 为桁架对应截面高度。

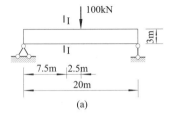

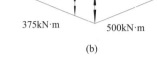

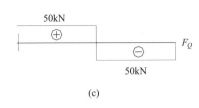

(a)   (b)   (c)

图6-25　相当简支梁的内力

【例6-3】试用截面法计算图 6-26 所示，桁架中 1、2 和 3 杆的轴力。

【分析】该桁架为左右两个简单桁架采用三根不共线和不共点链杆连接而成的联合桁架。经尝试可知，无法用一个截面截取，使隔离体上只有 1、2、3 杆的内力未知。因此，需采用多次截面。

若先做 I-I 截面，则可求得 1、2 杆轴力，再做 II-II 截面，可求的 3 杆轴力。

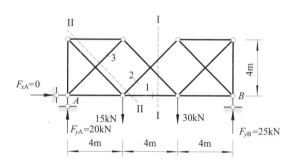

图 6-26

【解】（1）计算支座反力

利用桁架的整体平衡条件，可求得支座反力，如图 6-26 所示。

（2）做 I-I 截面，计算 1 杆轴力

I-I 截面隔离体如图 6-27（a）所示，以 O_1 点为矩心，由 $\sum M_{O1}=0$，得：

$$F_{N1} \times 2 + 15 \times 2 - 20 \times 6 = 0,$$

故： $\qquad F_{N1} = 45\text{kN}（拉杆）。$

（3）做 II-II 截面，计算 2、3 杆轴力

II-II 截面隔离体如图 6-27（b）所示。2、3 杆都是斜杆，为便于计算，将 2、3 杆的轴力分解为竖向和水平分力。

以 O_2 为矩心，由 $\sum M_{O2}=0$，得：

$$F_{x2} \times 4 + F_{N1} \times 4 - 20 \times 4 = 0, \quad F_{x2} = -25\text{kN}。$$

利用三角形相似性，则：

$$F_{N2} = \sqrt{2} \times F_{x2} = -35.36\text{kN}（压杆）。$$

由 $\sum F_x = 0$，得：

$$F_{x3} + F_{x2} + F_{N1} = 0, \quad F_{x3} = -20\text{kN},$$

则：

$$F_{N3} = \sqrt{2} \times F_{x3} = -28.28\text{kN}（压杆）。$$

对于复杂桁架，还可以将截面法与结点法结合求解桁架内力。

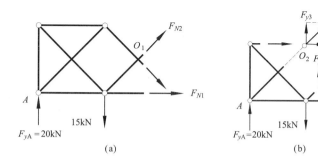

| (a) | (b) | 图 6-27 |

6.3.4 桁架外形对其受力性能的影响

桁架的几何形式对其受力性能是有影响的。如图 6-28 所示，给出了建筑与桥梁结构中常见的平行弦桁架、抛物线桁架、梯形桁架和三角形

桁架。设三种桁架跨度相同，并作用相同荷载，如图 6-29 所示给出了相当简支梁以做比较。

1. 平行弦桁架

平行弦桁架可视为截面高度不变的简支梁，由上下弦杆的轴力构成的力偶相当对于梁截面的弯矩、腹杆的竖向分力相当于梁截面的剪力。在横向荷载下，平行弦桁架上弦杆受压，下弦杆受拉。由于简支梁弯矩由跨中向两端支座递减（图 6-29），桁架高度不变，因此，桁架弦杆轴力也从跨中向两端逐步减小；腹杆的轴力变化规律则相反，跨中小，越靠近支座越大。对于平行弦桁架，如果全部杆件的截面尺寸都相同，将造成材料浪费；若采用不同尺寸的截面又会增加安装难度。但平行弦桁架的腹杆、弦杆长度一致，利于标准化制作，能提供平整的结构表面，在楼盖、吊车梁、桥梁中应用广泛。

2. 抛物线桁架

抛物线形桁架的外观与梁的弯矩图类似，桁架高度由跨中向支座逐渐降低，降低的速度与弯矩变化的速度接近，因此，抛物线桁架弦杆的轴力基本相等，腹杆的内力为零。与其他形式的桁架相比，抛物线桁架的轴力分布均匀，杆件材料利用率高，跨度可比平行弦桁架更大。但因其上弦按抛物线变化，杆件角度变化多，不利于放样和现场安装，工程中也常以梯形桁架代替。抛物线或梯形桁架可用于坡度较平缓的大跨屋盖或桥梁。

3. 三角形桁架

三角形桁架上下弦杆轴力的变化规律刚好与平行弦桁架相反，即端部弦杆内力大，而中间弦杆内力小，轴力分布不均匀，这是由于桁架高度的

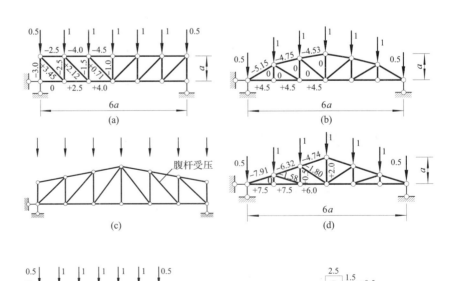

图 6-28
（a）平行弦桁架；
（b）抛物线桁架；
（c）梯形桁架；
（d）三角形桁架

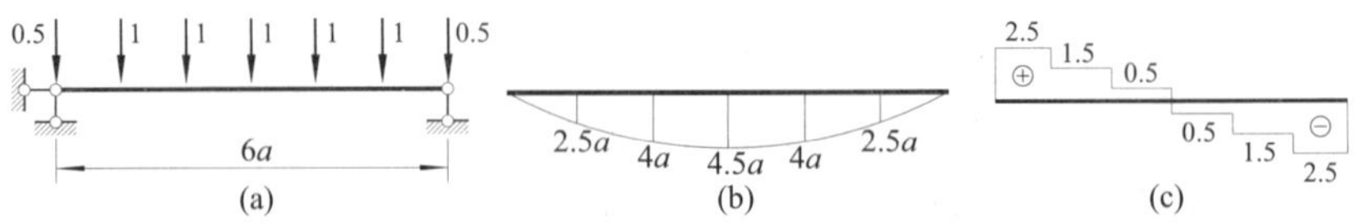

图 6-29
（a）相当简支梁；
（b）简支梁弯矩图；
（c）简支梁剪力图

变化速度大于截面弯矩的变化速度。由于三角形桁架端部杆件的夹角为锐角，使该处结点构造复杂，制造较为困难，但因三角形桁架上弦的外形符合屋面对排水的要求，所以多用于跨度较小、坡度较大的轻型屋盖。

此外，桁架中斜腹杆的布置方向对腹杆的受力性质也有直接影响。如图 6-30 所示的平行弦桁架（图 6-30a、b）与梯形桁架（图 6-30c、d），外倾斜腹杆受拉、内倾斜腹杆受压，而平行弦桁架其竖杆的拉压性质与腹杆相反。通常，三角形与梯形桁架的竖杆总是受拉的。由于细长杆的受压稳定性差（参见第 10 章压杆稳定性），桁架腹杆布置时应尽量避免使细长杆受压。

可见，桁架外形对其受力性能具有显著影响，在设计桁架时，应根据不同类型桁架特点，综合考虑材料、制作工艺以及结构方面的差异，选用合理的桁架形式以及腹杆的布置方式。

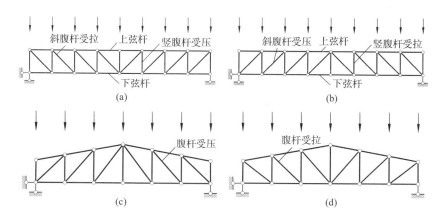

图 6-30

6.4　组合结构

实际工程中，常常利用梁杆结构、拱、桁架以及悬索结构各自的优势，而构成组合结构。如前述拉杆拱，如图 6-31 所示的梁—杆组合屋架、斜拉索桥以及腋角支撑刚架等。组合结构中桁架杆通常起增强结构刚度（如梁杆组合结构）、加强结构局部承载力（如腋角支撑）、提供辅助拉力或压力（如拉杆拱）的作用。

静定组合结构内力分析时，通常先计算支座反力和轴力构件（桁架杆或拉索）的内力，再计算梁杆结构或拱。以下通过算例说明组合结构的内力分析方法。

【例 6-4】试计算如图 6-32 所示组合结构的内力。

【分析】如图 6-32 所示结构是由刚片 *AFD* 与刚片 *BGE* 通过链杆

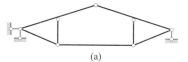

(a)

(b)

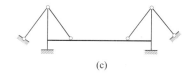

(c)

图 6-31　组合结构
(a) 梁—杆组合屋架；
(b) 腋角支撑刚架；
(c) 简易斜拉索桥

125

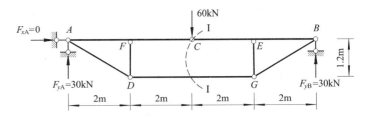

图 6-32

DG 和铰 C 连接而成的静定结构，其中 AB 和 BC 为梁式杆，其余为桁架杆。结构整体可视为梁，下部桁架结构提高了结构横截面高度，增强了结构整体抗弯刚度。容易判断，下部水平的桁架杆和斜杆受拉，竖杆受压。则计算结构内力可从组合结构几何构成特点入手，即先拆开铰结点 C、切断链杆 DG，而后依次求解桁杆和梁杆的内力。

【解】（1）以整体为对象，计算支座反力，标注于图 6-32 中

（2）计算轴力杆内力

作 I-I 截面，如图 6-32 所示，取左侧部分为隔离体，设 DG 杆为拉杆。

由 $\sum M_C=0$，得：$F_{NDG} \times 1.2-30 \times 4=0$，$F_{NDG}=100\text{kN}$（拉力）。

（3）由铰结点 G 的平衡条件（图 6-33a）

可得：

$$F_{NGB}=116.62\text{kN（拉力）},$$

$$F_{NGE}=-60\text{kN（压力）}。$$

结构与荷载对称，则有：

$$F_{NDA}=F_{NGB}，\quad F_{NDF}=F_{NGE}。$$

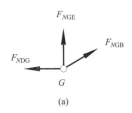

(a)

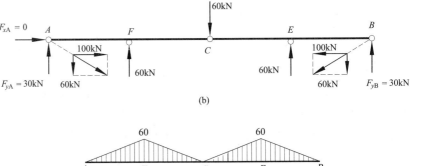

(b)

图 6-33
(a) 结点 G 受力图；
(b) 隔离体受力图

图 6-34　组合结构内力图
(a) M 图（单位：kN·m）；
(b) F_Q 图（单位：kN）；
(c) F_N 图（单位：kN）

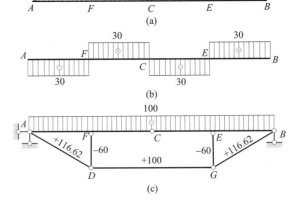

（4）计算梁式杆 *ACB* 的内力

梁 *ACB* 的受力如图 6-33（b）所示。*CEB* 梁段相当于跨中作用 60kN 集中力的简支梁，上侧受拉，弯矩图如图 6-34（a）所示。

由弯矩图确定剪力图：*CE* 段剪力为常数，大小为弯矩图斜率，-30kN；*EB* 段剪力也为常数，大小为弯矩图斜率；+30kN，剪力如图 6-34（b）所示。

全梁轴力为常数，由 *BG* 杆轴力的水平分力产生，为 -100kN。结构轴力如图 6-34（c）所示。

6.5 空间桁架

如果构成结构的各杆件轴线不在同一平面，或荷载与结构不在同一平面内，则结构处于空间受力状态，这类结构的分析称为空间结构分析问题。若空间结构的杆件由光滑球铰连接（参见第 3.1.6 节）、只承受结点荷载、杆件内力主要为轴力，则为**空间桁架或网架**；若无多余约束，则为**静定空间桁架**。

空间桁架的铰结点在空间中有三个移动自由度。一根链杆提供一个约束。与平面杆系结构的铰接三角形规则类似，组成没有多余约束的空间桁架的基本形式为**铰接四面体**，如图 6-35（a）所示。可以视为从一个基本的铰接三角形（1-2-3）出发，用三根共点、但不共线、不共面的链杆连接一个铰点（4）而构成。照此规则依次在空间中增加铰结点（图 6-35b），构成的桁架为没有多余约束的空间桁架，也称为简单桁架。如图 6-35（b、c）所示即按图中结点编号顺序构成的简单桁架。

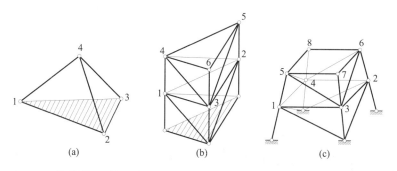

图 6-35
（a）铰接四面体；
（b）三棱柱形空间桁架；
（c）简单空间桁架

与二元体类似，将三根不共面、不共线但共点的链杆形成的装置称为**三元体**。显然，在空间结构体系上增加或删减三元体，不改变空间结构体系的几何构成性质。

根据空间桁架的几何构成规则，可分为简单桁架、联合桁架和复杂桁架。将两个简单空间桁架用六根不共面（且不位于相互平行的平面内）、不共线、不共点的链杆连接，就构成联合桁架（图 6-36）。由其他方式构成的没有多余约束的空间桁架，就为复杂桁架（图 6-37）。

静定空间桁架的内力分析也可采用结点法和截面法。其中，结点法可建立三个力的平衡方程，因此，最多可截取有三个轴力未知的杆件；

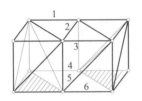

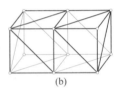

图 6-36　空间联合桁架（左）
图 6-37　空间复杂桁架（右）

截面法可建立六个平衡方程，包括三个力的平衡方程和三个力矩平衡方程，可求解六个未知轴力。

本章小结

拱是有支座推力的曲线型结构，推力在拱内产生轴向压力。与梁不同，拱对外力矩的平衡是通过推力与压力构成的内力偶实现的，从而极大减小了拱中的弯矩和剪力。当拱轴线与压力传递线重合时，拱内无弯矩。拱的这一平衡机制，使拱与单跨梁相比，可以跨越更大空间。

桁架是轴力杆组成的格构化体系，荷载可以简化为结点荷载，其整体性能与梁、柱类似，是常用的另一类大跨结构形式，其内力计算方法有结点法和截面法。桁架横截面弯矩由上下弦杆的轴力提供、剪力由腹杆和弦杆的竖向分力提供，桁架外形对其轴力分布有显著影响。

趣味知识——穹顶与飞扶壁

古代建筑师们利用拱结构，将自重和外荷载等竖向力采用拱截面压力的形式进行传递，从而形成大跨空间，如罗马圣彼得大教堂的穹顶（图 6-38a）。为抵抗拱的水平推力，往往需要很厚的墙体，墙上开洞的大小也受到了限制。哥特式建筑的"飞扶壁"巧妙地解决了拱顶的水平支撑问题（图 6-38b），将拱顶的侧推力逐级传递到墙外的扶垛上，厚重的墙面由此留给了玻璃巨窗，彩色玻璃工匠们在此找到了发挥他们技艺的场所。

图 6-38
（a）意大利罗马圣彼得大教堂；
（b）意大利米兰大教堂飞扶壁

（a）　　　　　　　　（b）

思考题

6-1 什么是三铰拱的合理拱轴线？如思考题 6-1（a、b）图所示三铰拱的合理拱轴线是否相同，为什么？

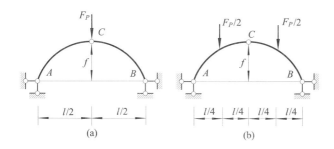

思考题 6-1 图

6-2 拱与悬索都是曲线型结构，二者的内力和支座反力有什么差异？

6-3 带拉杆的三铰拱与三铰拱各自适用于什么建造条件？

6-4 桁架中的零杆是否可从实际结构中去掉？为什么？

6-5 简支的平行弦桁架与等跨度的简支梁相比，整体性能与杆件的内力分布有何异同？

6-6 试分析比较三铰刚架与三铰拱的性能差异。

6-7 如第 3 章所述，空间刚架等往往可根据传力路径和内力的特点简化为平面刚架，那么，空间桁架能否简化为平面桁架进行内力分析？

6-8 试列举若干拱、平面桁架、空间桁架在实际工程结构中的应用，简单分析其支座、结点约束、整体变形以及杆件分布特点。

习题

6-1 求如习题 6-1 图所示三铰拱的水平推力 F_H。

6-2 求如习题 6-2 图所示三铰拱中拉杆的轴力。

6-3 求如习题 6-3 图所示三铰拱支座反力和指定截面 K 的内力。已知轴线方程 $y=\dfrac{4f}{l^2}x\,(l-x)$。

6-4 比较如习题 6-4 图所示三个结构支座反力的大小，并说明三个结构中内力的特点。习题 6-4 图（a）为抛物线拱。

6-5 判断如习题 6-5 图所示桁架哪些杆件为零杆。

6-6 试先定性判断如习题 6-6 图所示杆件的拉压性质，再用结点法

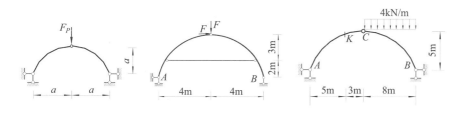

习题 6-1 图（左）
习题 6-2 图（中）
习题 6-3 图（右）

求图示桁架各杆件的轴力。

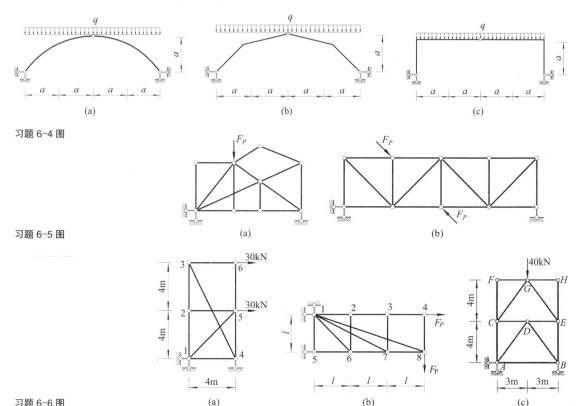

习题 6-4 图

习题 6-5 图

习题 6-6 图

6-7　确定如习题 6-7 图所示桁架的零杆，并求指定杆件的轴力。

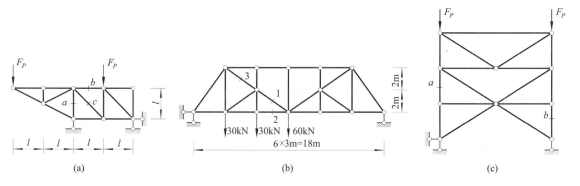

习题 6-7 图

6-8　试分析如习题 6-8 图所示结构的内力，并做内力图。

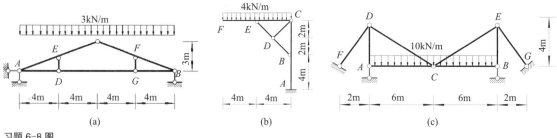

习题 6-8 图

解答

6-1　$F_H=F_P/2$；

6-2　$3F/2$；

6-3　$F_{VA}=8$kN，$F_H=64/5$kN，$M_K=15$kN·m（上侧受拉），$F_{QK}=1.813$kN；

6-4　三个结构支座反力相同，习题图6-4（a）为具有合理轴线的拱，只有轴压力，为弯矩和剪力，习题图6-4（c）为三铰刚架，有弯矩、剪力和轴力，习题图6-4（b）介于拱与刚架之间；

6-5　（a）9根零杆；（b）12根零杆；

6-6　（a）25、65杆为零杆，
$F_{N12}=F_{N23}=60$kN，$F_{N15}=30\sqrt{2}$kN，
$F_{N45}=-30$kN，$F_{N34}=-30\sqrt{5}$kN；
（b）15、26、37、48、16、17为零杆，$F_{N12}=F_P$，$F_{N56}=-3F_P$；
（c）利用对称性，共7根零杆，FG、FC、DA及其对称杆件和AB杆均为零杆，$F_{NCG}=-25$kN，$F_{NCD}=15$kN，$F_{NCA}=-20$kN；

6-7　（a）共4根零杆，$F_{Na}=-3F_P/2$，$F_{Nb}=F_P/2$，$F_{Nc}=3\sqrt{2}F_P/2$；
（b）共6根零杆，$F_{N1}=7.5\sqrt{13}$kN，$F_{N2}=78.75$kN，$F_{N3}=15\sqrt{13}$kN；
（c）共11根零杆，$F_{Na}=F_{Nb}=-F_P$；

6-8　（a）组合结构，AC、BC为梁式杆，其余为桁架杆，利用对称性，AD、DG、GB均为拉杆，轴力为32kN，$M_{EA}=72$kN·m（下侧受拉）；
（b）AC、FC为梁式杆，其余为桁架杆，ED、DB为压杆，轴力为$F_{NCG}=32\sqrt{2}$kN，$M_{EF}=32$kN·m（上侧受拉），$M_{AB}=128$kN·m（右侧受拉）；
（c）组合结构，DF、DC、EC、EG为拉索，其余为桁架杆，AC、BC为零杆，利用对称性，索DF的拉力为$30\sqrt{10}$kN，压杆DA的轴力为120kN。

第7章

杆件的应力与强度条件

由前述各章可知，荷载通过内力、结点以及支座之间的约束力在结构构件间传递，那么，构件能够承受多大的荷载又是由哪些因素决定的？结构构件的破坏是突然发生的还是逐步发生的？如图 7-1 所示钢筋混凝土梁，当所受荷载较小时，在梁受拉一侧的表面通常会观察到一些细小的裂缝，这些裂缝集中在跨中弯矩较大处。随着荷载的增大，表面裂缝逐渐增多、加宽，并沿截面向上延伸。裂缝增大并延伸到一定高度时，构件将不能再承受荷载并破坏。这表明构件的内力在横截面上不是均匀分布的，截面局部内力大的地方先开裂，内力再由外侧向内部逐渐发展，引起截面内部开裂，最终导致结构破坏。前一章所讨论的内力只反映了杆件横截面内力的整体效应及其沿杆件轴线的分布特征，显然，图示梁的开裂过程还与杆件内力在横截面上的分布情况以及材料的性能有关，这就是本章将要讨论的杆件截面应力分布与材料强度问题。

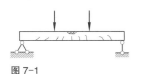

图 7-1

7.1 应力与应变

7.1.1 应力

所谓**应力**是指构件截面上单位面积的内力大小，即内力的集度。

如图 7-2（a）所示，在杆件上任取横截面 $m-m$，隔离体受力如图 7-2（b）所示，将截面 $m-m$ 划分为若干微小面积，每个微面积上均作用了分布力，全部微面积上分布力的合力和合力矩就等于内力和内力矩（如弯矩或扭矩）。当微面积划分得足够小时，微面积可近似看作一点，其上分布的内力就称为**该点的应力**。即：

$$p=\lim_{\Delta A \to 0}\frac{\Delta F}{\Delta A} \qquad (7-1)$$

式中，ΔF 为作用在微面积上的内力，ΔA 为微面积的大小。截面上应力的大小与截面位置有关，并不处处相等。在任意荷载作用下，杆件横截面上

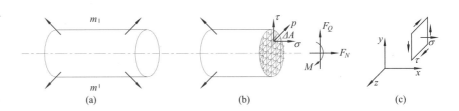

图 7-2 杆件横截面的应力

           （a）   （b）   （c）

一点的应力 p 可以是任意方向的。应力 p 沿垂直于截面的法线方向的分量称为**正应力**，用 σ 表示；应力 p 沿截面切线方向的分量称为**剪应力**，用 τ 表示，如图 7-2（c）所示。正应力以拉为正，压为负，与轴力相同。正应力的合力为**轴力**，正应力对截面形心的合力矩即为**弯矩**。剪应力的符号规定与剪力相同，以使微面积沿顺时针错动为正，反之为负。剪应力对截面形心的合力矩即为扭矩。应力的单位与压强相同，是帕斯卡或帕（Pascal），用 Pa 表示，$1Pa=1N/m^2$。常用单位还有 kPa（千帕）、MPa（兆帕）、GPa（吉帕），$1GPa=10^3MPa=10^6kPa=10^9Pa$。工程上常用 MPa 或 GPa。

7.1.2　应变

受外力作用时，构件的形状与几何尺寸也会发生改变，即发生**变形**。发生变形的物体总是试图恢复最初的尺寸和形状，即具有抵抗变形的能力，称构件抵抗变形的能力为**刚度**。构件在抵抗变形的同时产生了内力，内力和变形通常相互伴随出现。构件尺寸的改变称为**线变形**，形状的改变则用角度来表示，称为**角变形**。一般而言，构件内不同部位的变形是不同的。与应力类似，用应变来描述构件截面上某微小范围的变形。

如图 7-3（a）所示，在构件上任意截取一段并将其划分为若干微小的六面体（又称微元体），某点 A 处的微元体变形前后如图 7-3（b、c）所示。如图 7-3（b）所示微元体受到正应力 σ 作用，尺寸发生了改变而形状不变。设棱 AB 沿 x 方向的原长为 Δx，变形后的长度为 $\Delta x+\Delta u$，称伸长量 Δu 为棱 AB 沿 x 方向的**线变形**，$\Delta u/\Delta x$ 表示线段 Δx 的平均线变形，称为**线应变**，记作 ε_x：

$$\varepsilon_x=\lim_{\Delta x \to 0}\frac{\Delta u}{\Delta x} \qquad (7-2)$$

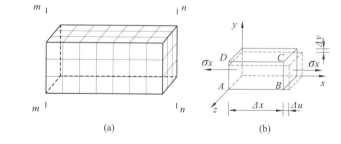
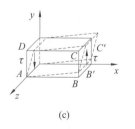
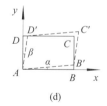

|(a)|(b)|(c)|(d)|

线应变度量了微段 AB 沿 x 方向的相对变形程度，没有单位。微段伸长，ε_x 为正；微段缩短，ε_x 为负。同理，可定义 A 点沿 y、z 方向微段的线应变 ε_y、ε_y。

图 7-3　杆件的变形和应变

若微元体垂直于纸面的上下和左右两对平面发生相互平行的错动（图 7-3c），微元体的形状会发生改变，但尺寸不变。平行于纸面的各微小平面的形状改变是一致的，则可用 $ABCD$ 面的变化代替其他平行微面，如图 7-3（d）所示。可见，变形前后相邻边的夹角发生了变化。以直角

DAB 为例，该直角改变了 $\alpha+\beta$，称直角的改变量为**切应变**或**角应变**，记作 γ，则 $\gamma=\alpha+\beta$，切应变通常用弧度（rad）计量。规定直角变小时，γ 为正；直角变大时，γ 为负。

显然，正应力使微元体尺寸发生变化，产生线应变；剪应力使微元体形状改变，产生剪应变。

7.2 常用工程材料的力学性能

在外力作用下，工程材料在变形和破坏过程中所表现出的性能称为工程材料的力学性能。传统的建筑结构工程材料包括砖、石材、混凝土、钢材、木材等，现当代工程中，玻璃、铝合金、聚酯纤维等日渐普遍。材料的物理、力学性能是与材料的组分及其微观结构密切相关的。

为便于对比研究，通常将材料加工为标准试件。如钢材、铁和有色金属材料等，可将其加工为如图 7-4 所示的**标准试件**，也称为"狗骨形"试件。试件的中部为均匀圆截面直杆，其长度 l_0 称为原始标距。常见规格有 $l_0=5d_0$ 的五倍试件和 $l_0=10d_0$ 的十倍试件。混凝土、砖、石材等，则被加工为等截面的立方体、棱柱体或圆柱体试件。对试件进行缓慢加载直至试件被拉断或压碎，并以加载过程中试件横截面上的正应力 σ 为纵坐标，以试件沿长度方向的轴向线应变 ε 为横坐标，绘出材料的**应力—应变图**（$\sigma-\varepsilon$ 图），从而直观地考察材料的力学性能。根据试件或构件是否突然发生破坏以及破坏前后变形的显著程度，通常将材料分为塑性材料和脆性材料两大类。

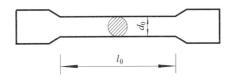

图 7-4 "狗骨形"试件

7.2.1 塑性材料

建筑结构中常用的钢材按其化学成分，可分为碳素钢和普通合金钢两大类。碳素钢除含有铁元素外，还含有少量碳、硅、锰、硫、磷等元素。根据碳含量，碳素钢可分为低碳钢（含碳量低于 0.25%）、中碳钢（0.25%~0.6%）与高碳钢（0.6%~1.4%）。含碳量越高，强度越高，但塑性和可焊性会降低。普通合金钢是在碳素钢基础上加入硅、锰、钛、钒、铬等合金，以提高钢材强度与其他物理性能。通常，低碳钢、普通低合金钢经高温轧制而成的热轧钢筋具有典型的塑性性能，在此，本书以低碳钢受拉时的力学性能为例展示塑性材料的力学性能。

低碳钢拉伸时的应力—应变曲线如图 7-5（a）所示，可分为 4 个阶段。

1. 弹性阶段（OE 段）

加载初期，随着荷载增大，试件截面拉应力和拉应变同比例增大，

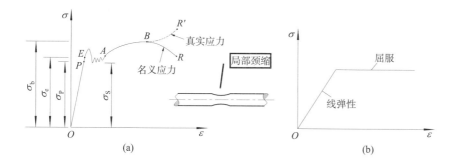

图 7-5 低碳钢的力学性能

应力—应变曲线大致呈直线。若将应力减小至零，应变也为零，试件可以完全恢复到未受力变形的初始状态。称此阶段为**线弹性阶段**（图中 *OP* 段），弹性阶段后期应力—应变曲线略微弯曲（*PE* 段），对应的最大应力称为**弹性极限**σ_e。

线弹性阶段的应力和应变关系可以表示为：

$$\sigma = E \times \varepsilon \tag{7-3}$$

上式称为**胡克定律**。其中，比例常数 *E* 称为材料的**弹性模量**，单位：GPa。低碳钢的弹性模量为 200GPa 左右。弹性模量是材料的重要力学性能指标，弹性模量较大，表示材料只需发生较小的变形即可产生足够的应力来抵抗荷载。这种材料手感较硬，如钢材、混凝土等；弹性模量较小，荷载作用时产生的变形就大，手感较软，如橡胶、黏性泥土等。

2. 屈服阶段（*EA* 段）

应力超过弹性极限σ_e后，随着荷载的增加，应力将出现波动而应变持续增长，荷载撤销后变形也不能完全恢复，存在**残余变形**（也称**塑性变形**），这种现象称为**屈服**或**流动现象**。屈服流动阶段越长，材料的塑性越强。屈服阶段的最小应力为**屈服极限**，记作σ_S。低碳钢的σ_S约为 240MPa。对于大多数塑性材料而言，弹性极限与塑性极限接近，通常不予区分，即应力达到弹性极限材料也就进入屈服状态。

屈服阶段的特点是产生一部分不能恢复的永久塑性变形，该塑性变形一方面对结构承载性能不利，另一方面，又使结构破坏具有一定征兆和发展过程。因此，屈服极限 σ_S 是材料性能的另一重要指标。

3. 强化阶段（*AB* 段）

经过屈服后，应力—应变曲线又开始上升，表明低碳钢的抗拉性能有所提升，但上升曲线的倾角比弹性阶段小，表明抵抗变形的能力比弹性阶段差。这种现象称为**屈服强化**。强化阶段的最大应力为**强度极限** σ_b。达到强度极限后材料即进入破坏状态，因此，强度极限是材料强度的又一重要指标。低碳钢的强度极限 $\sigma_b \approx 400$MPa。

4. 破坏阶段（*BR* 段）

应力超过强度极限 σ_b 后，试件中部横截面面积将急剧减小，产生**颈缩现象**，增大试件变形所需的拉力也相应减小。若按试件原面积计算，

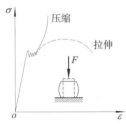

图 7-6　低碳钢拉伸与压缩的应力—应变曲线

得到的应力（即 $\sigma = F/A$，称为"名义应力"）会下降，到 R 点试件被拉断。若按试件横截面实际面积计算，此阶段真实应力仍是增大的，如图 7-5（a）中虚线 BR' 所示。

上述低碳钢拉伸应力—应变曲线通常简化为如图 7-5（b）所示的形式。

低碳钢压缩时，在弹性范围的性能与拉伸时相似。而随着荷载增加，试件最后被压成饼状而不是断裂，也没有颈缩现象（图 7-6），其抗压强度极限难以测得。通常用抗拉时的弹性模量、屈服极限和强度极限等代替，即认为塑性材料的拉伸、压缩性能相同。

如低碳钢这类材料在受力变形过程中存在明显的屈服流动和显著的永久性塑性变形，称为**塑性材料**。塑性材料从加载到破坏的过程是渐进的、有预兆的。常用建筑材料中，常温下的钢材、顺纹受力时的木材都是典型的塑性材料。

7.2.2　脆性材料

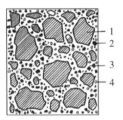

图 7-7　混凝土材料组成示意图
1—石子；2—砂子；3—水泥浆；4—气孔

有些材料在外力作用下没有明显的屈服阶段或屈服段很短，受拉和受压也表现出不同的力学特性，如铸铁、混凝土、砖、石、玻璃以及高碳钢等，这类材料被称为**脆性材料**。

典型的脆性材料如混凝土，是由水泥、砂、骨料（石材）等用水拌和后硬化而成的人工材料，也称人工石。水泥、砂浆经过水化作用，形成胶凝材料将骨料包裹，水泥凝胶体和骨料构成混凝土的结构骨架，提供承载力。水泥胶体内以及骨料与胶体之间存在微小裂缝与孔隙，在外力作用下会产生塑性变形，是混凝土受力破坏的起源（图 7-7）。

混凝土的抗压性能与试件尺寸、形状、加载速度、受力方式等有关。如图 7-8 所示给出了 150mm×150mm×150mm 的混凝土棱柱体试块受轴向压力时的应力—应变曲线。可见，混凝土试块受轴向压力时，没有显著的屈服流动，是逐渐过渡的，整体表现出有限的塑性变形，曲线包括上升段和下降段。

上升段（OC 段）包括三部分：加载初期至 A 点，应力较小，混凝土的变形主要为骨料和胶体的弹性变形，应力—应变曲线基本呈直线；过 A 点后，混凝土内部微小裂缝开始扩展，变形增大，应力—应变表现为曲线；至临界点 B 后，裂缝发展加快，相继出现多条不连续的纵向裂缝，试块出现横向膨胀，直至峰值点 C。峰值应力通常作为混凝土棱柱体的抗压强度 f_c，对应的应变称为峰值应变 ε_0，通常取为 0.002。

下降段（CE 段）：过峰值点 C 后，混凝土骨料与砂浆之间的粘结不断遭到破坏，裂缝连通形成斜向破坏面，承载力明显下降。过 E 点后，混凝土

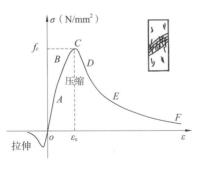

图 7-8　混凝土棱柱体试块单轴拉伸与压缩的应力—应变曲线

试件就完全丧失承载能力。

C30 混凝土的轴心抗压强度约为 30MPa，抗拉强度一般只有抗压强度的 1/10~1/20，约为 3MPa，其抗压能力远远大于抗拉能力。应力—应变曲线没有明显的直线部分，试件也没有明显的屈服和颈缩现象，是典型的脆性材料。

混凝土、砖、石等脆性材料在受力变形过程中没有显著的屈服流动阶段，塑性变形不明显，其破坏是突发的、无预兆或预兆时间较短，且抗劈拉的能力较差，不宜用作大跨结构。

然而，材料的力学性能并非一成不变。不同的受力条件和环境条件（尤其是温度）下，材料会表现出不同的力学性能。一般在低温、反复加载和卸载、或高速加载条件下，如钢材等塑性材料也会表现出脆性。因此，结构设计时应根据环境温度和使用工况来合理选取材料，以发挥其力学性能的优势。

如表 7-1 所示给出了常见建筑结构材料的力学性能参数。

常见建筑结构材料的性能参数 表 7-1

材料名称		弹性模量（GPa）	抗拉强度（MPa）	抗压强度（MPa）	密度（kg/m³）
混凝土（C30）		30	1.43	14.3	2360
Q235 钢		210	215	215	7850
普通烧结砖		6.304	0.19	3.94	1800
有机玻璃		3	55	130	1200
柏木	顺纹	10	10	16	600
	横纹		—	2.3	

7.2.3　塑性指标

工程中常用两个指标来衡量材料塑性变形的程度，即延伸率和断面收缩率。其中，延伸率 δ 表示试件破坏后的相对单位伸长量。设试件拉断后标距长度为 l_1，原始长度为 l_0，$\delta = (l_1-l_0)/l_0 \times 100\%$；断面收缩率 Ψ 表示试件破坏后的相对断面收缩量。设试件标距范围内的横截面面积为 A_0，拉断后颈部的最小横截面面积为 A_1，则 $\Psi = (A_0-A_1)/A_0 \times 100\%$。

δ 和 ψ 越大，说明材料的塑性变形能力越强。通常认为延伸率不小于 5% 的材料为塑性材料，如低碳钢的延伸率约为 20%~30%，为典型的塑性材料。将延伸率小于 5% 的视为脆性材料，如铸铁拉伸时的延伸率 $\delta = 0.4\%~0.5\%$，是典型的脆性材料。

7.2.4　许用应力

结构工程中，从安全性的角度，需要知道结构或构件所能承受的最大荷载、构件截面所能承担的最大内力等，这些都统称为**结构的承载力**。结构或构件的承载力与结构形式、受力方式、材料性能、构件截面形状与几何尺寸以及预期的破坏形式和破坏过程等均有关。如果以结构不发生任何材料破坏为控制标准，则称为**结构的强度条件或强度准则**。

材料发生断裂、压碎或出现明显的塑性变形而丧失正常工作能力时的状态称为材料的**极限状态**，此时的应力为**极限应力**，用 σ^0 表示，表示工程材料为满足正常工作要求而能承受的最大应力。通常，对于脆性材料，以其发生断裂破坏时对应的强度极限作为极限应力，即 $\sigma^0=\sigma_b$；对于塑性材料，应力达到屈服极限 σ_S 时虽未断裂，但构件将出现显著的塑性变形，影响结构正常工作，则可将塑性材料的屈服极限作为其极限应力，即 $\sigma^0=\sigma_S$。

如第 2 章所述，设计、建造和使用阶段，结构所受的各种作用、荷载和结构抗力（包括材料性能）都具有不确定性和不确知性。为安全起见，可人为低估结构的抗力，即将抗力统计值除以大于 1 的抗力分项系数 γ_R，即 $R_d=R/\gamma_R$。如果以材料不发生破坏作为结构设计控制标准，即进行结构强度设计，则可将极限应力 σ^0 除以一个大于 1 的系数 n，如下所示：

$$[\sigma]=\frac{\sigma^0}{n} \tag{7-4}$$

称 n 为**安全系数**，$n>1$；$[\sigma]$ 称为**许用应力**，是结构工作时不致发生材料破坏所允许的最大应力值，超过这一许用应力值，将导致结构发生材料破坏。安全系数 n 的确定需考虑诸多因素如荷载的性质和取值、构件的重要性、材料性能和计算方法的准确性等。考虑到脆性材料的破坏具有突发性，其安全系数应较塑性材料大。

以下将讨论轴力杆与梁式杆的强度条件。

7.3 轴力杆的应力及其强度条件

7.3.1 轴力杆的应力

如图 7-9（a）所示一等截面直杆，仅受轴力作用，即为轴力杆或桁杆。假定杆件在受到轴力拉伸或压缩变形后，横截面仍保持为平面，即满足平截面假定。设想杆件是由许多粗细相同、材料也相同的纵向纤维组成的，由平截面假定可知，杆件受到轴力时，这些纤维的伸长或压缩量相同，每根纤维的受力也相同。因而，轴力杆横截面上的正应力和正应变在整个截面上处处相同，均匀分布，如图 7-9（b）所示，则轴力杆横截面上的正应力 σ 为：

$$\sigma=\frac{F_N}{A} \tag{7-5}$$

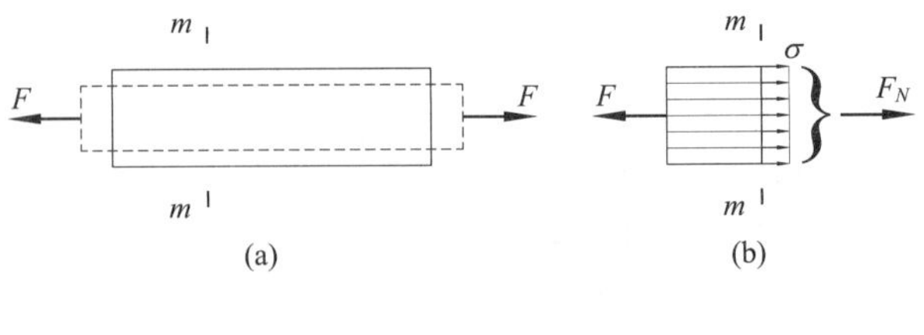

图 7-9

(a)　　　　　　　　　(b)

式中，F_N 为轴力，A 为杆件横截面积。拉力引起拉应力，压力引起压应力。

由式（7-5）可以看出，当荷载大小确定时，横截面积越大，正应力越小。但截面过大时，应力在截面上将不再是均匀分布的，而是在荷载作用点附近大，远离荷载作用处小，导致截面不同位置的变形也不相同，平截面假定不再适用，应力分布和内力传递表现出局部效应（图7-10）。这也是为什么长、宽尺寸接近的构件必须按二维或三维构件分析的原因。

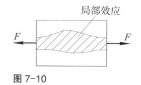

图7-10

7.3.2 轴力杆的强度条件

为使轴力杆不发生材料破坏，杆件最大正应力 σ_{max} 应当不超过材料的许用应力 $[\sigma]$，即：

$$\sigma_{max} = \left| \frac{F_N}{A} \right|_{max} \leqslant [\sigma] \qquad (7\text{-}6)$$

此即**轴力杆的强度条件**。

对于轴力杆，因为横截面应力均匀分布，处处相等，因此，截面各处的应力会同步达到强度条件，横截面的材料性能可以得到全部发挥。

根据强度条件，可以解决以下三种强度计算问题：

1. 强度校核

已知杆件几何尺寸、荷载以及材料的许用应力 $[\sigma]$，由式（7-6）判断其强度是否满足要求。实际工程中，若 $\dfrac{\sigma_{max} - [\sigma]}{[\sigma]} \leqslant 5\%$，即认为满足强度条件。

2. 设计截面

已知杆件材料的许用应力 $[\sigma]$ 及荷载，确定杆件所需的最小横截面面积，即：

$$A \geqslant \frac{F_N}{[\sigma]} \qquad (7\text{-}7)$$

3. 确定截面轴向承载力

已知材料的许用应力及杆件的横截面面积，确定杆件所能承受的许用轴力，也称为杆件轴向承载力，即：

$$F_N \leqslant A[\sigma] \qquad (7\text{-}8)$$

在桁架结构设计中，尤其是静定桁架设计时，当只有一种荷载工况时，可以按"**同步失效**"的概念进行设计，也就是让各个杆件同时达到其许用轴力，各杆应力同时达到其许用应力，所得到的设计称为**满应力设计**。满应力设计可以使材料的用量和结构总的自重最小。

【例7-1】如图7-11（a）所示三角托架的结点 B 受重物 $F=10$kN 作用，杆①为钢杆，长1m，横截面面积 $A_1=600$mm^2，许用应力 $[\sigma]_1=160$MPa；杆②为木杆，横截面面积 $A_2=10000$mm^2，许用应力 $[\sigma]_2=7$MPa。（1）试校核该三角托架的杆件是否满足强度条件；（2）试求结构的许用荷载 $[F]$；（3）当外力 $F = [F]$ 时，重新选取杆件截面大小，使其满足满应力设计条件。

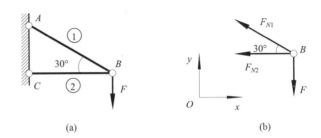

图 7-11

（a）　　　　　　　　　　　（b）

【分析】图示桁架的两根杆件截面尺寸与材料不相同，需分别校核；结构的许用荷载，就是使该三角形托架不发生强度破坏的最小允许荷载，可分别由各杆的强度条件确定对应的荷载，取最小者即为结构的许用荷载。

【解】（1）取结点 B 为隔离体，如图 7-11（b）所示，计算各杆轴力。由平衡条件：

$$\sum F_y=0, \quad F_{N1}\sin30°-F=0$$

$$\sum F_x=0, \quad -F_{N1}\cos30°-F_{N2}=0$$

得：

$$F_{N1}=2F=20\text{kN}；\quad F_{N2}=-\sqrt{3}F=-17.3\text{kN} \tag{a}$$

分别进行强度校核：

$$\sigma_1=\frac{F_{N1}}{A_1}=\frac{20\times10^3\text{N}}{600\text{mm}^2}=33.3\text{MPa}<[\sigma]_1=160\text{MPa}$$

$$\sigma_2=\left|\frac{F_{N2}}{A_2}\right|=\frac{17.3\times10^3\text{N}}{10000\text{mm}^2}=1.73\text{MPa}<[\sigma]_2=7\text{MPa}$$

故该三角托架的强度符合要求。

（2）考察①杆，其许用轴力 $[F_{N1}]$ 为：

$$[F_{N1}]=A_1[\sigma]_1=600\text{mm}^2\times160\text{MPa}=9.6\times10^4\text{N}=96\text{kN}$$

若①杆的轴力达到其许用轴力，即 $F_{N1}=[F_{N1}]$，则由式（a）可得出对应荷载为：

$$[F]_1=\frac{1}{2}F_{N1}=\frac{1}{2}[F_{N1}]=48\text{kN} \tag{b}$$

同理，考察②杆，其许用轴力 $[F_{N2}]$ 为：

$$[F_{N2}]=A_2[\sigma]_2=10000\text{mm}^2\times7\text{MPa}=70000\text{N}=70\text{kN}$$

若②杆的轴力达到其许用轴力，则由式（b）可得出对应荷载为：

$$[F]_2=\frac{1}{\sqrt{3}}F_{N2}=\frac{1}{\sqrt{3}}[F_{N2}]=40.4\text{kN} \tag{c}$$

二者最小者即为该托架的许用荷载，即

$$[F]=[F]_2=40.4\text{kN}$$

（3）满应力设计条件下，各杆轴力应达到各自的许用轴力。

当外力 $F=[F]$ 时，由前述分析可知，②杆已达到其许用轴力，所以②杆截面面积 A_2 保持不变。

杆①的轴力 $F_{N1}<[F_{N1}]$，未达到满应力状态，需重新确定杆截面面积。

由式（7-7）有：

$$A_{1\text{新}} \geqslant \frac{F_{N1}}{[\sigma]}$$

而 $F_{N1}=2F=2[F]$，所以：

$$A_{1\text{新}} \geqslant \frac{2[F]}{[\sigma]_1} = \frac{2 \times 40.4 \times 10^3 \text{N}}{160\text{MPa}} = 505\text{mm}^2$$

7.4　梁的应力及其强度条件

7.4.1　梁横截面的应力

1．梁的正应力

假设荷载关于梁的纵向对称面对称，我们仍然在纵向对称面内讨论梁横截面的变形与内力特征。

一般地，梁横截面既有剪力又有弯矩，如图 7-12（a）所示，由内力图 7-12（b）和（c）可知，AC 段和 DB 段上既有弯矩又有剪力，称为**横弯曲**。横弯曲梁横截面的应力分布比较复杂。而 CD 段只有弯矩而无剪力，称为**纯弯曲**，其横截面上的应力分布相对简单，为此，先研究纯弯曲时横截面应力分布的特点，再推广到横弯曲。

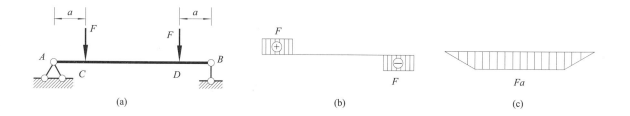

(a)　　　　　　　　　　　(b)　　　　　　　　　　　(c)

以下分析纯弯梁横截面的变形与应变、应力与应变、内力与应力等的特点及关系，并建立纯弯梁横截面应力、应变的计算式。

图 7-12
(a) 简支梁；
(b) 剪力图；
(c) 弯矩图

1）变形与应变

如图 7-13（a）所示，设想梁是由许多层与上、下底面平行的纵向纤维叠加而成。如图 7-13（b）所示发生纯弯曲变形后，上部的纵向纤维缩短，下部的纵向纤维伸长，相邻纤维层之间无挤压；梁的横截面变

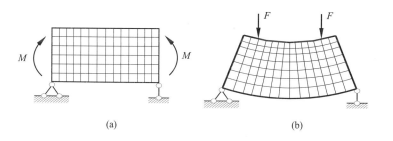

(a)　　　　　　　　　　　(b)　　　　　　　　图 7-13

形前为平面，变形后整体转动了一个很小的角度，仍保持为平面，并与变形后的轴线垂直。这一特点称为梁弯曲变形时的**平截面假定**。梁在纯弯过程中，上部纤维层缩短，下部纤维层伸长，因为变形的连续性，则中间必然有一层纤维既不伸长也不缩短，这一层纤维称为**中性层**。中性层是梁上拉伸区与压缩区的分界面。中性层与横截面的交线称为**中性轴**。中性轴一般过横截面的形心，也是横截面的形心轴，如图 7-14 所示。梁在弯曲变形时，各截面将围绕其中性轴转动。

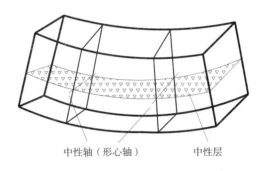

图 7-14

中性轴（形心轴）　　中性层

　　为使弯曲后梁的横截面保持为平面，同一层纤维弯曲前后的伸长率应该相等，而且应与其距中性层的距离 y 成正比，离中性层越远，伸长或压缩量越大；离中性层越近，伸长或压缩量越小。此外，截面的整体弯曲程度越大，各层纤维的总体拉伸或压缩程度也越大。

　　梁弯曲时，各层之间没有挤压，弯曲程度相同，可采用中性层的弯曲程度来表示梁的弯曲程度。如图 7-15（a）所示，在梁上截取微段，微段的弯曲变形如图 7-15（b）所示，中性层的曲率半径为 ρ。ρ 的倒数 κ 称为曲率，$\kappa = 1/\rho$。曲率半径与曲率都是表征曲线弯曲程度的量，ρ 越大，κ 越小，曲线越平坦，弯曲程度越低。

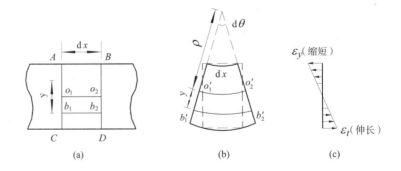

图 7-15
(a) 梁微段示意图；
(b) 微段弯曲示意图；
(c) 微段横截面应变分布

　　由 7.1.2 节可知，梁横截面上每根纤维的伸长率相当于所在位置处的线应变，即**正应变**，该伸长或压缩变形是垂直于梁的横截面的。由上述分析可知，各层纤维的正应变具有以下特点：

$$\varepsilon = \frac{y}{\rho} \qquad\qquad (7\text{-}9a)$$

式（7-9a）表示梁的横截面上某高度处的正应变与其距中性轴的距离 y 成正比，与该截面的曲率半径 ρ 成反比。中性轴上的正应变为 0。

可见，纯弯梁的横截面只有正应变，正应变沿横截面高度方向呈线性分布，如图 7-14（a）所示。距离中性层越远，梁的正应变越大。因此，梁横截面上下边缘处的正应变最大。

2）应力与应变

梁中各层纤维之间无挤压，各层纤维处于轴向拉伸或压缩状态，当材料处于线弹性工作范围时，由胡克定律可得出：

$$\sigma = E\varepsilon = E\frac{y}{\rho} \qquad (7-9b)$$

由此可知，与正应变类似，横截面上正应力沿横截面高度方向也呈线性分布，如图 7-16 所示。图中，z 为中性轴。最大压应力发生在上缘 AB 处，最大拉应力发生在下缘 CD 处，压、拉应力均向中性轴 O_1O_2 处逐渐减小，中性轴 O_1O_2 处的正应力为零。与中性轴距离相同的同层纤维的正应力相同。横截面被中性轴分成两部分，上部受压，下部受拉。

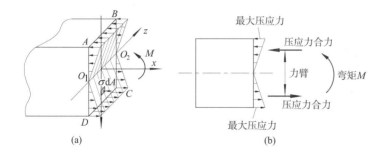

图 7-16

3）内力与应力

在梁的横截面上取一微小面积，如图 7-16（a）所示，该微面积上正应力的合力为 $\sigma \mathrm{d}A$。因为纯弯梁横截面轴力为零，因此，横截面上全部拉应力的合力应等于全部压应力的合力。拉应力合力与压应力合力之间的距离为力臂，两者构成的力矩应等于横截面的弯矩。即：横截面上全部拉应力与压应力之和为零，拉应力与压应力对中性轴的合力矩等于横截面的弯矩。则：

$$\left.\begin{array}{l} F_N = \int_A \sigma \mathrm{d}A = 0 \\ M_z = \int_A y\sigma \mathrm{d}A = M \end{array}\right\} \qquad (7-9c)$$

将式（7-9b）代入式（7-7c），可得

$$M_z = \int_A y^2 \mathrm{d}A = \frac{E}{\rho}\int_A y^2 \mathrm{d}A = \frac{E}{\rho} \times I_z = M \qquad (7-9d)$$

整理得：

$$\kappa = \frac{1}{\rho} = \pm\frac{M}{EI_z} \qquad (7-10)$$

式（7-10）是计算梁弯曲变形的基本公式，又称为**梁的弯矩—曲率方程**。它表明，梁的弯曲变形与梁横截面弯矩的转向是一致的，且弯曲程度与截面弯矩 M 成正比，与 EI_z 成反比。EI_z 称为梁的**抗弯刚度**，其中，E 为材料的弹性模量，I_z 称为截面对中性轴的**惯性矩**，表示横截面的几何形状特点。

式（7-10）中，当挠曲线开口方向与坐标轴正向一致时，$\rho>0$，取正号；反之，$\rho<0$，取负号。

截面惯性矩 I_z 按下式计算：

$$I_z = \int_A y^2 \mathrm{d}A \qquad (7-11)$$

假想有一单位厚度、单位密度的薄板，如图 7-17（a）所示，将薄板划分为很多微小板块，每一微小板块的面积为 $\mathrm{d}A$，该微小板块到 z 轴的距离为 y，它绕 z 轴旋转时的转动惯量为 $\mathrm{d}I_z = y^2\mathrm{d}A$，整个薄板绕 z 轴转动的转动惯量相当于全部微小板块转动惯量之和，这也就是薄板关于 z 轴的惯性矩。

梁横截面的惯性矩与截面的几何尺寸和形状有关，反映了梁截面几何形状的性质。由图 7-17 可知，截面相对于中性轴 z 轴越高，惯性矩就越大；反之，截面相对于中性轴越低，惯性矩就越小。面积相同的截面若形状不同，惯性矩可能不同。

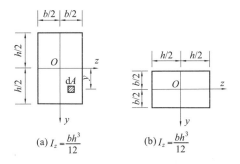

（a）$I_z = \dfrac{bh^3}{12}$　　（b）$I_z = \dfrac{bh^3}{12}$

图 7-17

梁的**抗弯刚度** EI_z 表示了梁抵抗弯曲变形的能力。当截面弯矩一定时，梁的抗弯刚度越大，梁的弯曲变形就越小。而由前述对截面惯性矩的讨论可知，当材料确定时，惯性矩越大的梁，抵抗弯曲变形的能力也越强。如图 7-18 所示，两个梁的横截面面积相等时，图 7-18（a）梁抵抗弯曲变形的能力比图 7-18（b）强。

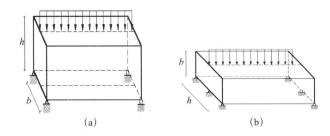

图 7-18　　　　　　　（a）　　　　　　　　　　（b）

将式（7-8）代入式（7-7b），可得纯弯梁横截面正应力的计算公式：

$$\sigma = \frac{M}{I_z} y \qquad (7\text{-}12)$$

式中，M 为梁对应横截面的弯矩，y 为所求应力点到中性轴的距离。

由式（7-12）可知，最大正应力发生在 y 值最大处，即离中性轴最远的梁的上下边缘处，为：

$$\sigma_{max} = \frac{M}{I_z} y_{max} = \frac{M}{I_z / y_{max}} \qquad (7\text{-}13)$$

令 $I_z / y_{max} = W_z$，称 W_z 为梁的**抗弯截面系数**或**抗弯截面模量**，则横截面最大弯曲正应力为：

$$\sigma_{max} = \frac{M}{W_z} \qquad (7\text{-}14)$$

如图 7-19 所示常见矩形截面和圆形截面对中性轴的惯性矩和截面抗弯模量。各种型钢的抗弯截面模量 W_z 可以从型钢表中查到。

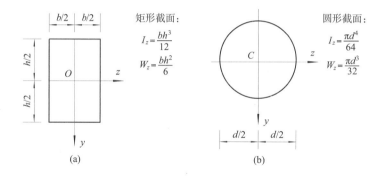

矩形截面：
$$I_z = \frac{bh^3}{12}$$
$$W_z = \frac{bh^2}{6}$$

圆形截面：
$$I_z = \frac{\pi d^4}{64}$$
$$W_z = \frac{\pi d^3}{32}$$

(a) (b)

图 7-19

2. 梁的剪应力

如图 7-20（a）所示梁，荷载作用下产生弯矩和剪力，发生横弯曲，横截面上将产生剪应力（图 7-20b），使各层纤维发生相互错动（图 7-20c）。而剪应力在梁的横截面上不是均匀分布的。以矩形截面为例，剪应力的方向与剪力相同，同一高度处的剪应力大致相同，靠近中性轴处的剪应力最大，上下两侧为零，沿截面高度方向，剪应力按抛物线变化（图 7-20d）。因此，横截面在剪应力作用下产生的错动也不均匀，严格地说，截面将不再为平面。

对于矩形截面梁，横截面的最大剪应力为：

$$\tau_{max} = \frac{3F_Q}{2bh} = \frac{3}{2} \frac{F_Q}{A} \qquad (7\text{-}15)$$

对于工程中常见的细长梁（跨度与横截面高度之比大于 5），发生横弯曲时，通常可忽略剪力造成的截面相互错动，认为横截面的应变和应力分布与纯弯相同，仍可采用式（7-10）和式（7-12）计算。

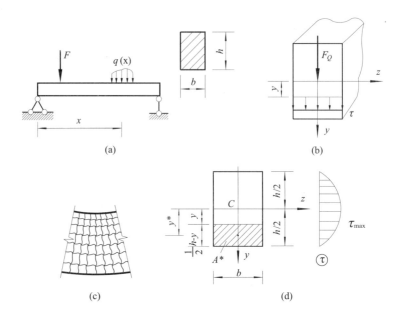

图 7-20

（a）　　　　　　　　　　（b）

（c）　　　　　　　　　　（d）

【例 7-2】 如图 7-21 所示悬臂梁，已知 $F=10$kN，$b=100$mm，$h=150$mm，求 C 截面上 a 点的正应力及全梁横截面上的最大正应力。

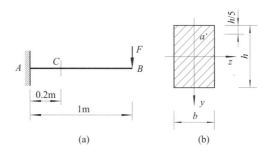

图 7-21

（a）　　　　　　　　　　（b）

【分析】 计算某截面指定点位置处的应力，需先求出该截面的弯矩，再根据式（7-12）计算应力，而全梁最大正应力发生在弯矩最大截面的上下缘处。

【解】 C 截面弯矩为：

$$M_C=10\text{kN}\times（1-0.2）\text{m}=8\text{kN}\cdot\text{m}（上侧受拉）$$

C 截面 a 点距中性轴的距离为：

$$y_a=\left(\frac{h}{2}-\frac{h}{5}\right)=\frac{3}{10}h=45\text{mm}$$

代入式（7-12）可得

$$\sigma_a=\frac{M_C}{I_z}\times y_a=\frac{8\times10^6\text{N}\cdot\text{mm}}{\dfrac{1}{12}\times100\text{mm}\times150^3\text{mm}^3}\times45\text{mm}=12.8\text{MPa}（拉应力）$$

该梁为等截面直杆，全梁最大正应力发生在弯矩最大处的上、下边缘，为：

$$\sigma_{max} = \frac{M_{max}}{W_z} = \frac{M_A}{W_z} = \frac{10 \times 1 \times 10^6 \text{N} \cdot \text{mm}}{\frac{1}{6} \times 100\text{mm} \times 150^2\text{mm}^2} = 26.7\text{MPa}$$

工程中，除采用弯矩图和剪力图直观地表示结构内力分布的总体情况外，还用主应力迹线表示杆件拉（或压）应力沿杆件截面的分布情况。主应力迹线是表示梁各截面上每一点处主拉应力或主压应力方向的光滑曲线，曲线各点的斜率即为该点主拉（或压）应力的方向。梁上各点处，主拉应力迹线与主压应力迹线垂直。如图 7-22（a）所示，图中实线为拉应力迹线，虚线为压应力迹线。此外，应力迹线分布的疏密程度还反映了应力变化的剧烈程度，应力迹线越密集，该区域的应力变化越大。反之，应力迹线越稀疏，应力变化越小。

钢筋混凝土梁中，由于混凝土抗压性能好，抗拉和抗剪性能差，人们就利用钢材优异的抗拉性能，在受拉区布置钢筋，与混凝土构成协同工作机制，受拉区的拉应力主要由钢筋承担，而受压区的压应力主要由混凝土承担。如图 7-22（b）所示，钢筋混凝土梁中钢筋的布置大致沿梁的主拉应力迹线。

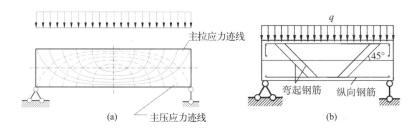

（a）　主压应力迹线　　　　　（b）

图 7-22
（a）梁的主应力迹线；
（b）钢筋混凝土梁配筋示意图

7.4.2　梁的强度条件

1. 梁的正应力强度条件

梁的最大弯曲正应力发生在危险截面的上、下边缘处，而这些位置的剪应力为零，据此可以建立梁的正应力强度条件：

$$\sigma_{max} = \frac{M}{W_z} \leq [\sigma] \tag{7-16}$$

对于由抗拉和抗压性能相同的塑性材料制成的等截面梁，危险截面即弯矩最大的截面。对于由拉、压强度不同的脆性材料制成的梁，如混凝土、砖、石材等，其危险截面并非一定是最大弯矩所在的截面，而需分别对拉应力和压应力建立强度条件，以保障最大拉应力和最大压应力均不超过材料许用应力：

$$\left.\begin{array}{l} \sigma_{t,max} \leq [\sigma_t] \\ \sigma_{c,max} \leq [\sigma_c] \end{array}\right\} \tag{7-17}$$

2. 梁的剪应力强度条件

梁弯曲引起的最大剪应力发生在最大剪力所在截面的中性轴处，而这些点的弯曲正应力为零。以矩形截面为例，其剪应力强度条件为：

$$\tau_{\max} = \frac{3}{2} \frac{F_Q}{A} \leqslant [\tau] \qquad (7-18)$$

3. 梁的强度条件的应用

与轴向拉压杆的强度条件应用类似，梁的强度条件也有三个方面的应用：强度校核、选取合理截面和确定许用荷载。

【例 7-3】 如图 7-23 所示，一木制矩形截面简支梁，受均布荷载 q 作用，已知 $l=4$m，$b=140$mm，$h=210$mm，木材的许用拉应力 $[\sigma]=10$MPa，许用剪应力 $[\tau]=2.2$MPa，试基于强度准则来确定许用荷载 $[q]$。

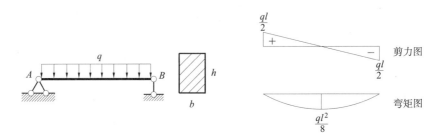

图 7-23

【分析】 梁横截面的应力包括正应力和剪应力，梁所能承受的最大荷载，应保证梁既不发生截面正应力破坏、也不发生剪应力破坏，即必须同时满足正应力和剪应力的强度条件。

【解】：（1）计算正应力强度条件对应的许用荷载。

由弯矩图可知 $M_{\max}=ql^2/8$，代入式（7-14），可得：

$$\sigma_{\max} = \frac{M_{\max}}{W_z} = \frac{\frac{1}{8}ql^2}{\frac{1}{6}bh^2} = \frac{\frac{1}{8} \times q \times 4^2 \times 10^6 \text{N} \cdot \text{mm}}{\frac{1}{6} \times 140\text{mm} \times 210^2\text{mm}^2} \leqslant [\sigma]=10\text{MPa}$$

则有 $\qquad\qquad\qquad q \leqslant 5.15\text{kN/m}=[q]_1$

（2）计算剪应力强度条件对应的许用荷载。

由剪力图可知，$F_{Q,\max} = \dfrac{ql}{2}$。由式（7-18）可得：

$$\tau_{\max} = \frac{3}{2} \frac{F_{Q,\max}}{A} = \frac{3}{2} \times \frac{\frac{1}{2} \times q \times 4 \times 10^3\text{N}}{140\text{mm} \times 210\text{mm}} \leqslant [\tau]=2.2\text{MPa}$$

则有：

$$q \leqslant 21.56\text{kN/m}=[q_2]$$

梁的许用荷载应为 $[q]_1$、$[q]_2$ 中较小者，因此：

$$[q]=[q]_1 \leqslant 5.15\text{kN/m}。$$

若将梁横放，即梁高为 140mm，梁宽为 210mm，梁的许用荷载会发生什么变化？请读者思考。

【例 7-4】 如图 7-24 所示，简支伸臂梁，其横截面为倒 T 形，已知力 $F_1=40$kN，$F_2=15$kN；$y_1=72$mm，$y_2=38$mm；z 轴为中性轴，$I_z=5.73 \times$

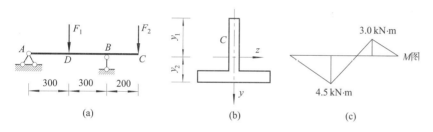

图 7-24

$10^6 mm^4$；材料的许用拉应力 $[\sigma_t]=45MPa$，许用压应力 $[\sigma_c]=175MPa$。试校核梁的强度。

【分析】 该梁横截面关于中性轴不对称，中性轴上下两部分的抗弯刚度不同，由弯矩图 7-24（c）可知，AB 段梁下侧受拉，D 截面弯矩最大，该截面处下缘拉应力最大、上缘压应力最大；BC 段上侧受拉，B 截面弯矩最大，该截面上缘拉应力最大、下缘压应力最大。因此，应先确定全梁最大拉应力和最大压应力的具体位置及大小，并分别针对最大拉应力和最大压应力进行强度校核。

【解】（1）确定最大拉应力并校核

做弯矩图如图 7-24（c）所示。

D 截面最大拉应力为：$\sigma^D_{t,\,max} = M_D y_2/I_z$；

B 截面最大拉应力为：$\sigma^B_{t,\,max} = M_B y_1/I_z$；

由 $M_D y_2/I_z < M_B y_1/I_z$ 可知，最大拉应力发生在 B 截面上缘，则：

$$\sigma_{t,max} = \frac{M_B}{I_z} y_1 = \frac{3 \times 10^6 N \cdot mm}{5.73 \times 10^6 mm^4} \times 72mm = 37.7MPa < [\sigma_t]$$

满足拉应力强度条件。

（2）确定最大压应力并校核

D 截面最大压应力为：$\sigma^D_{y,\,max} = M_D y_1/I_z$；

B 截面最大压应力为：$\sigma^B_{y,\,max} = M_B y_2/I_z$，

因 $M_D y_1 > M_B y_2$，则最大压应力 $\sigma_{c,max}$ 发生在 D 截面上缘，为：

$$\sigma_{c,max} = \frac{M_D}{I_z} y_1 = \frac{4.5 \times 10^6 N \cdot mm}{5.73 \times 10^6 mm^4} \times 72mm = 54.5MPa < [\sigma_c]$$

满足压应力强度条件。

因此，该梁符合强度要求。

上例表明，若横截面关于中性轴不对称，如 T 形截面，则同一截面的最大拉/压应力不相等，当全梁既存在正弯矩又存在负弯矩时，应分别校核拉/压应力是否满足强度要求。

进一步地，若将该 T 形梁上下颠倒，该梁的性能会发生什么变化？是否仍然满足强度条件？请读者思考。

7.4.3　提高梁抗弯承载力的措施

从梁的强度条件出发，梁能够承受的许用内力（抗弯承载力）主要由正应力控制，由式（7-10）可知，提高梁的抗弯承载力可以从两方面

入手：一是从梁的受力着手，减小弯矩最大值 M；二是从梁的截面形状入手，增大抗弯截面模量 W_z，从而减小最大正应力。此外，还可通过合理选择梁的外形，使全梁趋于等强度。

1. 合理配置支座，改变梁的加载方式

在满足使用要求的前提下，合理配置支座，减小梁的无支撑长度，可以达到减小最大弯矩从而提高抗弯承载力的目的。例如，如图 7-25（a）所示受均布荷载作用的简支梁，跨中最大弯矩为 $ql^2/8$，与跨度的平方成正比。而当左、右支座向内移动五分之一跨长，变为简支伸臂梁（图 7-25b）后，最大弯矩减小为 $ql^2/40$，其减小幅度很大。

改变加载方式也可以减小梁的最大弯矩。如图 7-25（c）所示，简支梁跨中作用集中荷载，最大弯矩为 $M_{max}=Fl/4$。增加辅助小梁将集中荷载分散，如图 7-25（d）所示，最大弯矩减小为 $M_{max}=Fl/8$，是未加辅助梁时最大弯矩的二分之一。

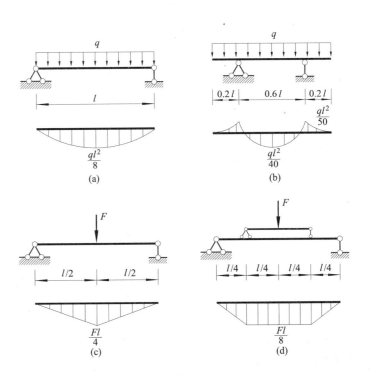

图 7-25

另外，改变支座约束性质也可以改变最大弯矩，如将简支梁改为两端固定梁，可参见第 9 章超静定梁的内力分布特点。

2. 合理选择梁的截面形状

与整个横截面均匀同等受力的轴力杆不同，达到强度条件的受弯梁，除上下边缘外横截面其余部分的材料都"应力不足"，特别是中性轴附近的材料，远未发挥作用，横截面的材料得不到充分应用。因此，合理的截面设计应使结构各部分的材料"物尽其用"。结合经济性和梁的重量控

制要求，在截面形状的选取上应使材料尽量集中在远离中性轴的两侧，并使抗弯截面系数与面积之比尽可能大，即 W_z/A 尽可能大。

如图 7-26 所示，"工"形截面与"十"形截面，两者截面高度和面积相同。由横截面应力分布情形可知，"工"形截面在接近最大应力值处的截面面积大、惯性矩大、力臂长，而"十"形截面的材料集中在中性轴的零应力值附近，惯性矩小、力臂小。因此，在材料用量相同的前提下，"工"形截面材料利用率高，抗弯性能优于"十"形截面。

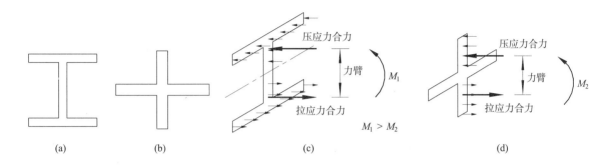

(a)　　　　　　(b)　　　　　　(c)　　　　　　　　　(d)

图 7-26

除"工"形外，常见的抗弯性能较好的截面形状还有箱形、槽形和圆环形等，如图 7-27 所示。在材料用量相同的前提下，这些截面的抗弯性能比实心的矩形截面优越。如果材料的抗拉和抗压能力不同，还可以采取 L 形、T 形等截面形状。

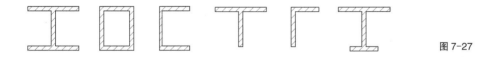

图 7-27

当然，工程结构中梁的截面形状的选择不仅仅是增大 I_z 或者 W_z 的问题，还涉及梁的抗剪性能、建设成本及施工工艺等，应予以综合考虑。

3. 采用变截面梁

梁的弯矩随截面位置而变化，若根据危险截面的最大应力强度条件而设计为等截面梁，则会造成材料浪费，且增大了结构自重。为节省材料、减轻自重，可以根据梁的弯矩分布情况将其设计为变截面梁，如图 7-28（a）所示，根据简支梁在均布荷载作用下的弯矩图，将其设计为抛物线形梁（俗称鱼腹梁），从而使梁各横截面处最大正应力相等，

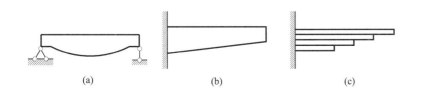

(a)　　　　　　　(b)　　　　　　　(c)

图 7-28
(a) 鱼腹简支梁；
(b) 梯形悬臂梁；
(c) 阶梯形悬臂梁

形成等强度梁。与此类似，如图 7-28（b、c）所示，根据悬臂梁在均布荷载下的弯矩，将梁设计为从固定端向自由端减小的梯形或阶梯形。

事实上，由于梁截面上内力分布不均匀，截面最大应力达到强度条件使部分材料破坏后，截面其余部分的材料还未破坏，梁还能继续承受荷载。因此，目前结构设计中，通常以梁横截面应力大小与分布满足一定条件时所对应的弯矩 M_{max} 或剪力 F_{Qmax} 作为设计依据，对外观有严格要求或不能允许有任何裂缝的结构，才按强度条件进行设计。梁的截面承载力与材料性质、截面几何尺寸与特性以及预期的截面破坏过程、破坏形式等有关，与单纯取决于材料的许用应力的强度设计方法相比，更为经济合理。

本章小结

构件截面上单位面积的内力为应力，应力是内力在截面上的分布。正应力垂直于截面，剪应力与截面相切。轴力杆的横截面上只有正应力，且在横截面均匀分布，因此，轴力杆对材料强度的利用最充分；梁式杆的正应力在横截面上呈线性分布，在梁的外侧最大，中性轴处为零，剪应力在梁的外侧为零，中性轴处最大。因此，梁式杆对材料的利用不充分。

根据材料在受力时的变形和破坏特点可分为塑性材料和脆性材料，不同材料的强度不同。构件横截面能够承受的弯矩、剪力和轴力等称为构件截面承载力，是由材料强度、横截面形状和几何尺寸以及内力分布性质等决定的。仅由截面最大应力控制的截面承载力又称为构件的强度条件。根据强度条件，可以进行构件的强度校核、选取合力截面和确定许用荷载。梁的最大弯曲正应力与横截面的弯矩成正比，与截面的抗弯刚度成反比。因此，合理的梁截面形式应是将材料尽量分布于远离中性轴的区域。

趣味知识——箱型梁的性能优势

箱型梁（图 7-29a）具有在各个方向上刚度都较大，整体性好，用材经济的优点。它既能承受任意方向的横向荷载，又能承受扭矩，是一种空间受力的构件形式，在桥梁、大跨屋盖及楼盖中得到广泛应用。将箱型梁这一概念用于建筑结构的整体设计中，就产生了高层建筑中的筒体结构体系。如图 7-29（b）所示核心筒结构体系，通常还可作为电梯井、楼梯井或设备管线井等，筒壁开孔少而小，可视为竖向放置的箱型悬臂梁，是高层建筑中的主要抗侧向力结构。美国芝加哥的希尔斯大厦（图 7-29c）就是将多个筒体组合在一起，构成束筒，极大地提高了建筑结构整体抵抗侧向风荷载的能力。

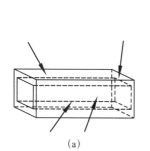

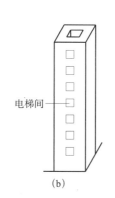

电梯间

(a)　　　　　　(b)　　　　　　　(c)

图 7-29
(a) 箱型梁；
(b) 筒体结构；
(c) 美国芝加哥希尔斯大厦

思考题

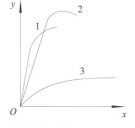

思考题 7-3 图

7-1　什么是应力？杆件截面上的应力与内力有何不同？

7-2　塑性指标延伸率δ和截面收缩率ψ，分别表示了试件破坏时的什么特性？

7-3　三种材料的$\sigma-\varepsilon$图，如思考题 7-3 图所示，试问强度最高、刚度最大、塑性最好的分别是哪一种？

7-4　什么是中性层和中性轴？二者的关系是什么？

7-5　T 形截面高碳钢梁受力，采用如思考题 7-5 图所示的两种放置方式，试分析横截面上弯曲正应力分布规律，并比较二者的承载能力（只考虑正应力）。

7-6　如思考题 7-6 图所示矩形截面等直杆，当作用轴向力 F 后，杆侧表面上的线段 ab 和 ac 间的夹角 α 将增大？减小还是不变？为什么？

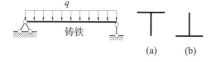

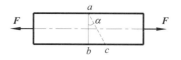

思考题 7-5 图（左）
思考题 7-6 图（右）

习题

7-1　如习题 7-1 图所示为等直杆,直径为 200mm,试求其最大正应力。

7-2　如习题 7-2 图所示为正方形截面的阶梯柱。已知：a=200mm，b=100mm，F=100kN，不计柱的自重，试计算该柱横截面上的最大正应力。

7-3　如习题 7-3 图所示为钢筋混凝土屋架，受均布荷载 q 作用。屋架中的杆 AB 为圆截面钢拉杆，长 l=8.4m，直径 d=22mm，屋架高 h=1.4m，其许用应力 $[\sigma]$=170MPa，试校核该拉杆的强度。

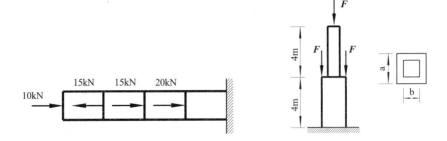

习题 7-1 图（左）
习题 7-2 图（右）

7-4 如习题 7-4 图所示结构中，杆①和杆②均为圆截面钢杆，直径分别为 $d_1=16$mm，$d_2=20$mm，已知 $F=40$kN，钢材的许用应力 $[\sigma]=160$MPa，试分别校核二杆的强度。

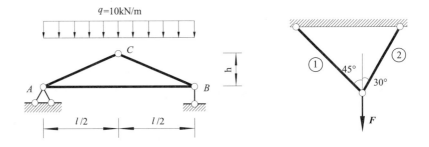

习题 7-3 图（左）
习题 7-4 图（右）

7-5 如习题 7-5 图所示结构的各杆均为圆形截面。若木杆的长度 a 不变，其强度也足够高，但钢杆与木杆的夹角 α 可以改变。欲使钢杆的用料最少，夹角 α 应为多大？

7-6 如习题 7-6 图所示结构，横杆 AB 为刚性杆（即不发生变形），斜杆 CD 为直径 $d=200$mm 的圆杆，材料的许用应力 $[\sigma]=160$MPa，试求许用荷载 $[F]$。

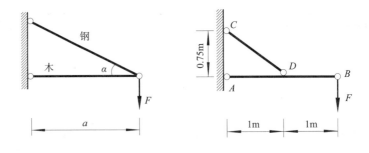

习题 7-5 图（左）
习题 7-6 图（右）

7-7 试求如习题 7-7 图所示的矩形截面梁近固定端 I-I 截面上 a、b、c、d 四点处的正应力（图中单位为：mm）。

7-8 如习题 7-8 图所示矩形截面简支梁，已知 $F=18$kN，试求 D 截面上 a、b 点处的剪应力。

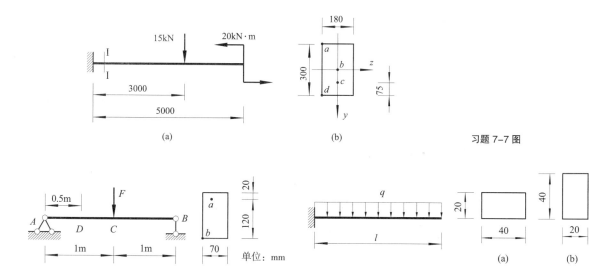

(a)　　　　　　　　(b)　　　　　　　　习题 7-7 图

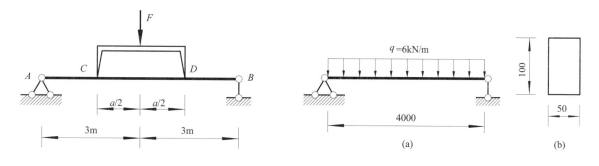

(a)　　　　　　(b)

习题 7-8 图（左）
习题 7-9 图（右）

7-9　如习题 7-9 图所示的矩形截面梁，若分别采用（a）、（b）两种放置方式，根据正应力强度条件计算承载力，试分析哪一种放置方式承载力较大，两种方式的承载能力比值是多少。

7-10　如习题 7-10 图所示的简支梁 AB，当荷载 F 直接作用于梁中点时，梁内的最大正应力将超过许用值 30%。为了消除这种过载现象，可配置辅助梁（如图中 CD 梁），试求辅助梁的跨度 a 至少需要多大。

7-11　如习题 7-11 图所示为矩形截面梁，已知材料的许用正应力 $[\sigma]$=170MPa，许用剪应力 $[\tau]$=100MPa。试校核梁的强度。

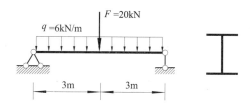

习题 7-10 图（左）
习题 7-11 图（右）

7-12　如习题 7-12 图所示的简支梁受集中力和均布荷载作用，截面为工字钢。已知材料的许用正应力 $[\sigma]$=170MPa，工字钢抗弯截面模量 W_z=423cm³，腹板厚度 d=8.0mm，I_z/S_z=21.6cm，试校核梁的强度。

习题 7-12 图

解答

7-1 σ_{max}=-0.955MPa；

7-2 σ_{max}=-10MPa；

7-3 σ_{AB}=331.6MPa；

7-4 杆①为 103MPa，杆②为 93.2MPa；

7-5 45°；

7-6 1507.2kN；

7-7 σ_a=9.26MPa，σ_b=0，σ_c=-4.63MPa，σ_d=-9.26MPa；

7-8 τ_a=0.67MPa，τ_b=0；

7-9 （b）方式的承载力是（a）方式的 2 倍；

7-10 a=1.39m；

7-11 σ_{max}=144MPa，τ_{max}=3.6MPa；

7-12 σ_{max}=135MPa。

第8章

结构的变形、位移与刚度

结构在荷载或其他因素，如温度变化、地基的不均匀沉降等因素的影响下，会发生变形，包括结构整体、局部形状、体积大小等形态的改变。过大的变形不仅会影响结构外观、使用功能、使用者的舒适性，还可能导致结构破坏。因此，结构在各种荷载与作用下，应具备一定的抵抗变形的能力，即具备一定刚度。结构的变形主要是由构件横截面的转动和移动累积而成的，构件截面、结点以及支座的转动或移动，也称为位移。本章通过从截面和微小杆段的角度进一步认识杆件截面的伸长、压缩、转动和错动等变形特点，学习杆件结构变形和位移的定量计算方法，并简单讨论如何提高梁杆结构的抵抗变形的能力。本章所学的结构变形计算方法也是超静定结构内力分析的基础。

8.1　轴力杆的变形与刚度

杆件发生轴向拉伸或压缩时（如柱、桁架杆等），其纵、横向尺寸会同时发生改变，但杆件横截面形状不变，即只发生线变形和线应变。

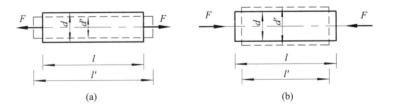

图 8-1

(a)　　　　　　　　　　(b)

如图 8-1 所示为一圆形等截面直杆，变形后截面仍为圆形。变形前原长为 l，横截面直径为 d，变形后长度为 l'，横截面直径为 d'，则称杆件轴向长度的变化量为**轴向线变形**，即：

$$\Delta l = l' - l \qquad (8-1)$$

式中，Δl 代表杆件总的伸长量或缩短量。

单位长度杆件的相对伸长量为：

$$\varepsilon = \frac{\Delta l}{l} \qquad (8-2)$$

ε 又称为**轴向线应变**，反映了杆件的纵向变形程度。如图 8-1 所示杆件，拉伸时，$\Delta l > 0$，$\varepsilon > 0$，轴向线变形和线应变均为正；缩短时，则均为负。

根据胡克定律 $\sigma = E\varepsilon$，且由第 6 章可知：$\sigma = F_N/A$，可得出：

$$\Delta l = \frac{F_N l}{EA} \qquad (8\text{-}3)$$

上式表明，在线弹性范围内，杆件的轴向线变形 Δl 与 EA 成反比。称 EA 为杆件的**抗拉刚度**，表征了杆件抵抗轴向拉伸和压缩变形的能力。抗拉刚度越大，杆件抵抗轴向变形的能力越强。显然，同样材质的粗杆比细杆的抗拉刚度大，同等粗细的混凝土杆比钢杆的抗压性好。

应用式（8-3）计算轴力杆的变形时，杆件必须是等截面均匀直杆，轴力沿杆长处处相等，材料处于线弹性状态，杆件的变形沿杆长是均匀的，线应变也处处相等。

杆件轴向伸长或缩短时，横向尺寸也会发生相应改变。杆件的**横向线应变**为：

$$\varepsilon' = \frac{d'-d}{d} \qquad (8\text{-}4)$$

杆件伸长时，横截面缩小；杆件缩短时，横截面扩大。因此，ε' 与 ε 的符号是相反的。一般地，横向线应变远小于轴向线应变，线弹性阶段，ε' 与 ε 的比值为一常数。

【例 8-1】如图 8-2 所示等截面直杆，横截面为矩形，$b \times h = 10 \times 20 = 200\text{mm}^2$，材料为钢材，弹性模量 $E = 200\text{GPa}$。轴力在杆件中有突变。计算：（1）各段杆件的轴向线变形；（2）各段的线应变；（3）全杆的总伸长。

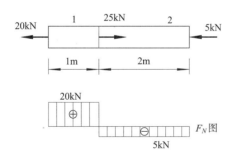

图 8-2

【分析】轴力沿杆件轴线有变化，杆件的轴向变形沿全杆不均匀，需分段计算。即将杆件以轴向荷载作用处为界，分为 1、2 段分别计算。

【解】（1）计算各段轴向线变形：

由轴力图：$F_{N1} = 20\text{kN}$，$F_{N3} = -5\text{kN}$。根据式（8-1），有：

$$\Delta l_1 = \frac{F_{N1} l_1}{EA} = \frac{20 \times 10^3 \text{N} \times 1000 \text{mm}}{200 \times 10^3 \text{MPa} \times (10 \times 20)\, \text{mm}^2} = 0.5\text{mm} \qquad (\text{伸长})$$

$$\Delta l_2 = \frac{F_{N2} l_2}{EA} = \frac{-5 \times 10^3 \text{N} \times 2000 \text{mm}}{200 \times 10^3 \text{MPa} \times (10 \times 20)\, \text{mm}^2} = -0.25\text{mm} \qquad (\text{压缩})$$

（2）计算各段线应变

由式（8-2），有：

$$\varepsilon_1 = \frac{\Delta l_1}{l_1} = \frac{0.5\text{mm}}{1000\text{mm}} = 0.05\%$$

$$\varepsilon_2 = \frac{\Delta l_2}{l_2} = \frac{-0.25\text{mm}}{2000\text{mm}} = -0.0125\%$$

（3）计算全杆的总伸长

$$\Delta l = \Delta l_1 + \Delta l_2 = 0.25\text{mm}$$

8.2 梁的变形与刚度

实际工程中，梁除需满足强度要求外，还需满足刚度要求，即需将变形控制在一定范围内。若楼板梁的变形过大，易使板下的抹灰层开裂、脱落；桥的主梁变形过大则会影响车辆行人的正常通行；楼层的水平位移过大会影响使用者的舒适性甚至结构安全。钢筋混凝土构件的过大变形还将加剧混凝土开裂，加速钢筋混凝土材料的腐蚀导致结构的使用寿命缩短。本节将介绍梁变形的计算方法及需满足的刚度条件。

8.2.1 挠度和转角

如图8-3所示悬臂梁，在荷载作用下向下弯曲，其轴线 AB 在纵向对称面内弯曲成一条光滑平坦的曲线 AB'，称该曲线为梁的**挠曲线**。挠曲线任意位置处的弯曲程度可用其曲率半径 ρ 或曲率 κ 来描述。随着梁的挠曲，梁中任一横截面的形心 C 移动到 C'，同时，横截面绕中性轴发生转动。

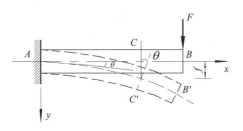

图8-3

当梁的弯曲变形相对于梁的长度而言很小时（即小变形情况），弯曲后横截面形心沿轴线 x 方向的位移可以忽略不计，而称弯曲后截面形心的竖向位移 f 为该截面的**挠度**。显然，梁中不同截面的挠度一般是不同的。在图示坐标系下，规定平面弯曲梁的挠度向下为正，向上为负。

梁弯曲变形后，横截面绕中性轴转过的角度则称为截面的**转角**，用转动前后横截面切线的夹角 θ 表示。不同截面处的转角也不相同。在图示坐标系下，规定平面弯曲梁的转角以顺时针为正，逆时针为负。

显然，若忽略横截面的剪切变形，梁上任意横截面的挠度是由各截面的转动效应累积而成的。如图8-3所示，截面 C 的挠度可看作从固定端开始，各截面依次转动累积而成。根据平截面假定，发生挠曲后的梁的横截面与挠曲线应该垂直，因此，任意横截面的转角就等于该处挠曲

线的切线与 x 轴正向的夹角。则有：

$$\theta \approx \tan\theta = \frac{\mathrm{d}y}{\mathrm{d}x} = f' \qquad (8-5)$$

此即梁的挠曲线与截面转角的关系。

8.2.2 梁的变形计算

由第 7 章可知，任意横截面处挠曲线的曲率与该截面的弯矩成正比，与抗弯刚度成反比：$\kappa = \dfrac{1}{\rho} = \dfrac{M}{EI}$［参见式（7-10）］。曲率也可以理解为横截面转角沿轴线的变化率，梁弯曲程度越大，截面转角变化也越大，记作横截面转角的一阶导数，即：$\kappa = \dfrac{1}{\rho} = \dfrac{\mathrm{d}\theta'}{\mathrm{d}x} = \theta'$。则微小梁段 $\mathrm{d}x$ 的转角为：

$$\mathrm{d}\theta = \kappa\mathrm{d}x = \frac{M}{EI}\mathrm{d}x \qquad (8-6)$$

假想将梁沿轴线分为若干微小梁段 1、2⋯，则梁上某指定截面的转角可视为由支座开始至该截面各微段的转角 $\mathrm{d}\theta_1$、$\mathrm{d}\theta_2$⋯的总和。即：

$$\theta = \mathrm{d}\theta_1 + \mathrm{d}\theta_2 + \cdots = \int \frac{M(x)}{EI}\mathrm{d}x + C \qquad (8-7)$$

式中积分符号 $\int$ 表示对全部微段转角求和。

微段 $\mathrm{d}x$ 的转动会引起截面形心向下移动，即产生微小挠度 $\mathrm{d}f = \theta\mathrm{d}x$，各微段挠度的叠加最终形成指定截面的挠度，为：

$$\begin{aligned}
f &= \mathrm{d}f_1 + \mathrm{d}f_2 + \cdots = \int \theta\mathrm{d}x + D \\
&= \iint \frac{M(x)}{EI}\mathrm{d}x\,\mathrm{d}x + Cx + D
\end{aligned} \qquad (8-8)$$

上述计算梁指定截面转角和挠度的方法称为**积分法**，式（8-7）、式（8-8）中 C 和 D 为积分常数，由梁的支座约束条件和位移条件确定。显然，与弯矩图相比，梁的挠曲线是光滑曲线，在常见集中荷载、分布荷载的作用下，不会发生突变。

工程设计中常常关心梁上挠度和转角的最大值及其位置。如表 8-1 所示，列出了在常见荷载作用下简支梁和悬臂梁的转角及挠度的最大值及其位置。

简单荷载作用下梁的转角和挠度 　　　　表 8-1

序号	支承和荷载情况	弯矩图	梁端转角	最大挠度及其位置
1			自由端 $\theta_B = \dfrac{Fl^2}{2EI}$ 支座 $\theta_A = 0$	$f_{max} = \dfrac{Fl^3}{3EI}$ 自由端

续表

序号	支承和荷载情况	弯矩图	梁端转角	最大挠度及其位置
2		$\dfrac{ql^2}{2}$	自由端$\theta_B = \dfrac{ql^3}{6EI}$ 支座$\theta_A = 0$	$f_{max} = \dfrac{ql^4}{8EI}$ 自由端
3		M	自由端$\theta_B = \dfrac{M_e l}{EI}$ 支座$\theta_A = 0$	$f_{max} = \dfrac{M_e l^2}{2EI}$ 自由端
4		$\dfrac{Fl}{4}$	支座$\theta_A = -\theta_B = \dfrac{Fl^2}{16EI}$ 跨中$\theta = 0$	$f_{max} = \dfrac{Fl^3}{48EI}$ 跨中
5		$\dfrac{ql^2}{8}$	支座$\theta_A = -\theta_B = \dfrac{ql^3}{24EI}$ 跨中$\theta = 0$	$f_{max} = \dfrac{5ql^4}{384EI}$ 跨中
6		M	支座$\theta_A = \dfrac{M_e l}{6EI}$ $\theta_B = -\dfrac{M_e l}{3EI}$ 跨中$\theta = 0$	$y_{max} = \dfrac{M_e l^2}{9\sqrt{3}\,EI}$ 在$x = \dfrac{1}{\sqrt{3}}$处

　　由表 8-1 可见，悬臂梁挠曲线的特点为近支座处较平坦，且与杆轴线相切，支座处挠度和转角为零，远离支座后挠曲线逐渐变得陡峭，在自由端转角和挠度达到最大；简支梁在两端铰支座处转角最大，挠曲线由支座向跨中逐渐变得平坦。对称加载条件下，简支梁跨中截面转角为零，挠度最大。

　　如表 8-1 所示，弯矩最大处截面的转角和挠度并不一定最大，似乎与前述梁横截面的变形与截面弯矩成正比的规律相矛盾。事实上，式（7-10）所描述的是截面转角变化率与该截面弯矩的关系，而截面实际的转角和挠度是各截面转角的累积效果，且还与支座约束条件有关。

　　从表 8-1 还可以看出，在均布荷载下，梁的最大挠度是跨度的四次方，而弯矩是跨度的平方；集中荷载下，最大挠度是跨度的三次方，弯矩是跨度的一次方。可见，随着跨度的增加，梁的挠度的增大幅度远远大于弯矩的增大幅度。

　　综上所述，影响梁截面挠度和转角的主要因素包括：净跨（即梁的无支撑长度)、弯矩和截面抗弯刚度 EI,而弯矩还受到支座以及荷载分布形式的影响。梁截面抗弯刚度越大、跨度和弯矩越小,梁的变形就越小。反之,变形就越大。通常,相同荷载和跨度下,悬臂梁的挠度大于简支梁;集中荷载下梁的变形大于分布荷载。据此,可制定降低梁的变形和挠度的措施。

根据第 4 章所述叠加原理,与计算多个荷载作用下梁的内力类似,在线弹性、小变形条件下,当梁上同时受到多个荷载作用时,梁的总变形和位移可以由每种荷载单独作用产生的变形和位移叠加而得到,这种方法也称为**叠加法**。

【**例 8-2**】如图 8-4(a)所示等截面简支梁,其抗弯刚度为 EI,受集中力 F 和均布荷载 q 作用,试求跨中截面 C 处的挠度 f_C 和 A 截面的转角 θ_A。

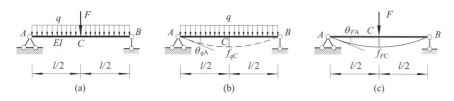

图 8-4

【**分析**】将荷载分解为均布荷载和集中荷载两种情形,采用叠加法计算。

【**解**】如图 8-4(b、c)所示,分解为均布荷载和集中荷载单独作用,查表 8-1,得:

均布荷载单独作用下:$f_{qC} = \dfrac{5ql^4}{384EI}$,$\theta_{qA} = \dfrac{ql^3}{24EI}$

集中荷载单独作用下:$f_{FC} = \dfrac{Fl^3}{48EI}$,$\theta_{FA} = \dfrac{Fl^2}{16EI}$

上式中,第一个下标表示截面位置,第二个下标表示引起该变形的原因。

计算上述结果的代数和,可得:

$$f_C = f_{qC} + f_{FC} = \frac{5ql^4}{384EI} + \frac{Fl^3}{48EI}, \quad \theta_A = \theta_{qA} + \theta_{FA} = \frac{ql^3}{24EI} + \frac{Fl^2}{16EI}$$

8.3 静定结构的位移计算

积分法适用于计算单根杆件在简单荷载下的位移。实际上结构由多根杆件构成,进行结构设计时,需要将结构的整体位移和变形控制在允许范围内,如楼层之间的相对位移和相对转角、高层建筑的顶点位移、支座相对沉降量等,对于结构体系的这类位移计算,积分法就显得无能为力了。为此,可采用下文介绍的图乘法,图乘法也是超静定结构内力分析的基础。

8.3.1 虚功原理

图乘法的依据是结构分析中非常重要的一个原理，称为**变形体的虚功原理**，它涉及几个基本概念：实功和虚功、广义力和广义位移、变形能和虚应变能以及单位荷载等。

我们知道，用力推动物体，使物体在力的方向上产生位移，这个力就对物体做了功。功的大小等于该力的大小乘以力的作用点沿力的作用线方向移动的距离，在此将其称为实功，记作 W。

如图 8-5（a）所示简支梁，当作用在截面 1 的力由零逐渐增加到 F_{P1} 时，力的作用点沿力的方向的位移也由零逐渐增加到 Δ_{11}。对于线弹性问题，F_P 与 Δ 之间呈线性关系。则在整个加载过程中，F_P 所做的功相当于如图 8-5（b）中所示三角形 OAB 的面积，即：

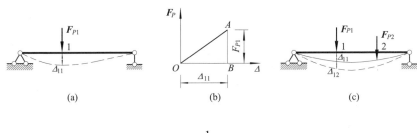

图 8-5　　　　　（a）　　　　　　　　（b）　　　　　　　　（c）

$$W = \frac{1}{2} F_{P1} \Delta_{11} \tag{8-9a}$$

如图 8-5（c）所示，若在截面 2 处再作用力 F_{P2}，梁将继续弯曲，截面 1 将产生新的位移 Δ_{12}，将 F_{P1} 与 Δ_{12} 的乘积写作功的形式，即：

$$W^* = F_{P1} \Delta_{12} \tag{8-9b}$$

上式右端 $F_{P1}\Delta_{12}$ 具有与实功类似的形式，但位移 Δ_{12} 并不是由 F_{P1} 产生的，因此，称之为**虚功**，右上标"*"来表示虚功。所谓虚可以简单地理解为在这一个功的表达式里，力与位移之间没有必然的因果关系。与实功不同，虚功不考虑力和位移的变化过程。因此，$F_{P1}\Delta_{11}$ 也是一个虚功。

如图 8-6（a）所示，力偶 M 在其对应转角上所作虚功可以写作：$W^* = M \times \theta$。如图 8-6（b）所示，支座反力在由于基础沉降产生的位移上所作虚功为 $W^* = F_R \times c$。以上做虚功的集中力偶、支座反力等称为**广义力**，与广义力相应的位移（转角 θ、支座沉降 c）为**广义位移**。广义力可以是单个集中力、单个力偶、一组力或一组力偶等，而广义位移可以是单个截面的线位移和角位移、或两个截面之间的相对线位移和相对角位移。

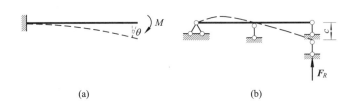

图 8-6　　　　　　　　　　（a）　　　　　　　　　　　　（b）

由能量守恒定律可知，对于如图 8-5 所示的简支梁，如果受力变形过程中没有产生热量或温度的变化，外力 F_{P1} 在位移 Δ_{11} 上所做的实功将全部转化为梁内部的**变形能**，后者相当于梁的内力在变形上所作的功。同理，外力 F_{P1} 在位移 Δ_{12} 上所作的虚功 $W^*_外$ 也将全部转化为梁内部的能量，称这个能量为**虚变形能** $U^*_变$。此即**变形体的虚功原理**。写作：

$$W^*_外 = U^*_变 \qquad (8\text{-}10)$$

虚功原理描述的是处于平衡状态的结构的能量特性，也是结构平衡条件的能量表达方式。

如图 8-7（a）所示为刚架，在荷载作用下会产生支座反力和内力，并与外力保持平衡，将这个状态称为力的状态（记作第一状态）；如图 8-7（b）所示，该刚架在其他因素（包括另外的荷载或支座沉降、温度变化等）影响下，将产生变形，所产生的变形受到支座约束条件和其他变形连续条件的限制，称这一状态为位移状态（记作第二状态）。

根据虚功原理可以知道，第一状态的外力在第二状态对应的位移上所做的外力虚功 $W^*_外$，就等于第一状态的内力在第二状态对应的变形上的虚变形能 $U^*_变$。

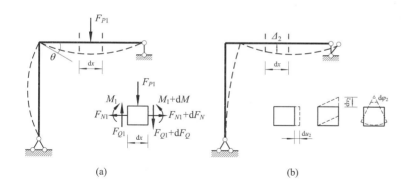

图 8-7
(a) 力的状态（第一状态）；
(b) 位移状态（第二状态）

对于杆系结构，变形体的虚功原理具体表述为：若变形体处于平衡状态，则对于任何满足结构约束条件的微小位移，外力所做的虚功总和等于各微段上的内力在其变形体上的虚变形能总和，反之亦然。即：

$$\sum F_{P1} \times \Delta_2 = \sum \int F_{N1} \mathrm{d}u_2 + \sum \int F_{Q1} \mathrm{d}v_2 + \sum \int M_1 \mathrm{d}\varphi_2 \qquad (8\text{-}11)$$

上式中，左端表示作用在结构上的外力在位移状态下各自的相应位移上所做的外力虚功之和。右端项为杆系结构的总的虚变形能，其中，F_{N1}、F_{Q1}、M_1 是结构在第一状态下的内力，u_2、v_2、φ_2 是结构在第二状态下的变形。$\sum \int F_{N1} \mathrm{d}u$、$\sum \int F_{Q1} \mathrm{d}v_2$ 和 $\sum \int M_1 \mathrm{d}\varphi$ 分别为所有杆件的轴向虚变形能、剪切虚变形能和弯曲虚变形能。"$\sum$"表示对所有杆件求和，"$\int$"表示计算每根杆件的变形能。

结构分析中常常需要计算荷载作用下，某指定截面（包括结点）的位移或转角，则可以利用虚功原理，将真实荷载作用下的状态视为第二

...

状态，该状态的位移是待求的，记作 Δ。沿 Δ 的方向假设单位力 $\overline{F}=1$，将该假设单位力作用下的力的状态视为第一状态，应用式（8-11），有：

$$1\times\Delta = \Delta = \sum\int \overline{F}_N du + \sum\int \overline{F}_Q dv + \sum\int \overline{M} d\varphi \qquad (8\text{-}12)$$

上式左端为待求的位移，右端的 $\overline{F}_N$、$\overline{F}_Q$、$\overline{M}$ 分别为结构在虚设单位力作用下产生的虚轴力、虚剪力和虚弯矩，可以采用第 4 章分段叠加法求得，该方法又称为**单位荷载法**。上式为根据虚功原理计算杆系结构位移的一般公式。

虚设单位力 $\overline{F}=1$ 作用在结构的待求位移截面处，是与所求位移相对应的单位广义力，它可以是一个集中力或一个力偶，也可以是一组力或一组力偶。以如图 8-8 所示刚架为例，说明常见单位力的虚设方法如下：

1. 欲求截面 A 沿 AB 方向的线位移，可在 A 处沿 AB 方向虚设单位力（图 8-8a）；

2. 欲求两截面 A、B 沿其连线方向的相对线位移，可在 A、B 两处沿 AB 方向作用一对反向共线的虚设单位力（图 8-8b）；

3. 欲求截面 A 的转角，可在 A 截面作用虚设单位力偶（图 8-8c）；

4. 欲求铰 A 处左、右两截面的相对转角，可于铰 A 处左、右两截面虚设一对反向单位力偶（图 8-8d）。

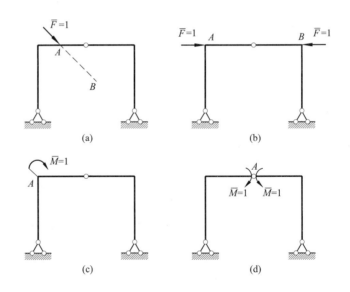

图 8-8

虚设单位力的方向可以任意假定，若计算结果为正，表示结构真实位移的方向与虚设单位力的方向相同；若计算结果为负，则相反。

8.3.2　静定桁架的位移计算

组成桁架的杆件只有轴力，且为常数，桁架的整体变形是由各杆的轴向变形构成的，各杆的变形能则为杆件轴力与其轴向线变形的乘积。虚设单位力作用下，桁架杆件的虚变形能为：

$$\overline{U}^{*}_{变}=\overline{F}_N \times \varDelta l = \overline{F}_N \times \frac{F_{NP}l}{EA} \qquad (8-13)$$

式中，F_{NP} 为杆件在真实荷载作用下的轴力。由式（8-12）可知荷载作用下桁架的位移为：

$$\varDelta = \sum_i \frac{\overline{F}_N F_{NP} l}{EA} \qquad (8-14)$$

利用单位荷载法计算桁架结构内力时，需分别计算虚设单位荷载下和真实荷载下全部杆件的轴力，为表述方便，可采用列表的方法。

【例8-3】 如图 8-9（a）所示桁架，已知各杆截面均为 $A=2\times10^{-3}\text{m}^2$，$E=2.1\times10^{8}\text{kN/m}^2$，荷载 $F_P=30\text{kN}$，$d=2\text{m}$，试求 C 点的竖向位移 $\varDelta_{VC}$。

【分析】 要求 C 点的竖向位移 $\varDelta_{VC}$，需在结点 C 处虚设竖向单位力，并分别求出虚设单位力和真实荷载下各杆的轴力。

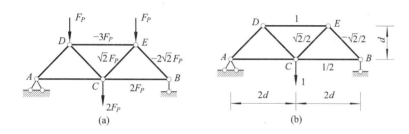

图 8-9

【解】（1）求真实荷载下的各杆轴力 F_{NP}

如图 8-9（a）所示，因结构和荷载对称，只需标注一半，列于表 8-2 中。

（2）在结点 C 处加竖向单位力，并计算各杆轴力 $\overline{F}_N$

如图 8-9（b）所示，结果同时列于表 8-2 中。

（3）计算位移 $\varDelta_{VC}$

桁架的位移计算表　　　　表 8-2

杆件	F_{NP}（kN）	$\overline{F}_N$	l（m）	$F_{NP}\overline{F}_N l$（kN·m）
AD、BE	$-60\sqrt{2}$	$-\sqrt{2}/2$	$2\sqrt{2}$	$120\sqrt{2}$
AC、BC	60	$1/2$	4	120
DC、EC	$30\sqrt{2}$	$\sqrt{2}/2$	$2\sqrt{2}$	$60\sqrt{2}$
DE	-90	1	4	-360
$\sum$				14.56

则 C 点的竖向位移为：

$$\varDelta_{VC}=\sum\frac{F_{NP}\overline{F}_N l}{EA}=14.56\div(2.1\times10^{8}\times2\times10^{-3})=3.47\times10^{-5}\text{m}(\downarrow)$$

8.3.3 梁和刚架位移计算的图乘法

由梁式杆组成的结构，其位移主要受杆件弯曲变形的影响，轴向变形和剪切变形的影响可以忽略不计。因此，位移计算一般表达式（8-12）可简化为：

$$\Delta = \sum \int \overline{M} \mathrm{d}\varphi \qquad (8\text{-}15)$$

式中，$\mathrm{d}\varphi$ 是真实荷载作用下梁截面的转角。由式（8-7）可知，$\mathrm{d}\varphi = \dfrac{M_P}{EI}\mathrm{d}x$，将其代入式（8-15），得到梁和刚架在荷载作用下的位移计算式：

$$\Delta = \sum_i \int \frac{\overline{M}M_P}{EI}\mathrm{d}x \qquad (8\text{-}16)$$

式中，EI 是杆件的抗弯刚度，对于等截面均匀直杆，各杆段的 EI 为常数；M_P 和 $\overline{M}$ 分别为杆件在真实荷载和虚设单位荷载下的弯矩，$\sum\limits_i$ 表示对各梁段分别计算再求和。

对由等截面均匀直杆组成的梁和刚架，上式可进一步简化。

由弯矩与荷载的关系可知，虚设单位荷载下，结构的 $\overline{M}$ 图必然由直线段组成，于是，可将积分运算简化为如下几何运算。

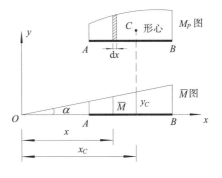

图 8-10

如图 8-10 所示，已知等截面直杆 AB 段上的两个弯矩图，其中"M_P 图"为实际荷载下的弯矩图，可为任意形状，C 为 M_P 图的形心；"$\overline{M}$ 图"为虚设单位下的弯矩图，为一直线段，其直线方程可写作 $\overline{M} = ax+b$，则梁端 AB 的位移为：

$$\begin{aligned}
\Delta &= \int \frac{\overline{M}M_P}{EI}\mathrm{d}x = \frac{1}{EI}\int (ax+b)\,M_P\,\mathrm{d}x \\
&= \frac{1}{EI}\left(\int ax M_P \mathrm{d}x + \int b M_P \mathrm{d}x \right) \qquad (8\text{-}17) \\
&= \frac{1}{EI}\left(a\int x M_P \mathrm{d}x + b\int M_P \mathrm{d}x \right)
\end{aligned}$$

式中，右端第二项 $\int M_P \mathrm{d}x$ 为 M_P 图的面积，记作 A_P。第一项 $\int x M_P \mathrm{d}x$ 为 M_P 图对 y 轴的**面积矩**，又称为**静矩**，记作 S_{yP}。面积矩等于 M_P 图的面积乘以其形心的 x 坐标值，即 $S_{yP} = A_P x_C$，因此，式（8-17）可进一步简化为：

$$\Delta = \frac{1}{EI} \left(a\int x M_P \mathrm{d}x + b\int M_P \mathrm{d}x \right)$$

$$= \frac{1}{EI} \left(a \times A_P \times x_C + b \times A_P \right) \qquad (8\text{-}18)$$

$$= \frac{A_P}{EI} \left(a \times x_C + b \right) = \frac{A_P \times y_C}{EI}$$

式中，$y_C = a \times x_C + b$ 是 M_P 图的形心 C 在单位弯矩图"$\overline{M}$图"上所对应的点的竖标，也是相应的单位弯矩值。A_P 为 M_P 图的面积，EI 为杆件抗弯刚度。

由此，杆 AB 位移的积分计算就转化为了弯矩图面积及其形心坐标的几何计算，称此方法为**图乘法**。

若结构由多根杆件组成，需对全部杆件进行图乘计算并求和，即：

$$\Delta = \sum_i (\pm) \frac{1}{EI} A_P y_C \qquad (8\text{-}19)$$

需要注意的是，当计算面积的弯矩图的形心 x_C 与其对应竖标 y_C 在基线同侧时，上式取正号，否则，取负号。如图 8-10 所示的两个弯矩图图乘就取正号。

如图 8-11 所示，列出了几种常见简单图形的形心位置和面积。

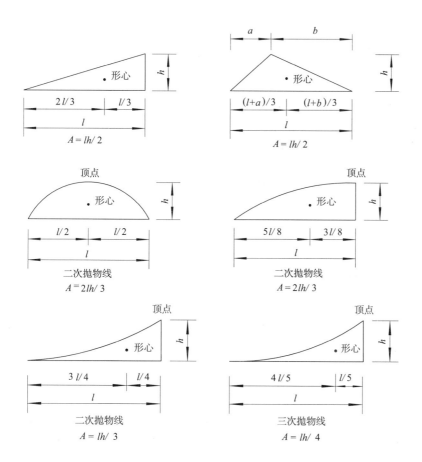

图 8-11

应用图乘法时应注意：

（1）y_C 只能从直线图形上取得，而 A_P 应取自另一图形。如图 8-12 所示两个图图乘，只能在 $\overline{M}$ 图上取 y_C，M_P 图算面积；

（2）如果 M_P 图与 $\overline{M}$ 图均为直线，则 y_C 可以取自其中任一图形，如图 8-13 所示；

（3）如果 $\overline{M}$ 图是折线图形，而 M_P 图是非直线图形，则应该分段图乘，然后叠加。如图 8-12 所示，杆段的图乘结果为 $\dfrac{1}{EI}\left(A_{P1}y_{C1}+A_{P2}y_{C2}\right)$。

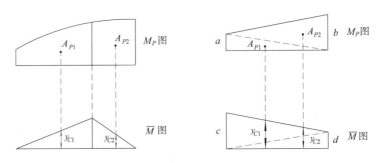

图 8-12（左）
图 8-13（右）

（4）对于面积和形心位置不易确定的复杂图形，可以将其分解为若干简单图形，并分别与另一图形进行图乘后叠加。如图 8-13 所示当两个梯形相乘时，可以将其分解为两个三角形（或者一个矩形加一个三角形），图乘结果为 $\dfrac{1}{EI}\left(A_{P1}y_{C1}+A_{P2}y_{C2}\right)$，其中，$A_{P1}=\dfrac{1}{2}al$，$A_{P2}=\dfrac{1}{2}bl$ $y_{C1}=\dfrac{2}{3}c+\dfrac{1}{3}d$，$y_{C2}=\dfrac{1}{3}c+\dfrac{2}{3}d$。

当 M_P 或者 $\overline{M}$ 图与基线交叉时，如图 8-14 所示，计算面积和对应竖标较困难，则可将弯矩图分解为分别位于基线两侧的两个三角形，再加以图乘。

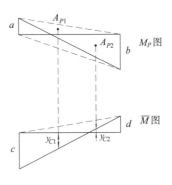

图 8-14

【例 8-4】试利用图乘法求如图 8-15（a）所示简支梁 A 端的转角 θ_A 和跨中 C 截面处的挠度 f_C，梁的 EI 为常数。

【分析】A 端的转角角 θ_A 和跨中 C 处的挠度 f_C 是不同位置处的不同位移，需分别假设单位荷载，做对应的单位弯矩图，并分别与荷载弯矩图相图乘。

【**解**】（1）先作荷载作用下的弯矩图 M_P 图，如图 8-15（b）所示

（2）计算 A 端的转角 θ_A

在 A 截面处施加单位集中力偶，做单位弯矩图 $\overline{M}_1$ 图，如图 8-15（c）所示；

将 M_P 图与 $\overline{M}_1$ 图相图乘，计算 A 端转角 θ_A：

$$A_P=\frac{2}{3}\times l\times\frac{ql^2}{8},\ y_C=\frac{1}{2},\ \theta_A=\frac{A_P y_C}{EI}=\frac{ql^3}{24EI}\ (\curvearrowleft)\ 顺时针。$$

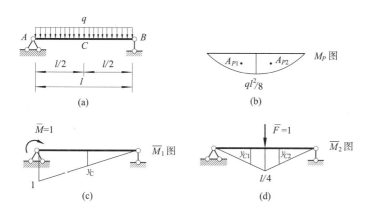

图 8-15

（3）计算 C 截面处的挠度

在 C 截面施加单位集中力，做单位弯矩图 $\overline{M}_2$ 图，如图 8-15（d）所示。

将 M_P 图与 $\overline{M}_2$ 图相图乘。因 $\overline{M}_2$ 图是折线图形，需将 M_P 图分为左、右两个对称的抛物线，则：

$$f_C=\frac{1}{EI}(A_{P1}y_{C1}+A_{P2}y_{C2})=2\times\frac{1}{EI}\times(\frac{2}{3}\times\frac{l}{2}\times\frac{ql^2}{8})\times\frac{5l}{32}=\frac{5ql^4}{384EI}\ (\downarrow)$$

位移向下。

【**例 8-5**】试求如图 8-16（a）所示刚架 C、D 两端面的相对转角 $\Delta\theta_{CD}$，设 EI 为常数。

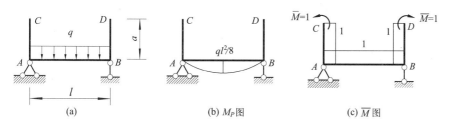

图 8-16

【**分析**】与 C、D 两端面的相对转角 $\Delta\theta_{CD}$ 对应的广义力为作用在 C、D 截面处的一对大小相等、转向相反的相对力偶。

【**解**】（1）作荷载作用下的弯矩图 M_P 图，如图 8-16（b）所示

（2）在 C、D 截面处虚设一对相对单位力偶，作 $\overline{M}$ 图如图 8-16（c）所示

（3）图乘求位移

M_P 图中 AC、BD 段弯矩为零，只需将 AB 杆段上的 M_P 图与 $\overline{M}$ 图相图乘。

注意，M_P 图的形心 x_C 与 $\overline{M}$ 图上的竖标 y_C 在基线的不同侧，图乘时取负号。

$$\Delta\theta_{CD}=\sum\frac{A_P y_C}{EI}=-\frac{1}{EI}\left(\frac{2}{3}\times\frac{ql^2}{8}\times l\right)\times 1=-\frac{ql^3}{12EI}\ (\curvearrowleft\curvearrowright)$$

C、D 截面相对转动。

【例 8-6】如图 8-17（a）所示，试求刚架结点 B 的水平位移 Δ_{HB}，各杆 EI 为常数。

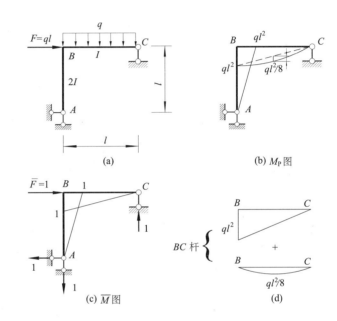

图 8-17

【分析】与位移 Δ_{HB} 对应的广义力为结点 B 处的水平集中力。

【解】（1）作刚架的 M_P 图如图 8-17（b）所示

（2）在 B 处施加水平单位集中力，作 $\overline{M}$ 图如图 8-17（c）所示

（3）图乘计算位移

注意 BC 杆段的 M_P 图不是标准二次抛物线，可先将其分解为图 8-17（d）所示三角形和标准抛物线图形，再分别与 $\overline{M}$ 图相图乘，可得：

$$\Delta_{HB}=\sum\frac{A_P y_C}{EI}=\frac{1}{2EI}\left(\frac{1}{2}\times ql^2\times l\right)\times\frac{2}{3}l$$
$$+\frac{1}{EI}\left[\left(\frac{1}{2}\times ql^2\times l\right)\times\frac{2}{3}l+\left(\frac{2}{3}\times\frac{ql^2}{8}\times l\right)\times\frac{l}{2}\right]=\frac{13ql^4}{24EI}\ (\rightarrow)$$

除荷载外，静定结构在支座位移、温度变化、装配误差（即由于制造或安装的偏差导致实际结构构件的尺寸和结点的位置等与原设计不一致）等情形下也会产生位移或变形。这类位移同样可虚设单位荷载，采用式（8-12）计算，式中右端的变形 u、γ、φ 则是由支座位移、温度变化以及装配误差等因素引起的。

如图 8-18（a）所示悬臂梁，若无外力作用，当支座 A 转动角度 φ 时，悬臂梁将随之发生整体转动，但相邻截面之间不会有转动和错动，因此，不会产生支座反力和内力。如图 8-18（b）所示简支梁，上下侧同时降温，但下侧温度比上侧高，杆件整体收缩不会受到约束，上侧收缩比下侧多，使 B 点向内移动的同时，杆件还会发生弯曲变形，但不会产生反力和内力。可见，由于没有多余约束，非荷载因素会让静定结构产生变形或位移，但不会产生内力和反力，这也是静定结构的优势之一。

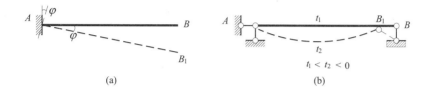

(a)   (b)   图 8-18

8.4 梁的刚度条件和提高梁弯曲刚度的措施

结构设计中，通常需将结构的变形或位移控制在允许的范围内。对于梁而言，即需使其挠度和转角不超过许用挠度 $[f]$ 和许用转角 $[\theta]$：

$$f_{max} \leq [f]; \quad \theta_{max} \leq [\theta] \qquad （8-20）$$

式中，f_{max} 和 θ_{max} 为梁的最大挠度和最大转角。上式就是**梁的刚度条件**。许用挠度 $[f]$ 和许用转角 $[\theta]$ 取决于工程经验、社会经济技术水平与大众心理接受程度等因素。

结构安全性是结构需满足的首要条件，由结构的强度或承载力加以保障。结构设计时，通常由强度条件确定梁的截面形状尺寸、材料或钢筋混凝土构件的配筋等，再校核其是否满足刚度条件。可以采用许用挠度与跨度之比作为梁挠度的校核标准，即：

$$f_{max}/l \leq [f/l] \qquad （8-21）$$

【**例 8-7**】对于如图 8-4（a）所示的等截面简支梁，若已知梁的抗弯刚度 $EI = 2.4 \times 10^4 kN \cdot m^2$，集中力 $F = 20kN$，荷载集度 $q = 5kN/m$，$l = 8m$，梁的许用挠度为 $[f/l] = 1/500$，试校核梁的刚度。

【**分析**】图示梁跨中截面的挠度最大，若该处满足刚度条件，则梁就满足刚度条件。

【**解**】由【例 8-2】知，梁的跨中挠度为：

$$f_C = 5ql^4/384EI + Fl^3/48EI = 0.02m$$

故 $f_{max}/l = 0.0025 < [f/l]$，满足刚度条件。

结构设计中，除需控制构件的变形和位移外，还需控制结构体系的整体位移。如控制水平荷载作用下结构的顶部位移、层间相对位移和转角等。此外，结构在地震或强风作用下，还需将其动力响应的加速度和速度等控制在合理范围内，以满足建筑结构内部人员舒适度需求、保障结构及其内部设备设施的安全以及结构的正常使用。

控制结构的位移或变形，与提高强度类似，可以从提高梁的抗弯刚度 EI、减小跨度、改变荷载所引起的弯矩分布等几方面入手。如为提高梁的抗弯刚度 EI，可以采用弹性模量较大的材料，如石材、混凝土等，也可以在不改变杆件横截面面积的前提下，增加梁的高度以增大横截面惯性矩，如采用如图 6-26 所示的截面形状。可选择合理的支座方式、改变荷载分布等减小最大弯矩，使弯矩分布均匀，从而减小梁的变形。如采用增加支座、减小杆件无支撑长度、将集中荷载改为分布荷载等方法。

8.5　静定结构的静力特性

静定结构是无多余约束的几何不变体系，其全部约束反力的个数等于独立的平衡方程数。因此，静定结构的全部约束反力及内力可由静力平衡方程唯一确定，这也是静定结构的基本静力特性。静定结构的约束反力和内力只与荷载、结构整体几何尺寸（跨度、高度、长度等）、杆件类型（梁、刚架、桁架、拱）和形状（如拱的轴线形状）等有关，而与材料类型、杆件横截面的形状及尺寸无关。

由静定结构的基本静力特性，还可派生出静定结构的其他特性：

1. 零荷载零内力特性

温度变化、支座位移、材料收缩和制造误差等非荷载因素，在静定结构中只产生位移或变形，不引起反力和内力。这一特性是静定结构在工程实践中有利的一面。

2. 局部平衡特性

静定结构受平衡力系作用时，其影响范围只限于该力所作用的最小几何不变部分，对其余部分没有影响。

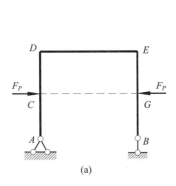

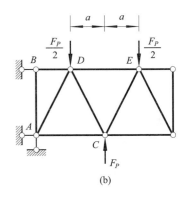

图 8-19

(a)　　　　　　　　　　(b)

如图 8-19（a）所示静定刚架，C、G 处作用的荷载相互平衡，该结构的 $CDEG$ 部分在这一力系下保持平衡，则结构的其余部分 AC 段和 BG 段不会产生内力和支座反力。

又如图 8-19（b）所示桁架，三角形 *CDE* 上作用平衡力系，则只有该部分受力，其余各杆内力和支座反力均为零。

3. 荷载等效变换特性

若在静定结构的受力平衡部分上作荷载的等效变换（合力以及对同一点的合力矩相等），则只有该部分的内力发生变化，其余部分的反力和内力均保持不变。

如图 8-20（a）所示多跨静定梁，如果用等效均布荷载代替 *AB* 跨的集中荷载，如图 8-20（b）所示，则只有 *AB* 杆的内力会发生变化，其余部分的内力不变。该变换可解释如下：在图 8-20 中，图（a）减去图 8-20（b），等价于图 8-20（c）的受力状态。图 8-20（c）为平衡力系，则除 *AB* 杆外，其余部分的反力和内力为零。因此，图 8-20（a）和图 8-20（b）除 *AB* 杆外其余部分的反力和内力均相同。

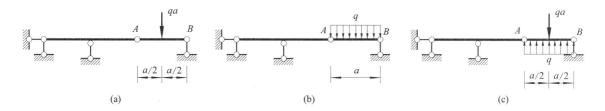

图 8-20

4. 局部几何等效变换特性

当静定结构中的某一几何不变部分进行构造改变时，只有该部分的内力发生变化，其余部分的反力和内力均保持不变。

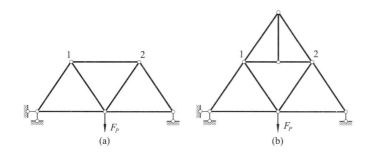

图 8-21

如图 8-21（a）所示静定桁架，若将 12 杆换成如图 8-21（b）所示小桁架，荷载和约束的性质不变，此时只有小桁架部分的内力发生变化，其余部分的反力和内力均保持不变。

本章小结

变形是除内力外，结构对外界作用的另一种响应。轴力杆变形时横截面形状不会改变，只发生截面大小的变化及沿杆件轴向的伸缩。梁式杆变形时杆件发生弯曲，横截面发生转动和移动，对应的位移为转角和挠度。简单梁的挠度和转角可采用积分法和叠加法计算，复杂的梁和刚架的位移可虚设单位力采用图乘法计算。

结构除需满足强度要求外，还需满足刚度要求。对于梁而言，需使其挠度和转角不超过许用挠度 $[f]$ 和许用转角 $[\theta]$。通常设计时以强度为控制条件，选取构件的合理截面后，再校核其是否满足刚度条件。

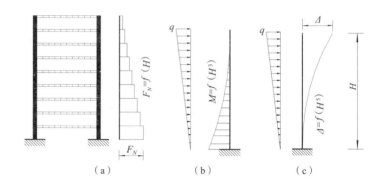

图 8-22　高层建筑的受力变形特点
(a) 轴力与高度的关系；
(b) 弯矩与高度的关系；
(c) 侧向位移与高度的关系

趣味知识——高层建筑的受力变形特点

随着城市化进程的不断扩展和加深，高层建筑已成为现代化城市的标志之一。高层建筑结构与多层建筑结构的主要区别在于侧向荷载成为影响结构内力和变形的主要因素之一。多层建筑的内力主要由竖向荷载引起，结构的变形也主要考虑竖向荷载作用下梁和板的变形。而高层建筑可视为竖向放置的悬臂梁，在竖向荷载和侧向荷载共同作用下产生弯矩、剪力、轴力及侧向位移。高层建筑承受的侧向荷载主要包括水平方向的风荷载和地震荷载，可近似为倒三角形（图 8-22）。该水平荷载在结构顶部产生的侧向位移的量级是结构高度的五次方，在结构底部产生的弯矩的量级是高度的三次方，可见，高度对结构的影响尤其对结构变形的影响非常显著。因此，对于高层建筑，侧向位移和底部弯矩常常是决定结构体型方案、结构布置及构件截面尺寸的控制因素。

思考题

8-1　结构没有变形是否必然没有位移？结构没有内力是否也必然没有位移？

8-2　T 形截面梁受力如思考题 8-2 图所示，若采用如思考题 8-2 图（a）、（b）两种方式放置，梁的变形有何差异？

思考题 8-2 图（左）
思考题 8-3 图（右）

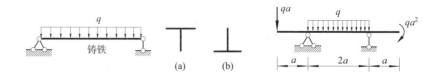

8-3 试绘制如思考题 8-3 图所示梁挠曲线的大致形状。

8-4 如思考题 8-4 图所示的结构是一个带拉杆的三铰拱，其中拉杆 AB 比原设计短了 1.5cm，试讨论由此引起的结构内力、支座反力、支座位移和结构的变形。

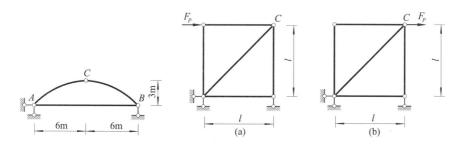

思考题 8-4 图（左）
思考题 8-5 图（右）

8-5 如思考题 8-5 图所示，在桁架结构中，各杆 EA 相同，试分析两种加载方式下，结点 C 的水平位移是否相等。

习题

8-1 如习题 8-1 图所示钢杆的横截面积 $A=1000\text{mm}^2$，材料的弹性模量 $E=200\text{GPa}$，试求：（1）各段的变形；（2）各段的线应变；（3）杆的总伸长。图中单位：mm。

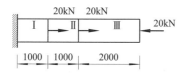

习题 8-1 图

8-2 如习题 8-2 图所示结构为铰结正方形。五根杆的抗拉刚度均为 EA，杆 AB 长为 l，试求（a）、（b）两种加载情况下，AB 杆的伸长。

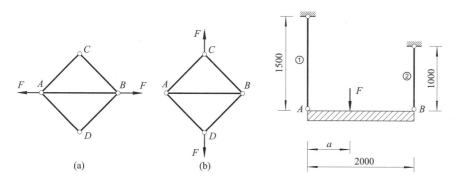

习题 8-2 图（左）
习题 8-3 图（右）

8-3 如习题 8-3 图所示结构中，AB 杆为刚性杆件，杆①为钢杆，直径 $d_1=20\text{mm}$，弹性模量 $E_1=200\text{GPa}$；杆②为铜杆，直径 $d_2=25\text{mm}$，弹

性模量 E_2=100GPa。集中力 F=30kN 作用在 AB 杆上，求力 F 作用在何处，可使 AB 杆保持水平（提示：AB 杆水平意味着杆①和杆②在轴力下的伸长必须相等）。

8-4　试用叠加法求习题 8-4 图所示各梁截面 B 处的挠度 f_B。梁的抗弯刚度 EI 为常数。

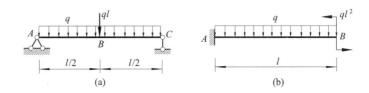

习题 8-4 图

(a)　　　　　　　　(b)

8-5　如习题 8-5 图所示工字钢简支梁，已知钢材的弹性模量 E=200GPa，工字钢的截面惯性矩 I_z=5020cm^4，$[f/l]$=1/400，试校核梁的刚度。

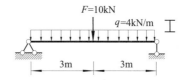

习题 8-5 图

8-6　采用图乘法求如习题 8-6 图所示各结构中 B 处的转角 θ_B 和 C 处的竖向位移 Δ_{VC}。各杆抗弯刚度 EI 均为常数。

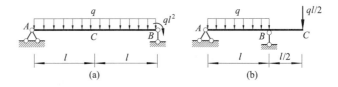

习题 8-6 图

(a)　　　　　　　　(b)

8-7　用图乘法求习题 8-7 图所示，刚架中 C 点的水平位移 Δ_{HC}，EI 为常数。

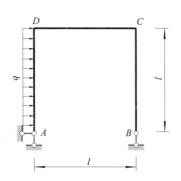

习题 8-7 图

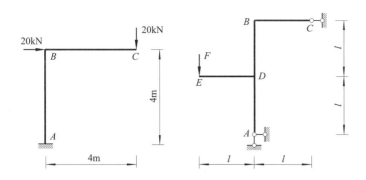

习题 8-8 图（左）
习题 8-9 图（右）

8-8　用图乘法求习题 8-8 图所示中刚架 C 点的水平位移 Δ_{HC}。各杆抗弯刚度 EI 相同，$EI=2.4\times10^4\text{kN}\cdot\text{m}^2$。

8-9　用图乘法求习题 8-9 图所示刚架结点 B 的转角和 C 点的竖向位移。各杆抗弯刚度 EI 均为常数。

8-10　如习题 8-10 图所示，各图乘计算是否正确？若不正确请加以改正（图中 EI 均为常数）。

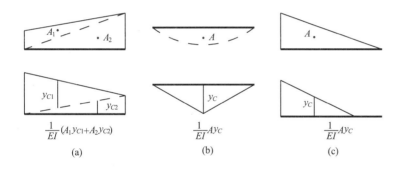

$\dfrac{1}{EI}(A_1y_{C1}+A_2y_{C2})$　　　　$\dfrac{1}{EI}Ay_C$　　　　$\dfrac{1}{EI}Ay_C$

(a)　　　　　　　　　(b)　　　　　　　　(c)

习题 8-10 图

解答

8-1　$\Delta l=\Delta l_{\mathrm{I}}+\Delta l_{\mathrm{II}}+\Delta l_{\mathrm{III}}=0.1\text{mm}+0-0.2\text{mm}=-0.1\text{mm}$，

　　　$\varepsilon_{\mathrm{I}}=0.0001$，$\varepsilon_{\mathrm{II}}=0$，$\varepsilon_{\mathrm{III}}=0.0002$；

8-2　（a）AB 杆受拉，伸长 Fl/EA；

　　　（b）AB 杆受压，缩短 $-Fl/EA$；

8-3　$a=1.08\text{m}$；

8-4　（a）$f_B=\dfrac{13ql^4}{384EI}$；（b）$f_B=\dfrac{3ql^4}{8EI}$；

8-5　$\dfrac{f_{\max}}{l}=\dfrac{1}{535}<[\dfrac{f}{l}]$，满足刚度要求；

8-6　（a）$\theta_B=ql^3/3EI$（顺时针），$\Delta_{VC}=ql^4/24EI$（↓）；

　　　（b）$\theta_B=ql^3/24EI$（顺时针），$\Delta_{VC}=ql^4/24EI$（↓）；

8-7　$\Delta_{HC}=3ql^4/8EI$（→）；

8-8　Δ_{HC}=4.4cm（→）；

8-9　$\theta_{B} = \dfrac{Fl^{2}}{12EI}$（逆时针），　$\Delta_{HC} = \dfrac{Fl^{3}}{12EI}$（↓）；

8-10　（a）错，用一个弯矩图计算面积时，在另一个弯矩图上所取的形心竖标应为该弯矩图到基线的全部长度；

（b）错，取竖标的图形为两段直线，应分成两部分图乘；

（c）错，取竖标的图形由一段斜线和一段与弯矩为零的直线组成，应分成两部分图乘。

第9章

超静定结构内力分析

前述各章讨论了静定结构的受力特点及其分析计算方法，如图 9-1（a）所示静定单跨梁，去掉任意支杆，结构都将成为几何可变体系而丧失承载能力。而如图 9-1（b）所示结构，若去掉支杆 B，结构成为悬臂梁，仍能承受荷载，此类有多余约束的几何不变体系即为**超静定结构**。存在多余约束是超静定结构区别于静定结构的显著特点。显然，超静定结构在抵御荷载上更"强壮"。然而，超静定结构的支座反力和内力由平衡条件无法唯一确定，又给我们提出了难题。本章即论述超静定结构内力分析的方法，认识常见超静定结构，如超静定梁、框架等的内力与变形特点。

图 9-1
（a）静定梁；
（b）单跨超静定梁

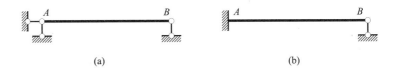

(a)　　　　　　　　　　　(b)

9.1　超静定结构概述

9.1.1　超静定结构基本特点

如图 9-2 所示，常见超静定平面杆系结构有：超静定梁，又称连续梁（图 9-2a），超静定刚架，也称框架（图 9-2b、c），超静定桁架（图 9-2d），超静定拱（图 9-2e~g），以及超静定组合结构（图 9-2h 上部结构为桁架、下部为梁，图 9-2i 若只承受结点水平荷载，则水平铰接杆件为桁架杆）等。

图 9-2　超静定结构
（a）连续梁；
（b）超静定刚架；
（c）单跨双层框架；

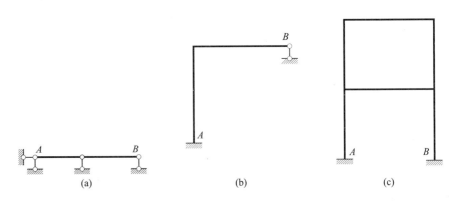

(a)　　　　　　　　(b)　　　　　　　(c)

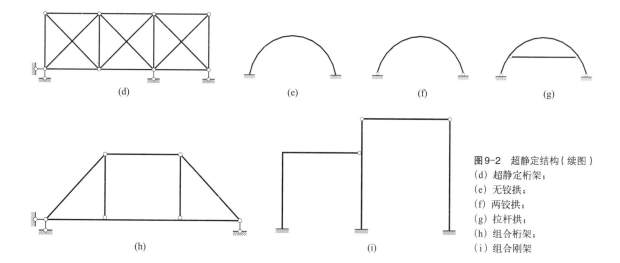

图9-2 超静定结构（续图）

(d) 超静定桁架；

(e) 无铰拱；

(f) 两铰拱；

(g) 拉杆拱；

(h) 组合桁架；

(i) 组合刚架

9.1.2 超静定次数

结构多余约束的个数即为超静定次数，可以这样确定：若从原结构去掉 n 个约束后，结构成为静定结构，则原结构多余约束的个数就是 n 个，为 n 次超静定。多余约束所提供的约束反力则为**多余约束反力**。

如图 9-2（a）所示连续梁，去掉支杆 C，结构成为静定伸臂梁，该结构有 1 个多余约束，为 1 次超静定结构，支杆 C 的反力为多余约束反力，记作 X_1（图 9-3a）。类似地，也可去掉支杆 A，如图 9-3（b）所示，代以多余约束反力 X_1；或将 B 点改为铰结点，代以一对力矩 X_1，如图 9-3（c）所示。可见，对同一个超静定结构，其超静定次数是确定的，但去除多余约束的方案不唯一。

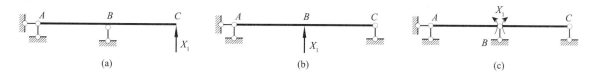

(a)   (b)   (c)

图9-3

如图 9-2（c）所示超静定刚架，若截断 2 根横梁（图 9-4），结构成为两个静定悬臂刚架，而被截断的梁截面上原有 3 对大小相等、方向相反的内力（弯矩、剪力和轴力各一对），因此，刚架中截断 1 根梁式杆相当于去掉了 3 个约束。此处一共去掉了 6 个约束，所以原结构为 6 次超静定结构。

又如图 9-2（d）所示超静定桁架，如果切断 3 根上弦杆、去掉 1 根支杆（图 9-5），结构将成为静定桁架，被截断的每根杆件暴露出一对轴力，相当于一共去掉了 4 个约束，则原结构超静定次数为 4。

综上，确定超静定结构多余约束及超静定次数的方法为：

1. 去掉 1 根链杆或切断 1 根桁杆，相当于去掉 1 个约束，多余约束反力为链杆反力或（一对）桁杆轴力（图 9-3、图 9-5）；

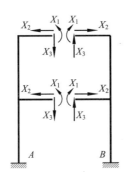

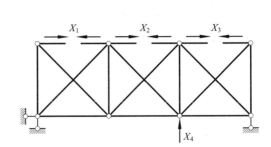

图 9-4（左）
图 9-5（右）

2. 去掉 1 个固定铰支座或去掉 1 个单铰，相当于去掉 2 个约束，多余约束反力为 2 个相交的集中力；

3. 去掉 1 个固定支座或切断 1 根梁式杆，相当于去掉 3 个约束，多余约束反力包括 2 个（对）力和 1 个（对）力偶矩（图 9-4）；

4. 将 1 个单刚结点变为 1 个单铰结点，相当于去掉 1 个转动约束，多余约束反力为 1 对力偶矩（图 9-3c）。

所谓**单铰**，是指只连接 2 个链杆或桁架杆的铰接点，如果 1 个铰接点上连接了 3 根及以上的桁架杆件，就称为**复铰**。类似地，**单刚结点**是指只连接 2 根梁式杆的刚结点。连接 3 根及以上的刚结点就称为**复刚结点**。

9.2 力法

9.2.1 力法基本原理与方法

如果能先求出超静定结构的多余约束反力，就可以将超静定结构的受力分析问题转变为静定结构问题，这就是力法的基本思想。

下面以 1 次超静定梁为例，说明力法计算超静定结构内力的基本原理。

如图 9-6（a）所示 1 次超静定梁，杆长为 l，截面抗弯刚度 EI 为常数，沿杆长作用均布荷载。去掉支杆 B，代以多余约束力 X_1，如图 9-6（b）所示，原结构成为静定悬臂梁，称此去掉多余约束的静定结构为原结构的**基本结构**（图 9-6c）。基本结构在原荷载与多余约束力共同作用下的体系称为**力法的基本体系**。

图 9-6　力法基本原理示意图
（a）1 次超静定梁；
（b）力法的基本体系；
（c）力法的基本结构

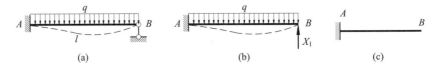

力法基本体系与原体系是完全等价的，即基本体系的内力和变形与原体系完全相同。若能求得基本体系的多余约束力 X_1，就可以利用平衡条件求得基本体系上其余的反力和内力，原结构问题就迎刃而解。可见，基本体系是从超静定结构过渡到静定结构的桥梁，而多余约束力 X_1 是求解问题的关键，称多余约束 X_1 为**力法的基本未知量**。

然而，基本未知量 X_1 不能依靠平衡条件求得，需要寻求其他补充条件。

对比图 9-6（a）与图 9-6（b）的基本体系可知，原结构在支座 B 处竖向位移为零，因此，基本体系在原荷载和 X_1 的共同作用下，B 点的竖向位移也应为零，这只有当且仅当 X_1 与原结构的支座反力 F_{RB} 相等时，才能实现。

将基本体系沿 X_1 方向的位移记作 $\varDelta_1$，即：

$$\varDelta_1 = 0 \tag{9-1}$$

上式也称为结构的**变形协调条件**。

基本体系沿 X_1 方向的位移 $\varDelta_1$ 可视为由两部分叠加而成：一部分是基本结构在荷载 q 单独作用下沿 X_1 方向产生的位移，记作 $\varDelta_{P1}$，如图 9-7（a）所示；另一部分是基本结构在 X_1 单独作用下沿 X_1 方向产生的位移，记作 $\varDelta_{11}$，如图 9-7（b）所示。两部分相加得到基本体系沿 X_1 方向最终位移，如图 9-7（c）所示，图中的变形和内力与原结构也完全相同。此处 $\varDelta$ 的第一个右下标表示位移的位置和方向，第二个右下标表示对应的力。则有：

$$\varDelta_1 = \varDelta_{P1} + \varDelta_{11} = 0 \tag{9-2}$$

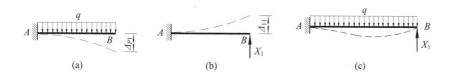

图 9-7

进一步地，将沿 X_1 方向作用单位力所产生的位移记作 δ_{11}，如图 9-8 所示，则 $\varDelta_{11}$ 可表示为：

$$\varDelta_{11} = \delta_{11} X_1 \tag{9-3}$$

图 9-8 单位力作用变形图

将式（9-3）代入式（9-2），有：

$$\delta_{11} X_1 + \varDelta_{P1} = 0 \tag{9-4}$$

则：

$$X_1 = -\frac{\varDelta_{P1}}{\delta_{11}} \tag{9-5}$$

式（9-4）称为**力法基本方程**，该方程是**变形协调方程**。其中，δ_{11} 为系数，是单位力作用下结构的位移，该值越大，表示在相同的力作用下，结构的变形越大，结构越柔，因此又称为**柔度系数**。$\varDelta_{P1}$ 为自由项，是基本结构在荷载作用下的位移。

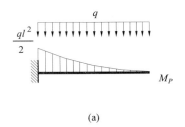
(a)

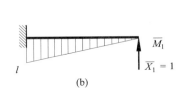
(b)

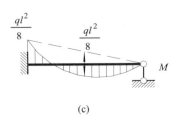
(c)

图 9-9
（a）$\overline{M}_1$ 图；
（b）M_P 图；
（c）M 图

δ_{11} 和 $\varDelta_{P1}$ 本质上都是基本结构在荷载作用下产生的位移，可以采用第 6 章所述图乘法计算。$\varDelta_{P1}$ 是荷载在基本结构上产生的位移，作荷载作用弯矩图如图 9-9（a）所示，δ_{11} 是单位力在基本结构上产生的位移，作单位力作用弯矩图如图 9-9（b）所示。应用图乘法，可得：

$$\delta_{11}=\sum\int\frac{\overline{M}_1^2}{EI}\,\mathrm{d}s=\frac{l^3}{3EI} \tag{9-6}$$

$$\varDelta_{P1}=\sum\int\frac{\overline{M}_1 M_P}{EI}\,\mathrm{d}s=-\frac{ql^4}{8EI} \tag{9-7}$$

将式（9-6）、式（9-7）代入式（9-5），得到：

$$X_1=-\frac{\varDelta_{P1}}{\delta_{11}}=\frac{3}{8}ql \tag{9-8}$$

所得 X_1 为正值，表明其实际方向与假设方向相同。若为负值，则方向相反。

求得 X_1 后，基本体系的其余反力和全部内力均可用平衡条件确定。

原结构弯矩图可利用叠加原理得到。以梁的轴线为基线，将 $\overline{M}_1$ 图（图 9-9b）的竖标乘以 X_1，再与 M_P 图（图 9-9a）的相应竖标叠加，便可得到原结构的弯矩图（图 9-9c），记作：

$$M=\overline{M}_1 X_1+M_P \tag{9-9}$$

综上所述，力法的基本原理是：以超静定结构的多余约束力为基本未知量，以去掉多余约束后的静定结构为基本结构，以基本结构在原结构的荷载和多余约束力共同作用下的体系为基本体系，根据基本体系在多余约束处与原结构位移相同的条件，建立变形协调方程，求解基本未知量，从而将超静定结构的求解转化为静定结构的计算。

9.2.2 力法应用举例

力法计算超静定结构的步骤如下：

1. 确定超静定次数 n 和多余约束反力 X_i（$i=1$，$2\cdots n$），建立基本结构和基本体系；

2. 根据基本体系与原结构在多余约束处位移相等的条件，建立力法基本方程；

3. 分别作出基本结构在单位多余约束力 $\overline{X}_i=1$（$i=1$，$2\cdots n$）和荷载作用下的内力图，计算力法基本方程中的系数和自由项；

4. 求解力法基本方程，得到多余约束力 X_i（$i=1$，$2\cdots n$）；

5. 由基本结构的平衡条件或叠加法绘制原结构的内力图。

对于梁和刚架，力法基本方程中的系数和自由项可采用图乘法计算；对于超静定桁架，则需根据轴力列表计算，详见后文算例。

【**例9-1**】**超静定梁** 试作如图9-10（a）所示连续梁的弯矩图，EI 为常数。

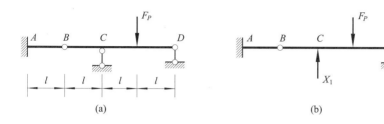

图 9-10

【解】（1）确定超静定次数，选取力法基本结构、确定基本体系

图示梁为 1 次超静定，去掉支杆 C，基本未知量为 X_1，基本体系如图 9-9（b）所示。

（2）基本体系 C 处竖向位移应为零，建立力法基本方程如下：

$$\varDelta_1=0$$

即：

$$\delta_{11}X_1+\varDelta_{P1}=0$$

（3）作弯矩图，计算系数和自由项

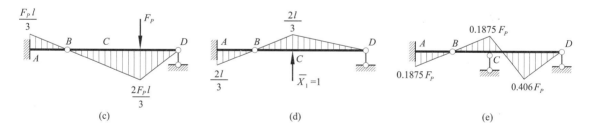

(c)   (d)   (e)

作 M_P、$\overline{M}_1$ 图，如图9-9（c、d）所示，由图乘法计算 δ_{11}、$\varDelta_{P1}$：

图 9-10（续图）
(c) M_P 图；
(d) $\overline{M}_1$ 图；
(e) M 图

$$\delta_{11}=\frac{1}{EI}\left(\frac{1}{2}\times 2l\times\frac{2}{3}l\times\frac{2}{3}\times\frac{2}{3}l+\frac{1}{2}\times l\times\frac{2}{3}l\times\frac{2}{3}\times\frac{2}{3}l\times 2\right)=\frac{16l^3}{27EI}$$

$$\varDelta_{P1}=-\frac{1}{EI}\left(\frac{1}{2}\times\frac{1}{3}F_Pl\times l\times\frac{4}{9}l+\frac{1}{2}\times\frac{1}{3}F_Pl\times l\times\frac{4}{9}l+\frac{1}{2}\times\frac{2}{3}F_Pl\times l\times\frac{2}{9}l+\right.$$

$$\left.l\times\frac{1}{3}F_Pl\times\frac{1}{2}l+\frac{1}{2}\times\frac{1}{3}F_Pl\times l\times\frac{4}{9}l\right)=-\frac{25F_Pl^3}{54EI}$$

（4）解力法基本方程，求得基本未知量。

$$X_1=-\frac{\varDelta_{P1}}{\delta_{11}}=0.781F_P\ (\uparrow)$$

X_1 为正值，表明支座 C 的约束反力与假设方向相同，即竖直向上。

（5）作原结构弯矩图。

采用叠加原理，由$M=\overline{M}_1X_1+M_P$，得原结构弯矩图，如图9-9（e）所示。

【例9-2】2次超静定刚架 试作图9-11（a）所示超静定刚架的内力图。

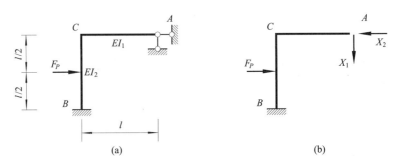

图9-11

（a）　　　　　　　　　（b）

【解】（1）确定超静定次数，选取力法基本结构、确定基本体系

该刚架为2次超静定，去掉A处2个支杆，基本未知量为X_1、X_2，基本体系如图9-10（b）所示。

（2）建立力法基本方程

基本体系在A点沿X_1和X_2方向的位移Δ_1和Δ_2都应等于零，即：

$$\left.\begin{array}{l}\Delta_1=0\\\Delta_2=0\end{array}\right\}$$

如图9-12所示，给出了原结构的变形图（图9-12a）以及荷载、X_1和X_2单独作用在基本结构上的变形图（图9-12c~d）。可见，基本体系A结点在X_1和X_2方向的位移由荷载、多余约束力X_1和X_2单独作用在基本结构上的相应位移叠加而成，即：

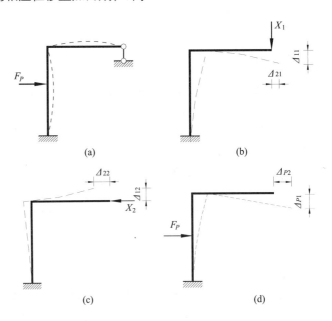

图9-12

（a）　　　　　　　　　（b）

（c）　　　　　　　　　（d）

$$\left.\begin{array}{l}\varDelta_1 =\varDelta_{11} +\varDelta_{12} +\varDelta_{P1} =0\\ \varDelta_2 =\varDelta_{21} +\varDelta_{22} +\varDelta_{P2} =0\end{array}\right\}$$

进一步地，沿 X_1 和 X_2 方向分别作用单位力，则上述位移条件可表示为：

$$\left.\begin{array}{l}\varDelta_1 = \delta_{11}X_1 + \delta_{12}X_2 +\varDelta_{P1} =0\\ \varDelta_2 = \delta_{21}X_1 + \delta_{22}X_2 +\varDelta_{P2} =0\end{array}\right\}$$

此即该问题的力法基本方程。

（3）计算系数和自由项

作基本结构的弯矩图 M_P 图、$\overline{M}_1$ 和 $\overline{M}_2$ 图，如图 9-13（a~c）所示，计算系数和自由项：

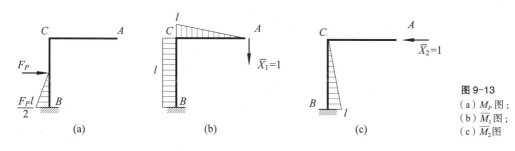

图 9-13
（a）M_P 图；
（b）$\overline{M}_1$ 图；
（c）$\overline{M}_2$ 图

$$\delta_{11} = \frac{1}{EI_1}\left(\frac{1}{2}\times l\times l\times\frac{2}{3}\times l\right)+ \frac{1}{EI_2}\left(l\times l\times l\right)= \frac{l^3}{3}\left(\frac{1}{EI_1}+\frac{3}{EI_2}\right)$$

$$\delta_{22}= \frac{1}{EI_2}\left(\frac{1}{2}\times l\times l\times\frac{2}{3}\times l\right)= \frac{l^3}{3EI_2}$$

$$\delta_{12}= \delta_{21}=-\frac{1}{EI_2}\left(\frac{1}{2}\times l\times l\times l\right)=-\frac{l^3}{2EI_2}$$

$$\varDelta_{P1} = \frac{1}{EI_2}\left(\frac{1}{2}\times\frac{1}{2}l\times\frac{1}{2}F_Pl\times l\right)= \frac{F_Pl^3}{8EI_2}$$

$$\varDelta_{P2}=-\frac{1}{EI_2}\left(\frac{1}{2}\times\frac{1}{2}l\times\frac{1}{2}F_Pl\times\frac{5}{6}l\right)=-\frac{5F_Pl^3}{48EI_2}$$

（4）解力法基本方程，求得基本未知量

将系数和自由项代入力法基本方程，有：

$$\left.\begin{array}{l}\dfrac{1}{EI_2}\left(\dfrac{l^3}{3}X_1\right)+ \dfrac{1}{EI_2}\left(l^3X_1-\dfrac{l^3}{2}X_2+\dfrac{F_Pl^3}{8}\right)=0\\[3mm] \dfrac{1}{EI_2}\left(-\dfrac{l^3}{2}X_1+\dfrac{l^3}{3}X_2-\dfrac{5F_Pl^3}{48}\right)=0\end{array}\right\}$$

将上式两端同乘以 EI_2/l^3，整理得：

$$\left.\begin{array}{l}\dfrac{EI_2}{EI_1}\left(\dfrac{1}{3}X_1\right)+X_1-\dfrac{1}{2}X_2+\dfrac{F_P}{8}=0\\[3mm] -\dfrac{1}{2}X_1+\dfrac{1}{3}X_2-\dfrac{5F_P}{48}=0\end{array}\right\}$$

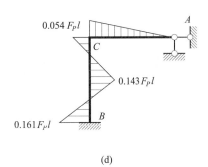

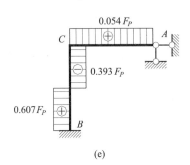

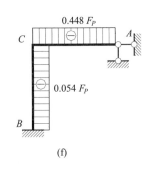

(d)

(e)

(f)

图 9-13（续图）
(d) M 图；
(e) F_Q 图；
(f) F_N 图

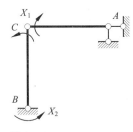

图 9-14

若令 $EI_2/EI_1=1$，可得：$X_1=0.054F_P$（↓），$X_2=0.393F_P$（←）。

（5）作原结构内力图

根据叠加原理 $M=\overline{M}_1 X_1+\overline{M}_2 X_2+M_P$ 绘制原结构弯矩图如图 9-12（f）所示，再由弯矩图绘制剪力图和轴力图，如图 9-13（d~f）所示。

该刚架的基本结构还可取为三铰刚架，如图 9-14 所示，即去掉 B、C 处的转动约束代以约束力偶矩，基本未知量为两对力偶矩。读者可自行比较两种基本体系求解的繁简程度。

由上述计算过程可知，若改变梁和柱的抗弯刚度之比（EI_2/EI_1），多余未知力以及原结构的内力会发生改变。若同时改变各杆的抗弯刚度，但保持其比值不变，则结构内力不会发生变化。可见，在荷载作用下，超静定刚架的内力与各杆刚度的相对比值有关，而与各杆刚度的绝对值无关。此为超静定结构内力分布的重要特性。

【例 9-3】超静定桁架 计算如图 9-15（a）所示超静定桁架的内力，各杆 $EA=$ 常数。

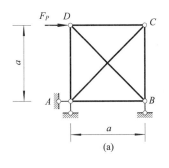

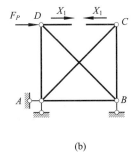

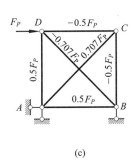

(a)

(b)

(c)

图 9-15

【分析】 由于桁架各杆中只有轴力，因此，在计算系数和自由项时只需考虑轴力的影响。原桁架结构的轴力分布同样可由叠加原理得到，即：

$$N=\overline{F}_{N1}X_1+\overline{F}_{N2}X_2+\cdots+\overline{F}_{Nn}X_n+F_{NP}$$

【解】（1）该桁架为 1 次超静定，切断上弦杆 CD，代以一对大小相等、方向相反的轴力 X_1，基本体系如图 9-14（b）所示；

（2）杆 CD 在切口处两截面的相对线位移为零，可建立力法基本方程如下：

$$\Delta_1=\Delta_{11}+\Delta_{P1}=\delta_{11}X_1+\Delta_{P1}=0$$

（3）计算系数及自由项

采用表格形式计算桁架的系数与自由项。先分别求出单位多余约束力和荷载单独作用时基本结构的轴力 $\overline{F}_{NPi}$、$\overline{F}_{Ni}$，i 为杆件编号，填入表 9-1 中。再按下式计算分别的系数和自由项：

$$\delta_{11}=\sum_i \frac{(\overline{F}_{Ni})^2 l_i}{EA}, \quad \Delta_{P1}=\sum_i \frac{\overline{F}_{Ni}F_{NPi}l_i}{EA}$$

由于各杆 EA 相同，计算时最终会消去，因此表中未考虑。

（4）求解基本未知量

$$X_1=-\frac{\Delta_{P1}}{\delta_{11}}=\frac{(2\sqrt{2}+2)F_P a}{(4\sqrt{2}+4)a}=-\frac{1}{2}F_P \text{（轴压力）}$$

（5）求原结构轴力

采用叠加法求原结构轴力，列于表 9-1 最后一列。桁架的轴力图如图 9-15（c）所示。

超静定桁架的计算 表 9-1

杆件	$\overline{F}_{Ni}$	F_{NPi}	l_i	$\overline{F}_{Ni}F_{NPi}l_i$	$(\overline{F}_{Ni})^2 l_i$	$F_{Ni}=\overline{F}_{Ni}X_1+F_{NPi}$
AB	1	F_P	a	$F_P a$	a	$0.5F_P$
BC	1	0	a	0	a	$-0.5F_P$
CD	1	0	a	0	a	$-0.5F_P$
DA	1	F_P	a	$F_P a$	a	$0.5F_P$
AC	$-\sqrt{2}$	0	$\sqrt{2}a$	0	$2\sqrt{2}a$	$0.707F_P$
BD	$-\sqrt{2}$	$-\sqrt{2}F_P$	$\sqrt{2}a$	$2\sqrt{2}Pa$	$2\sqrt{2}a$	$-0.707F_P$
Σ				$(2\sqrt{2}+2)F_P a$	$(4\sqrt{2}+4)a$	

【例 9-4】支座转动下超静定梁的内力 如图 9-16（a）所示单跨超静定梁，无荷载作用，支座 A 发生顺时针转角 θ。试分析该梁的内力和变形，已知 $EI=$ 常数。

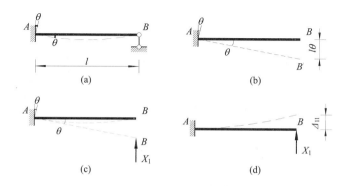

图 9-16

【分析】我们先比较静定梁的情形，如图 9-16（b）所示悬臂梁，若支座 A 转动，整个梁将随之做刚体转动，B 点移动到 B'，梁的位移不受约束，悬臂梁有位移，但没有变形、支座反力和内力。而对于超静定梁（图 9-16a），B 点的移动将受到支杆的约束，相当于在图 b 的结点 B 处施加了约束力 X_1，使 B 点的竖向位移为零，杆件随之产生弯曲变形，挠曲线下凸，如图 9-16（c）所示。那么，梁上是否也产生了其他支座反力和内力呢？下面我们采用力法来分析。

【解】（1）体系为 1 次超静定，选取悬臂梁为基本结构（图 9-16b），梁上无荷载，基本体系如图 9-15（d）所示。

（2）基本体系在 B 处的竖向位移为零，即：$\Delta_1=0$。

Δ_1 由支座 A 转动引起的位移 Δ_{1B}（图 9-16b）和 X_1 单独作用的位移 Δ_{11}（图 9-16d）组成，则：

$$\delta_{11}X_1+\Delta_{1B}=0$$

（3）系数 δ_{11} 可由单位弯矩图（图 9-17a）图乘得到：

$$\delta_{11}=\frac{1}{2EI}l^2\times\frac{2}{3}l=\frac{1}{3EI}l^3$$

转角很小时，$\Delta_{1B}=-l\theta$，负号表示 Δ_{1B} 的方向与 X_1 相反。则力法基本方程为：

$$\frac{l^3}{3EI}X_1-l\theta=0$$

（4）解方程得：

$$X_1=\frac{3E\theta}{l^2}$$

原结构的弯矩和剪力如图 9-17（b、c）所示。支座 A 处的约束力矩为 $\frac{3EI\theta}{l}$，顺时针。

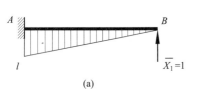
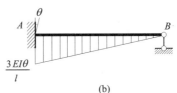
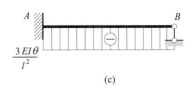

(a)　　　　　　　　　　(b)　　　　　　　　　　(c)

图 9-17
(a) $\overline{M}_1$ 图；
(b) M 图；
(c) F_Q 图

可见，由于结构位移受到多余约束的限制，支座转动会引起超静定梁的支座反力和内力。同样地，支座沉降差、温度变化以及装配误差等（统称为非荷载因素）也会使超静定结构产生内力和支座反力。如图 9-18（a）所示连续梁，支座之间有竖向沉降差，该移动受到多余约束的限制，不能自由发展，从而使结构产生变形和内力。如图 9-18（b）所示，梁的上下温升不一致，存在温差，梁受到升温影响整体伸长的同时，上侧纤维伸长大于下侧，梁有向下弯曲的趋势，由于受多余约束限制，该变形趋势得不到发展，为使梁截面总体伸长一致，高温一侧会被压缩，低温一侧反而被拉伸。这也是为什么寒冷地区结构外墙容易出现裂缝的原因。

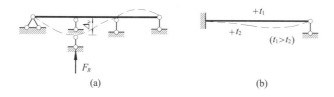

(a)　　　　　　　　　(b)　　　　　　　　图 9-18

以上算例还显示，由非荷载因素引起的超静定结构的内力与杆件刚度的绝对大小（EI）有关。杆件刚度越大，结构变形受到的约束越大，内力也越大。

【例 9-5】2 次超静定梁的内力　如图 9-19（a）所示两端固定单跨超静定梁，满跨作用均布荷载，试分析该梁的内力和变形，已知 $EI=$ 常数。

【分析】该梁的超静定次数为 3 次，选取基本结构如图 9-19（b）所示，由于梁上无轴向荷载，小变形条件下，没有水平约束反力，因此，$X_3=0$，力法的实际基本未知量只有 X_1 和 X_2。梁两端为固定支座，没有位移和转角，荷载使杆件向下挠曲，近支座处弯曲变形逐渐趋近于零，因此，整体变形为跨中向下挠曲，靠近支座处反向弯曲，如图 9-19（a）中虚线所示。

【解】（1）确定超静定次数，选取力法基本结构、确定基本体系

如图 9-19（b）所示。

（2）建立力法基本方程

基本体系在支座 A、B 处的转角 $\varDelta_1$ 和 $\varDelta_2$ 都应等于零，即：

$$\left.\begin{array}{l}\varDelta_1=0\\\varDelta_2=0\end{array}\right|$$

荷载与 X_1 分别作用时，基本结构的变形如图 9-19（c、d）中虚线所示，X_2 单独作用的变形图与 X_1 单独作用时是对称的。基本体系在支座 A、B 处的转角由荷载、X_1 和 X_2 分别作用所产生的位移叠加而成，即：

$$\left.\begin{array}{l}\varDelta_1=\varDelta_{11}+\varDelta_{12}+\varDelta_{P1}=0\\\varDelta_2=\varDelta_{21}+\varDelta_{22}+\varDelta_{P2}=0\end{array}\right|$$

沿 X_1 和 X_2 方向分别作用单位力，则上述位移条件可进一步表示为：

$$\left.\begin{array}{l}\varDelta_1=\delta_{11}X_1+\delta_{12}X_2+\varDelta_{P1}=0\\\varDelta_2=\delta_{21}X_1+\delta_{22}X_2+\varDelta_{P2}=0\end{array}\right|$$

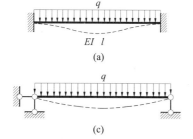

(a)

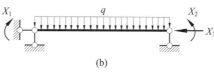

(b)

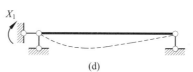

(c)　　　　　　　　　(d)

图 9-19

(a) 两端固定单跨梁；

(b) 基本体系；

(c) 荷载作用下基本结构的变形；

(d) X_1 作用下基本结构的变形

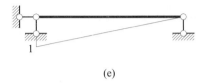

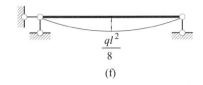

图 9-19（续图）
(e) M_P 图；
(f) $\overline{M}_1$ 图

　　（3）计算系数和自由项

　　作基本结构的荷载作用 M_P 图和单位力作用 $\overline{M}_1$ 图（$\overline{M}_2$ 图与 $\overline{M}_1$ 图对称，故略去），如图 9-19（e、f）所示，计算系数和自由项：

$$\delta_{11}=\delta_{22}=\frac{1}{EI}\left(\frac{1}{2}\times l\times1\times\frac{2}{3}\right)=\frac{l}{3EI}$$

$$\delta_{12}=\delta_{21}=\frac{1}{EI}\left(\frac{1}{2}\times l\times1\times\frac{1}{3}\right)=\frac{l}{6EI}$$

$$\Delta_{P1}=\Delta_{P2}=\frac{1}{EI}\left(\frac{2}{3}\times l\times\frac{1}{8}ql^2\times\frac{1}{2}\right)=\frac{ql^3}{24EI}$$

　　（4）解力法基本方程，求得基本未知量

　　将系数和自由项代入力法基本方程，有：

$$\left.\begin{array}{l}\dfrac{l}{3EI}X_1+\dfrac{l}{6EI}X_2+\dfrac{ql^3}{24EI}=0\\[3mm]\dfrac{l}{6EI}X_1+\dfrac{l}{3EI}X_2+\dfrac{ql^3}{24EI}=0\end{array}\right\}$$

　　解得：$X_1=X_2=-ql^2/12$（梁端上侧受拉）

　　原结构的弯矩和剪力如图 9-19（g、h）所示。对比弯矩图和变形图可以看出，跨中杆件下侧受拉，挠曲线下凸；近支座处杆件上侧受拉，挠曲线反向。

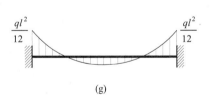

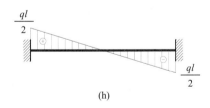

图 9-19（续图）
(g) M 图；
(h) F_Q 图

9.3　位移法

9.3.1　位移法概述

　　由【例 9-4】和【例 9-5】可知，单跨超静定梁在荷载作用以及支座的移动和转动下都会产生变形和内力。无其他作用时，支座位移与梁的变形和内力是一一对应的，即由支座位移可以唯一确定梁的变形形式，从而确定梁的内力分布；荷载单独作用时，梁的变形和内力也是唯一确定的。因此，在线弹性小变形条件下，若已知单跨梁上的荷载与支座位移，就可以将荷载和支座移动引起的位移进行叠加，从而确定杆件的变形和内力。由此就产生了结构分析的位移法。位移法也是目前在大型工程结构中广泛采用的有限元法的基础。

如图 9-20（a）所示刚架，在荷载作用下，杆件发生了弯曲变形和轴向变形，通常，轴向变形对结构整体变形和其他内力影响很小，可以忽略。由于杆件的弯曲变形，结点 B 会产生转角 θ_B 和水平位移 $\varDelta_B$。我们可以在刚结点 B 处将结构拆分为两段单跨梁，其中 AB 杆可视为两端固定单跨超静定梁，其最终变形 / 内力相当于均布荷载单独作用的变形 / 内力加上结点 B 的转动和移动引起的变形 / 内力（图 9-20b）。BC 杆相当于一端固定一端铰支单跨梁，其变形与内力的确定与 AB 杆类似（图 9-20c）。AB 杆和 BC 杆由荷载单独作用产生的内力容易确定，如【例 9-5】所示。于是，结点 B 的位移就成了确定结构内力的关键。

把结点 B 的位移当作杆件 AB 和 BC 的相应支座位移，就可以得到两杆的杆端内力表达式，参见【例 9-4】、【例 9-5】，其中各杆的内力都是未知结点位移 θ_B 和 $\varDelta_B$ 的函数。

由结点 B 和杆件 BC 的平衡条件（图 9-20d、e）可得：

$$M_{BA}+M_{BC}=0；\quad F_{QAB}=0$$

将各杆的内力代入，就得到关于结点位移的方程，解之便可确定结点位移，从而得到结构内力。这就是位移法的大致思路。

位移法，顾名思义，就是以结点位移为基本未知量的结构分析方法，其关键有三：①确定基本未知量；②建立结点位移与杆件内力的关系；③建立求解结点位移的补充方程。

位移法计算杆系结构的基本思想即为：以结点位移为突破口，寻求结点位移需满足的条件，求解结点位移，再由结点位移得到杆件内力，最后组装成结构整体的内力。

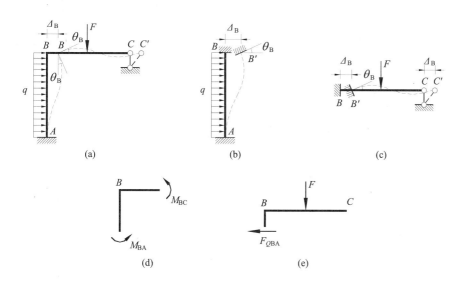

(a)　　　　　(b)　　　　　(c)

(d)　　　　　(e)

图 9-20　位移法基本原理示意图

9.3.2 位移法的基本未知量

位移法的基本未知量是结构的独立结点位移，它需要满足两个条件：各结点位移相互独立，由全部的结点位移能唯一确定结构的变形与内力。因此，位移法基本未知量既要全面又不能重复。

平面内，1 个刚结点（不包括固定支座）有 3 个独立位移，包括 2 个线位移和 1 个转角；1 个铰结点有 2 个独立线位移，铰结点不计转角位移，因为铰结点处弯矩为零，不约束所连接杆件的相对转动，杆件在铰结点处各自的转角不相同；支座的位移不作为独立结点位移。

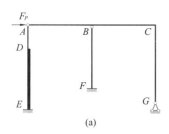
(a)

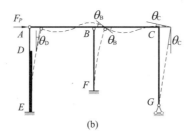
(b)

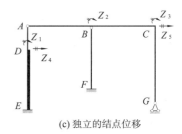
(c) 独立的结点位移

图 9-21　结构独立结点位移的确定

刚结点既可以是结构实际的构造结点，如梁—柱结点，也可以是人为指定的杆件任意截面，如阶梯形变截面杆件的截面突变处、集中荷载作用处等都可以当作刚结点。

如图 9-21（a）所示框架结构，可视为由 6 根杆件组成：ED、DA、AB、BF、BC 和 CG，其中，C 和 D 为刚结点，A 为铰结点，B 是组合结点，连接杆 AB 和 BC 的是刚结点，连接杆 FB 和 AB 的是铰结点。通常，杆件的轴向变形和轴力对结构的内力和整体变形影响很小，为简化计算，可予以忽略，而只考虑杆件弯曲变形引起的结点位移。则如图 9-21（b）所示结构的独立结点位移可确定如下：刚结点 B、C、D 的独立转角位移数为 3 个；不计柱的轴向变形，各结点没有竖向位移；柱的弯曲使结点 D、A、B、C 产生水平位移，但 AB、BC 杆不计轴向变形，A、B、C 三个结点的水平位移相同，如图 9-21（b）所示。最终，结构总的独立结点位移数为 5 个：D、B、C 的转角，D 的水平位移以及 ABC 杆的整体水平位移，标示如图 9-21（c）所示。其中，"⤵" 表示结点转角，"⇥" 表示结点线位移，记作 Z_i，$i=1,2,\cdots$ 是独立结点位移编号。

综上，若不计杆件轴力和轴向变形的影响，位移法基本未知量的确定方法为：

1. 不计支座结点位移，如图 9-21（a）所示，不计 E、F、G 支座位移；

2. 一个刚结点（包括人为设置的刚结点）有一个转角位移；

3. 杆件弯曲使结点（包括铰结点和刚结点）产生横向位移（垂直于杆件轴线的位移）；

4. 沿同一轴线的结点线位移相同，如结点 A、B、C 的水平位移相同。

位移法的基本结构就是拆解的一组单跨超静定梁，其支座形式根据杆件所连接的结构支座和结点形式确定，以刚结点连接的视为固定支座、以铰结点连接的视为铰支座。

位移法的基本体系是施加相应支座位移和荷载的单跨超静定梁。各单跨梁的支座位移就是对应的结构的结点位移，这意味着位移法的基本体系是天然满足结构变形协调条件的。图 9-21（b）和图 9-21（c）就是图 9-21（a）所示框架的位移法基本体系。

在位移法中，被拆解的单跨梁也被称为单元，下文将采用这一术语。

9.3.3 杆件的转角位移方程和杆端内力

位移法的第二个关键是杆件单元内力与结点位移的关系，称为单跨超静定梁的转角位移方程。

为建立单跨梁的内力与结点位移的关系，需首先确立杆件的隔离体受力图。如图 9-22（a）所示。两端固定单跨梁，支座发生转动与相对移动。靠近支座 A、B 做截面，截取隔离体如图 9-22（b）所示。其中，杆件两端与支座相对应的位移又称为**杆端位移**。杆端转角以顺时针为正，反之为负；两个杆端的相对横向位移，以使两端顺时针错动为正，反之为负；不计轴向位移。

隔离体中暴露的内力称为**杆端内力**，杆端内力与相应支座反力构成作用力与反作用力。其中，杆端内力采用双下标标记，第一个下标表示内力所在杆端结点，第二个下标表示远端结点。杆端内力正负号的规定与杆端位移相同。

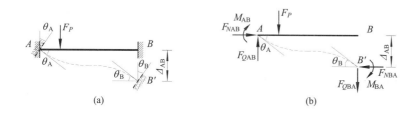

(a)	(b)

图 9-22 支座位移下的两端固定单跨超静定梁
(a) 支座位移与变形；
(b) 杆端内力与杆端位移

对于如图 9-22 所示等截面直杆，若已知杆长 l，截面抗弯刚度 EI。分别令其杆端转角 $\theta_{AB}=\theta_{AB}=1$、杆端相对位移 $\Delta_{AB}=1$，采用力法求出相应的杆端内力，参见【例 9-4】，列于表 9-2 中，表中还给出了其他支座形式的单跨梁杆端内力。单跨梁在单位杆端位移下的杆端内力，也称为**形常数**，表示这一杆端内力仅由杆端位移引起，与荷载无关。表中，$i=EI/l$，表示单位长度杆件抗弯刚度，称为杆件的线刚度。

由表 9-2 可见，由支座位移引起的杆件内力图都是直线图形，连接杆端内力即可得到。若单元为静定的悬臂杆或简支杆，其形常数为零。

根据形常数表，如图 9-22（a）所示单跨梁在支座位移下的杆端内力可以采用叠加原理计算，即：

$$M_{AB}=4i\theta_A+2i\theta_B-6i\frac{\Delta_{AB}}{l}$$

$$M_{BA}=2i\theta_A+4i\theta_B-6i\frac{\Delta_{AB}}{l}$$

$$F_{QAB}=-\frac{6i\theta_A}{l}-\frac{6i\theta_B}{l}+\frac{12i\Delta_{AB}}{l^2}$$

$$F_{QAB}=-\frac{6i\theta_A}{l}-\frac{6i\theta_B}{l}+\frac{12i\Delta_{AB}}{l^2}$$

（9-10）

上式就称为**等截面直杆的转角位移方程**，反映了杆端内力与杆端位移之间的关系，是位移法的重要方程。

由式（9-10）还可知：

$$F_{QAB}=F_{QAB}$$
$$M_{AB}+M_{BA}+l\times F_{QAB}=0$$

（9-11）

即杆端内力满足平衡条件。

不同支座约束条件下单跨梁的形常数　　　　表 9-2

类别	杆端位移与变形	弯矩图	杆端弯矩		杆端剪力	
			M_{AB}	M_{BA}	F_{QAB}	F_{QBA}
两端固定单跨梁	$\theta=1$　A　B　l	$2i$　$4i$	$4i$	$2i$	$-\dfrac{6i}{l}$	$-\dfrac{6i}{l}$
	A　B　l	$6i/l$　$6i/l$	$-\dfrac{6i}{l}$	$-\dfrac{6i}{l}$	$\dfrac{12i}{l^2}$	$\dfrac{12i}{l^2}$
一端固定一端铰支单跨梁	$\theta=1$　A　B　l	$3i$	$3i$	0	$-\dfrac{3i}{l}$	$-\dfrac{3i}{l}$
	A　B　l	$3i/l$	$-\dfrac{3i}{l}$	0	$\dfrac{3i}{l^2}$	$\dfrac{3i}{l^2}$
一端固定一端定向约束单跨梁	$\theta=1$　B　A　l	i　i	i	$-i$	0	0
	B　A　$\theta=1$	i　i	$-i$	i	0	0

不同支座约束条件下单跨梁的载常数　　　　表 9-3

类别	荷载与变形	弯矩图	固端弯矩		固端剪力	
			M^F_{AB}	M^F_{BA}	F^F_{QAB}	F^F_{QBA}
两端固定单跨梁	F_P，$l/2$，l	$F_P l/8$，$F_P l/8$	$-\dfrac{F_P l}{8}$	$\dfrac{F_P l}{8}$	$\dfrac{F_P}{2}$	$-\dfrac{F_P}{2}$
	q，l	$ql^2/12$，$ql^2/12$	$-\dfrac{ql^2}{12}$	$\dfrac{ql^2}{12}$	$\dfrac{ql}{2}$	$-\dfrac{ql}{2}$
一端固定一端铰支单跨梁	F_P，$l/2$，$l/2$	$3F_P l/16$	$-\dfrac{3}{16}F_P l$	0	$\dfrac{11}{16}F_P$	$-\dfrac{5}{16}F_P$
一端固定一端铰支单跨梁	q，l	$ql^2/8$	$-\dfrac{ql^2}{8}$	0	$\dfrac{5}{8}ql$	$-\dfrac{3}{8}ql$
	M，l	M，$M/2$	$\dfrac{M}{8}$	M	$-\dfrac{3}{2l}M$	$-\dfrac{3}{2l}M$
一端固定一端定向单跨梁	F_P，l	$F_P l/2$，$F_P l/2$	$-\dfrac{F_P l}{2}$	$-\dfrac{F_P l}{2}$	F_P	$F^{左}_{QB}=F_P$ $F^{右}_{QB}=0$
一端固定一端定向单跨梁	q，l	$ql^2/3$，$ql^2/6$	$-\dfrac{ql^2}{3}$	$-\dfrac{ql^2}{6}$	ql	0

　　由荷载单独作用引起的杆端内力称为**固端内力**或**载常数**，同样可由力法求得。为示区别，将固端弯矩记作 M^F_{AB} 和 M^F_{BA}，固端剪力记作 F^F_{QAB} 和 F^F_{QBA}，正负号规定同前。表 9-3 给出了不同单跨梁在常见荷载下的载常数。

　　杆端位移与荷载共同作用下的单跨梁的杆端力同样可由叠加原理得到，即在式（9-10）基础上加上荷载产生的固端内力，如下：

$$M_{AB}=4i\theta_A+2i\theta_B-6i\frac{\Delta_{AB}}{l}+M^F_{AB}$$

$$M_{BA}=2i\theta_A+4i\theta_B-6i\frac{\Delta_{AB}}{l}+M^F_{BA}$$

$$F_{QAB}=-\frac{6i\theta_A}{l}-\frac{6i\theta_B}{l}+\frac{12i\Delta_{AB}}{l^2}+F^F_{QAB}$$

$$F_{QAB}=-\frac{6i\theta_A}{l}-\frac{6i\theta_B}{l}+\frac{12i\Delta_{AB}}{l^2}+F^F_{QBA}$$

（9-12）

上式可称为**单元杆端力方程**，包含了单元荷载与杆端位移的共同影响。

需注意，表 9-2 和表 9-3 中的形常数和载常数的方向是与表中杆件的支座位移和荷载方向相对应的，使用时需针对实际结点位移（或杆端位移）与荷载方向确定正负。

9.3.4 位移法基本方程

如何建立独立结点位移满足的补充方程，即位移法的基本方程，是位移法的最终关键。

如图 9-23（a）所示结构，已知各杆的线刚度相同，为 i。可以判断结构有一个独立结点位移即刚结点 A 的转角 Z_1，将结构拆分为 AB、AC 和 AD 三个单元。

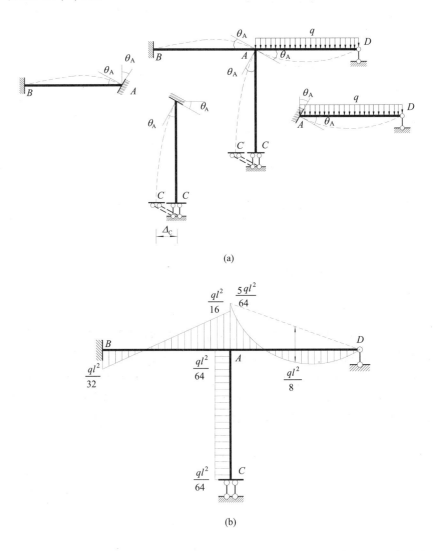

图 9-23
（a）结构及其拆分示意图；
（b）弯矩图

根据单元转角位移方程以及载常数，分别列出三个单元的杆端内力表达式，如下：

$$AB \text{ 杆：} \left. \begin{array}{l} M_{AB}=4iZ_1 \\ M_{BA}=2iZ_1 \end{array} \right\} ; \qquad \text{（a）}$$

$$AC \text{ 杆：} M_{AC}=-M_{CA}=i\theta_A=iZ_1 ; \qquad \text{（b）（9-13）}$$

$$AD \text{ 杆：} \left. \begin{array}{l} M_{AD}=3iZ_1-\dfrac{1}{8}ql^2=3iZ_1-\dfrac{1}{8}ql^2 \\ M_{DA}=0 \end{array} \right\} \qquad \text{（c）}$$

由结点 A 的平衡条件 $\sum M_A=0$ 知：

$$M_{AB}+M_{AC}+M_{AD}=0 \qquad \text{（9-14）}$$

将式（9-13）代入上式，得：

$$8iZ_1-\frac{1}{8}ql^2=0 \qquad \text{（9-15）}$$

上式即为位移法基本方程。它表示结点 A 的平衡条件。由于连接于同一结点的杆端位移相同，因此，位移法基本方程也隐含了结构的变形协调条件。

求解方程（9-15），得到结点位移 Z_1，

$$Z_1=ql^2/64i$$

代入式（9-13），得到各单元杆端内力。

应用叠加法做各单元内力图，即以虚线连接杆件两端内力，作为内力图基线，在此基础上叠加荷载作用下简支梁内力图，结构整体弯矩见图 9-23（b）所示。

式（9-15）中，基本未知量 Z_1 的系数称为刚度系数，记作 k_{11}，表示沿 Z_1 方向产生单位位移需要在 Z_1 方向施加的力的大小。刚度系数越大，需要的力也越大，结构抵抗变形的能力就越强。

综上所述，位移法计算杆系结构的基本思想就是先"拆"再"装"。即：

先将结构拆为若干杆件单元（单跨超静定梁），单元支座形式由结点和结构支座确定；

根据结点位移以及荷载情况，建立单元杆端力方程；

由结点和杆件平衡条件，建立位移法基本方程；

求解方程，得到结点位移，从而确定单元杆端内力，得到结构整体内力。

9.3.5 位移法应用举例

【例 9-6】试用位移法计算如图 9-24（a）所示连续梁的内力，已知各杆 EI 为常数。

【分析】该结构只有 1 个刚结点 B，忽略杆件轴向变形，只有 1 个独立转角位移，可以拆为 2 个杆件单元。

【解】（1）确定基本未知量

该连续梁的基本未知量为结点 B 的转角 θ_B，如图 9-24（b）所示。

（2）拆分单元，建立单元转角位移方程

拆分为单元 AB 和 BC，如图 9-24（c、d）所示，查表 9-2、表 9-3，

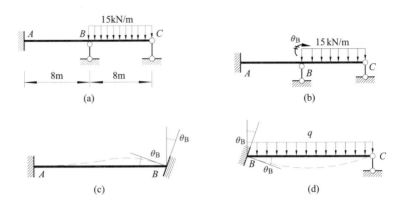

图 9-24

得各杆的杆端力表达式：

$$
单元\,AB
\begin{cases}
M_{AB}=2i\theta_B \\
M_{BA}=4i\theta_B \\
F_{QAB}=-\dfrac{6i\theta_B}{l} \\
F_{QBA}=-\dfrac{6i\theta_B}{l}
\end{cases}
\quad
单元\,BC
\begin{cases}
M_{BC}=3i\theta_B-\dfrac{ql^2}{8} \\
M_{CB}=0 \\
F_{QBC}=-\dfrac{3i\theta_B}{l}+\dfrac{5ql}{8} \\
F_{QCB}=-\dfrac{3i\theta_B}{l}-\dfrac{3ql}{8}
\end{cases}
$$

（3）根据平衡条件，建立位移法基本方程：

根据结点 B 的力矩平衡条件 $\sum M_B=0$，建立位移法基本方程，如下：

$$M_{BA}+M_{BC}=0$$

则：

$$4i\theta_B+3i\theta_B-120=0$$

（4）解方程，求基本未知量：

$$\theta_B=\frac{17.143}{i}\quad（顺时针）$$

（5）计算单元杆端力，绘制结构内力图

将求得的结点位移带入单元杆端力表达式，则得各杆端内力为：

$$
单元\,AB
\begin{cases}
M_{AB}=34.29\text{kN}\cdot\text{m} \\
M_{BA}=68.57\text{kN}\cdot\text{m} \\
F_{QAB}=F_{QBA}=-12.86\text{kN}
\end{cases}
\quad
单元\,BC
\begin{cases}
M_{BC}=-68.57\text{kN}\cdot\text{m} \\
M_{CB}=0 \\
F_{QBC}=68.57\text{kN} \\
F_{QCB}=-51.43\text{kN}
\end{cases}
$$

结构内力图可根据叠加原理绘制，即先以虚线连接各杆端截面内力值，作为内力图新基线，在此基础上，叠加荷载作用下的简支梁内力，并以实线连接，得到最终内力图。结构内力图如图 9-24（e、f）所示。

图 9-24（续图）
(e) M 图（kN·m）；
(f) F_Q 图（kN）

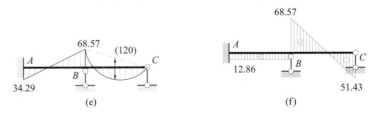

【例9-7】试用位移法计算如图9-25所示的刚架，并作内力图。

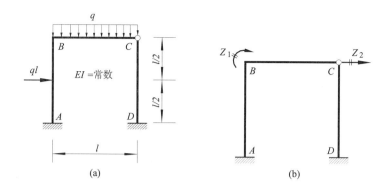

图 9-25
（a）图无名称；
（b）基本未知量

【分析】该结构有 1 个刚结点和 1 个铰结点，刚结点处有 1 个转角位移；忽略柱的轴向变形，BC 杆有整体水平位移，因此，结构有 2 个独立结点位移，可以拆分为 3 个单元。

【解】（1）确定基本未知量

结构的基本未知量为结点 B 的转角和横梁的水平位移，记作 Z_1、Z_2，如图 9-25（b）所示。

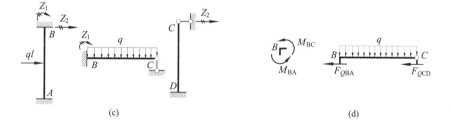

图 9-25（续图）
（c）位移法基本体系；
（d）平衡条件

（2）拆分单元，建立单元杆端力表达式

如图 9-25（c）所示，将结构拆分为单元 AB、BC 和 CD，令 $i=EI/l$，建立各单元杆端力表达式。

柱单元 BA：$M_{AB}=2iZ_1-6i\dfrac{Z_2}{l}-\dfrac{ql^2}{8}$；$M_{BA}=4iZ_1-6i\dfrac{Z_2}{l}+\dfrac{ql^2}{8}$；

$$F_{QAB}=-\frac{6iZ_1}{l}+\frac{12iZ_2}{l^2}+\frac{ql}{2}；$$

$$F_{QBA}=-\frac{6iZ_1}{l}+\frac{12iZ_2}{l^2}-\frac{ql}{2}$$

梁单元 BC：$M_{BC}=3iZ_1-\dfrac{ql^2}{8}$；$M_{CB}=0$；

$$F_{QBC}=-\frac{3i}{l}Z_1+\frac{5}{8}ql；\quad F_{QCB}=-\frac{3i}{l}Z_1-\frac{3}{8}ql$$

柱单元 CD：$M_{CD}=0$；$M_{DC}=-3i\dfrac{Z_2}{l}$；

$$F_{QCD}=3i\frac{Z_2}{l^2}=F_{QDC}$$

（3）根据平衡条件，建立位移法基本方程

如图9-25（d）所示，取结点B为隔离体，由力矩平衡条件$\sum M_B=0$，得：$M_{BC}+M_{BA}=0$，即：

$$7iZ_1-\frac{6i}{l}Z_2=0 \tag{a}$$

取横梁BC为隔离体，由截面平衡条件$\sum F_x=0$，得：$F_{QBA}+F_{QCD}=0$，即：

$$-\frac{6i}{l}Z_1+\frac{15i}{l^2}Z_2-\frac{ql}{2}=0 \tag{b}$$

（4）求解方程组（a）和（b），得结点位移

$$Z_1=\frac{6}{138i}ql^2, \quad Z_2=\frac{7}{138i}ql^3$$

（5）计算杆端内力

将Z_1和Z_2代回杆端内力表达式，可得：

$$M_{AB}=-\frac{63}{184}ql^2, \quad M_{BA}=-\frac{1}{184}ql^2;$$

$$F_{QAB}=\frac{156}{184}ql, \quad F_{QBA}=-\frac{28}{184}ql;$$

$$M_{BC}=\frac{1}{184}ql^2, \quad M_{DC}=-\frac{28}{184}ql^2;$$

$$F_{QBC}=\frac{91}{184}ql, \quad F_{QCB}=-\frac{93}{184}ql;$$

$$F_{QDC}=F_{QCD}=\frac{28}{184}ql$$

（6）作结构内力图

如图9-25（e~g）所示。其中，结构轴力图可由剪力图根据结点平衡条件得到。

图9-25（续图）

（e）M图（$\times\frac{ql^2}{184}$）;

（f）F_Q图（$\times\frac{ql}{184}$）;

（g）F_N图（$\times\frac{ql}{184}$）

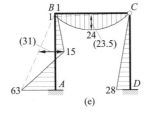
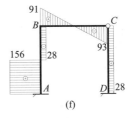
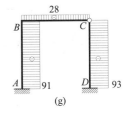

综上，位移法进行杆系结构内力分析的步骤为：

1. 确定结构基本未知量即独立的结点位移；

2. 根据结点与支座形式将结构拆分为若干单跨超静定梁，即结构单元；

3. 建立各单元的杆端力方程，注意各单元杆端位移与所连接的结点位移相同；

4. 由结点力矩平衡条件以及杆件的受力平衡条件建立位移法基本方程；

5. 求解方程，得到结点位移；

6. 根据单元杆端力方程计算单元杆端力；

7. 采用分段叠加法绘制结构内力图。

以上算例显示，位移法基本未知量的数目与结构超静定次数无关，只与结点性质、数目以及支座约束有关。因此，位移法既适用于超静定结构，也适用于静定结构。

位移法的基本结构为单跨超静定梁，常见单跨超静定梁只有如表 9-2 所示三类形式。因此，位移法的基本结构具有鲜明的规则性。与之相比，力法的基本结构取决于多余约束的形式，有多种选择方案，规则性差。因此，编程计算大型复杂结构时，多依据位移法。

而手算时，对于结点数多而超静定次数低的结构，可选用力法；反之，则采用位移法。

具有 n 个独立结点位移的结构，其位移法基本方程形式如下：

$$\left.\begin{array}{l} k_{11}Z_1+k_{12}Z_2+\cdots+k_{1n}Z_n+F_{P1}=0 \\ k_{21}Z_1+k_{22}Z_2+\cdots+k_{2n}Z_n+F_{P2}=0 \\ k_{n1}Z_1+k_{n2}Z_2+\cdots+k_{nn}Z_n+F_{Pn}=0 \end{array}\right\} \qquad (9-16)$$

上式表示了在独立结点位移处的平衡条件，方程的个数取决于独立结点位移数。刚度系数 k_{ij}（i，$j=1\sim n$）意义同前，表示其他结点位移被约束时，仅沿第 j 个结点位移方向发生单位位移时，需沿第 i 个结点位移的方向施加的力。F_{iP} 由各杆件的固端力产生，称为自由项。上述方程又称为**结构刚度方程**，位移法也称为**刚度法**。

9.4 连续梁和平面刚架

9.4.1 转动刚度和抗侧刚度

1. 转动刚度

由形常数表 9-2 可知，相同线刚度的单跨梁，约束条件不同，发生单位转角需要的杆端弯矩大小是不同的，表明不同杆端约束对抵抗杆件转动的能力不同。工程中，又将这种杆件对转动的抵抗能力称为杆件的**转动刚度**，大小就等于转动端的杆端弯矩。

例如，一端固定一端铰支的杆件，固定端转动时的转动刚度为 $3EI/l$，铰支端转动时的转动刚度为 $4EI/l$。可见，转动刚度与杆件长度、截面抗弯刚度以及远端对转动的约束能力有关。杆件越细长、杆端转动约束越弱，杆件抵抗转动的能力就越差，反之，就越强。而在超静定结构中，转动刚度越强的杆件，所承担的弯矩也就越大。如图 9-23 所示结构，AB 杆承担的弯矩最大，AC 杆次之，AD 杆最小。

2. 抗侧刚度

由形常数表 9-2 还可知，约束条件不同，发生单位相对侧移需要的杆端剪力也不同。工程中，将杆件抵抗相对侧移的能力称为杆件的**抗侧**

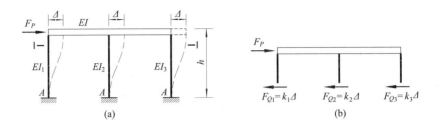

图 9-26

刚度。与转动刚度类似，抗侧刚度也与杆件抗弯刚度、杆件长度及两端约束条件有关。

实际结构中，抗侧刚度通常是针对柱而言的。如图 9-26（a）所示单层平面框架，在柱顶水平荷载 F_P 作用下，由于实际结构存在楼板，楼板与梁共同抵抗侧向荷载下的结点转动，因此，结构的变形以顶部结点的整体侧移为主，结点转角很小，可以忽略，各柱的变形和内力可以看作两端固定梁式杆在结点相对侧移下产生的变形和内力。设柱顶结点的侧移为 Δ（忽略梁的轴向变形，各结点的侧移相同），由表 9-2 第一行两端固定梁的形常数可知，各柱的剪力为常数，可写作：

$$F_{Qi} = \frac{12EI_i}{h^3}\Delta, \quad i=1, 2, 3 \qquad （9-17）$$

记：$k_i = 12EI_i/h^3$（$i=1, 2, 3$），称为柱的"**抗侧刚度**"。由梁的隔离体（图 9-26b）平衡条件可得：

$$\begin{aligned}F &= F_{Q1} + F_{Q2} + F_{Q3} = k_1 \times \Delta + k_2 \times \Delta + k_3 \times \Delta \\ &= （k_1 + k_2 + k_3）\times \Delta = k \times \Delta\end{aligned} \qquad （9-18）$$

则有：

$$\Delta = F/k = F/（k_1 + k_2 + k_3） \qquad （9-19）$$

将式（9-19）代入式（9-17），则各柱剪力为：

$$F_{Qi} = \frac{k_i}{k} \times F, \quad i=1, 2, 3 \qquad （9-20）$$

式中，$k = k_1 + k_2 + k_3$，称为结构的"**层间抗侧刚度**"。

可见，仅在柱顶作用侧向荷载时，各柱的剪力为常数，剪力图为直线，同层各柱的剪力可由将侧向荷载按各柱的相对抗侧刚度进行分配得到。这种计算侧向荷载下柱的剪力的方法也称为"**剪力分配法**"。得到柱的剪力后，可进一步由剪力与弯矩的关系得到柱的弯矩图。这种根据侧向荷载下框架结构剪力分布的特点计算弯矩的方法也称为"**反弯点法**"，详见 9.4.3 节平面刚架的受力变形特点。

显然，框架结构中，抗侧刚度越大的柱（或者越粗壮的柱），承担的剪力越多，正所谓"能者多劳"。

9.4.2　连续梁的内力变形特点

多跨连续梁（图 9-27a）是桥梁和大跨房屋建筑中应用广泛的一类

结构形式。通常承受横向荷载，包括结构自重、车辆行人和设备的重力荷载等，其变形和弯矩分布如图9-27（b）、图9-27（c）所示，结点位移主要为转角，轴力和轴向变形忽略不计，剪力和剪切变形对弯曲变形的影响也可以忽略不计。弯矩在相邻跨之间按梁的相对刚度进行分配。

由于各跨在支座处刚结，因而在各跨支座处会产生负弯矩，使结构变形和内力的峰值减小，与多跨静定梁相比，内力分布和变形较均匀。

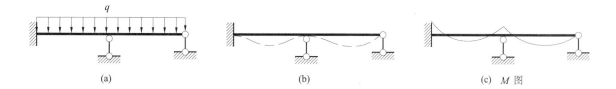

(a) (b) (c) *M* 图

图 9-27

当多跨连续梁仅有少数跨作用荷载时（如工业厂房吊车荷载，随吊车的位置移动，桥梁上汽车荷载的位置也随汽车而变化，都仅作用在多跨梁的局部），荷载对作用跨以及相邻跨的影响较大，而对较远跨的影响小，可据此简化计算。如图9-28所示，作用在 *CD* 跨的均布荷载，在该跨产生的影响最大，*BC* 和 *DE* 跨次之，而在其余跨产生的影响已可忽略。这也是圣维南原理在连续梁上的应用。

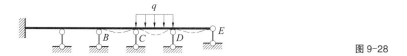

图 9-28

9.4.3 平面刚架的内力变形特点

房屋建筑结构中常见多层多跨平面框架（图9-29a）。竖向荷载作用（通常为结构自重、使用活荷载等重力荷载）下，平面框架结构的变形主要是由横梁弯曲，带动结点转动从而导致的柱的弯曲变形而形成的。结点位移以转角为主，结点侧移可以忽略，整体呈现弯曲形式的变形。工程简化分析时，可近似认为各层梁的竖向荷载只引起该层梁以及相邻层的柱的变形，而不影响其他层。其内力计算可采用**分层法**，如图9-29（b）所示，即将各层梁所连接的柱的远端视为固定支座，支座没有侧移，如此一来，各层梁之间相互独立，该层梁的竖向荷载对其他层不会产生影响，各层梁端结点只有转角，没有侧移。在对称荷载作用下，其变形和弯矩呈对称形式，如图9-29（c、d）所示。

当框架结构受到水平荷载作用（主要因为地震作用而产生的水平剪力、水平风荷载、侧向土压力和水压力等）时，结点位移以侧移为主，转角可以忽略，则沿高度方向结构整体呈现剪切变形的形态，各柱存在

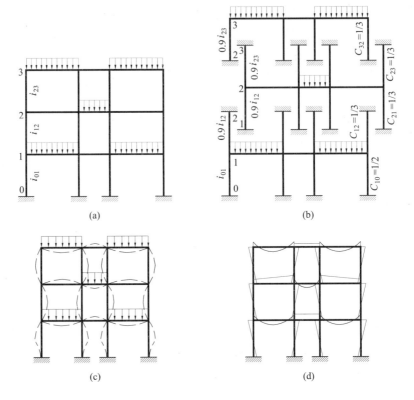

图 9-29 竖向荷载下平面
框架简化分析

反弯点，反弯点的位置一般近似认为在柱高中点处，如图 9-30（a）所示；各柱的剪力为常数，可由各柱的抗侧刚度分配得到，弯矩图为直线（图 9-30b），弯矩值零点在反弯点处，据此可得到柱端弯矩，即：$M = F_Q \times h/2$，h 为柱高。由于支座约束刚度通常较上层结点大，第一层柱的反弯点一般取为柱高的 2/3。

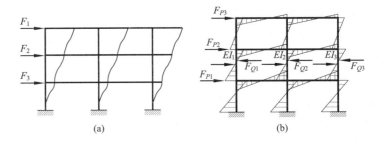

图 9-30 水平荷载下平面
框架变形图和弯矩图

9.5 对称结构

9.5.1 对称问题和反对称问题

工程中常见这样的结构：结构的几何形式和支承条件关于某轴对称，杆件的截面与材料性质也关于该轴对称，如图 9-31（a）所示刚架，这类结构称为**对称结构**。

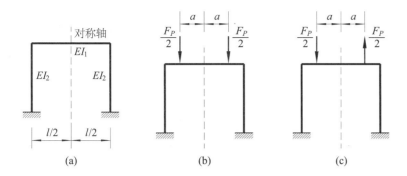

图 9-31 对称结构、对称荷载与反对称荷载

若荷载分布也关于结构的对称轴对称，则称此荷载为**对称荷载**，如图 9-31（b）所示。若荷载的作用点关于结构的对称轴对称，荷载大小相同但方向相反，则称此荷载为**反对称荷载**，如图 9-31（c）所示。对称结构在对称荷载作用下的受力分析为**对称问题**，在反对称荷载作用下则为反**对称问题**。

对称问题与反对称问题的内力变形具有特殊性质，利用这些性质可以简化计算。

如图 9-32（a）所示即为对称问题。该对称刚架在对称荷载的作用下，其挠曲线（图 9-32b）、对称截面处的位移、内力和支座反力均是对称的（图 9-32c）。若将弯矩绘在杆件受拉一侧，则结构的弯矩图也是对称的（图 9-32d），若规定正的剪力和轴力画在杆件同侧，则轴力图对称（图 9-32f），剪力图反对称（图 9-32e）。

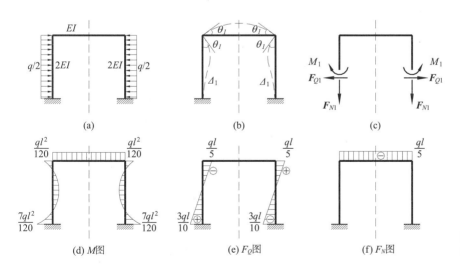

图 9-32 对称框架在对称荷载下的特性

如图 9-33（a）所示为反对称问题，该对称框架在反对称荷载作用下，其挠曲线（图 9-33b）、对称截面的位移和内力是反对称的（图 9-33c），内力图应用上述规定，则其弯矩图和轴力图反对称（图 9-33d、f），剪力图对称（图 9-33e）。

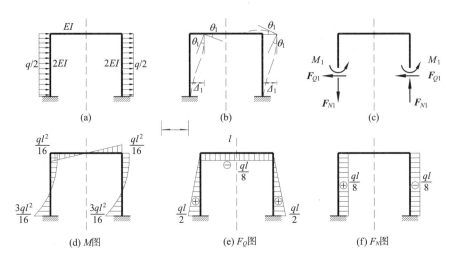

图 9-33 对称框架在反对
称荷载下的特性

(d) M图　　　　　(e) F_Q图　　　　　(f) F_N图

9.5.2　对称问题的简化计算

对称结构可根据变形和内力的特性，在对称轴处将结构切断，选取半结构为研究对象，从而降低超静定次数或独立结点位移数。

1. 奇数跨对称刚架

如图 9-34（a）所示单跨对称刚架在对称荷载作用下的变形是对称的，因此，对称轴上的 C 截面只发生竖向位移，而无转角和水平位移，如图 9-34（b）所示。若从对称轴处切断横梁，取半结构，则对称轴上 C 截面应有水平和转动约束，而无竖向约束，可视为定向支座，如图 9-34（c）所示，半结构的超静定次数降低为 2 次，独立结点位移数为 1 个结点转角。

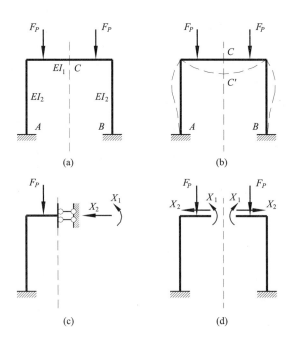

图 9-34

212

半结构 C 截面的约束也可根据 C 截面的内力确定。根据内力的对称性，C 截面只有对称的内力—弯矩和轴力，而无反对称的内力—剪力（图 9-34d），所以无竖向约束。

2．偶数跨对称刚架

如图 9-35（a）所示两跨对称刚架，若忽略杆件的轴向变形，在对称荷载作用下，对称轴上的 C 截面无水平、竖向以及转角位移，而中柱不能有弯曲变形，弯矩和剪力为零，只有轴力。因此，半结构 C 截面处应为固定支座，图 9-35（b）所示。结构超静定次数由 6 次降为 3 次，独立结点位移为 1 个刚结点转角。

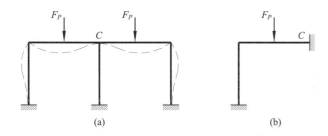

(a)　　　　　　　　　　　(b)　　　　　　　图 9-35

9.5.3　反对称问题的简化计算

1．奇数跨对称刚架

如图 9-36（a）所示单跨刚架，在反对称荷载作用下，其变形曲线为反对称的（图 9-36b）。对称轴上的 C 截面有水平位移和转角，但竖向位移为零，即 C 截面的水平移动和转动没有受到约束，而竖向移动受到约束，半结构如图 9-36（c）所示，超静定次数由 3 次降为 1 次，独立结点位移为 1 个转角位移。该半结构亦表明，对称轴处的 C 截面只有反对称的剪力存在，而无对称的弯矩和轴力（图 9-36d）。

2．偶数跨对称刚架

如图 9-37（a）所示两跨对称刚架，设中柱由刚度均为 $I/2$ 的两根柱组成，间距无穷小，如图 9-37（b）所示，原结构转化为奇数跨受反对称荷载的情况。对称轴上的截面 C 只有反对称的剪力而无轴力，半结构如图 9-37（c）所示。由于支杆无限接近 $I/2$ 柱，支反力仅在 $I/2$ 柱中产生轴力。对称轴两侧的 $I/2$ 柱的轴力大小相等、方向相反，合并为一根柱

图 9-36

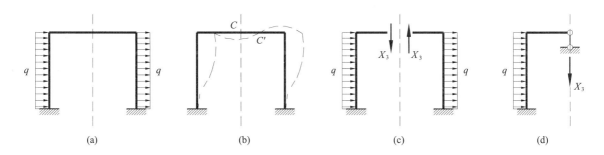

(a)　　　　　　　　(b)　　　　　　　(c)　　　　　　　(d)

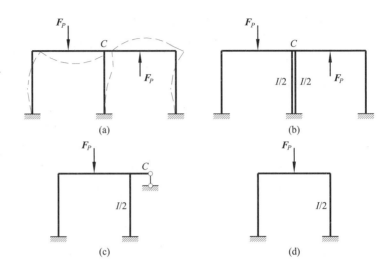

图 9-37

后互相抵消，因此，在反对称荷载作用下，中柱的轴力为零，则可进一步简化为图 9-37（d）所示半结构。结构超静定次数由 8 次降低为 3 次，独立结点位移数为 3 个。

以下举例说明如何利用对称性简化计算。

【例 9-8】 如图 9-38（a）所示两层单跨门式刚架，顶层柱端作用水平荷载，各杆 EI= 常数，求作结构的弯矩图。

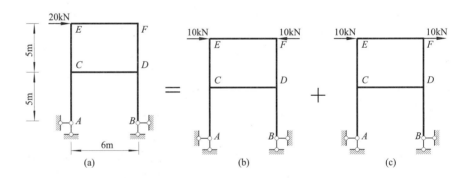

图 9-38

【分析】 结构对称，荷载不对称，但可将荷载分解为对称荷载和反对称荷载之和（图 9-38b、c）。对称荷载下，若忽略杆件轴向变形，E、F 点无侧向位移，由 EF 杆平衡，可计算其轴力，各结点无位移，则各杆无变形，除 EF 杆外各杆内力为零。反对称荷载下结构内力可按半结构计算。

【解】 对称荷载下，结构内力为，F_{NEF}=-10kN。

反对称荷载下，半结构如图 9-38（d）所示，为 1 次超静定，结点数为 4，独立的结点位移数为 6 个。因此，采用力法求解，力法的基本体系如图 9-38（e）所示。

（1）建立力法基本方程：

$$\delta_{11}X_1+\varDelta_{P1}=0$$

（2）作单位力弯矩图（图9-38f）以及荷载弯矩图（图9-38g），计算系数和自由项

$$\delta_{11} = \frac{1}{EI}\left(\frac{1}{2} \times 3 \times 3 \times \frac{2}{3} \times 3 \times 2 + 3 \times 5 \times 3\right) = \frac{63}{EI}$$

$$\Delta_{P1} = \frac{1}{EI}\left(\frac{1}{2} \times 50 \times 5 \times 3 + \frac{1}{2} \times 100 \times 3 \times \frac{2}{3} \times 3\right) = \frac{675}{EI}$$

（3）求解方程，得到多余约束反力

$$X_1 = -\frac{\Delta_{P1}}{\delta_{11}} = -10.71\text{kN}$$

（4）利用叠加原理 $M = \overline{M}X_1 + M_P$ 作半结构弯矩图

$M_{反}$图（kN·m），如图9-38（h）所示。

（5）作结构内力图

根据对称性，叠加对称荷载与反对称荷载下的弯矩图，得到原结构弯矩图，如图9-38（i）所示。

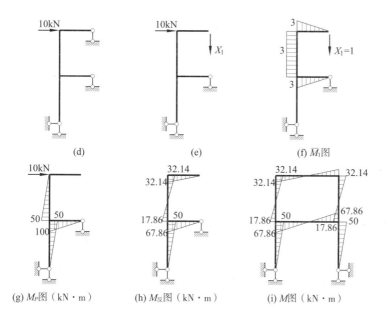

图9-38（续图）

9.6 超静定结构的一般特性

与静定结构相比，超静定结构具有如下特性：

1. 超静定结构整体可靠性较高。由于多余约束的存在，超静定结构在多余约束破坏后，仍为几何不变体系，可以继续承受荷载，而静定结构任一约束被破坏后，便成为几何可变体系而丧失承载能力。

2. 超静定结构的内力计算除需考虑平衡条件外，还必须同时考虑变形协调条件。超静定结构的内力与材料的性质（如弹性模量 E）以及构件截面几何特性（如截面面积 A、惯性矩 I）等有关。在荷载作用下，超

静定结构的内力分布与构件之间的相对刚度有关，相对越刚的构件（如转动刚度、抗侧刚度等），承担的内力也越大。而静定结构的内力只需平衡条件就可确定，其内力大小与材料性质、构件截面尺寸等无关。

3.超静定结构在非荷载因素作用下，结构内部会产生自内力。静定结构在非荷载因素（支座位移、温度改变、材料收缩、制造装配误差等）的作用下，结构只产生变形而无内力。而超静定结构在受到非荷载因素影响时，由于多余约束的存在，结构不能自由变形，从而在结构内部产生自内力。超静定结构的自内力与各杆件的绝对刚度值有关，刚度越大，产生的自内力越大。这也是超静定结构不利的一面。实际工程中，需特别注意由于支座位移、温度改变等原因引起的超静定结构的自内力。

4.由于多余约束的存在，超静定结构的刚度一般较相应的静定结构的刚度大，因此内力和变形也较为均匀，峰值较静定结构低。

9.7 典型平面杆件结构性能比较

通过前述各章的学习，我们已认识了常见杆系结构的内力、横截面应力和应变的分布特点以及不同类型结构的整体变形和传力机制，在此对各类杆件结构的特性做一比较。

杆是一种最基本的结构构件，所表现出的力学特性（传力方式、传力途径、内力与变形、应力与应变、强度与刚度等）取决于其支撑（或结点）和加载方式，常见的有轴力杆和梁式杆，而按其结点连接和传力方式又构成了刚架、桁架、拱、索以及组合结构等，形成不同的结构外观，满足不同功能需求。

以传力途径和传力效率而言，与轴力杆和拱相比，梁式杆的传力效率最低、传力路径不直接。它是以构件相邻截面相对转动和错动的方式传递荷载的，内力的方向与荷载方向、杆件轴线方向不一致，是低效传力方式，其强度和刚度除受材料性能的影响外，主要取决于杆件截面的有效高度，是对杆件截面形状敏感的构件。提高梁的承载力与跨度，需要通过提高梁的截面高度来实现，而过大的梁高又造成过大的自重，得不偿失。但梁及其所构成的刚架结构具有构造简单、易于建造、结构及其空间形态清晰、简明、利用率高的特点。

轴力杆的传力效率最高、传力路径最短，它以构件相邻截面的挤压或拉伸传递荷载，内力与荷载方向一致。其强度和刚度主要取决于杆件截面的有效面积，对截面形状不敏感。轴向受力构件固有缺陷在于，受压杆有失稳的风险，因此，作为结构体系中的传力枢纽—柱—通常较粗大，尤其是古代建筑中的柱，总以粗壮的面目示人。轴力杆组成的桁架、网架是依靠增大结构高度来提高结构整体刚度与承载力的，因此占据了结构净高、降低了空间利用率。桁架和网架结构还需要大量结点与构件的准确预制与装配，对施工场地和安装技术要求高。

拱为有推力的结构，由支座推力和横截面压力所构成的力矩代替了梁横截面的大部分弯矩，从而提高了拱的承载能力。其传力效率介于梁和桁架之间，承载性能取决于拱轴线，是对结构形状敏感的构件，拱的曲线外观与其传力路径的统一，丰富了大跨建筑结构形式。拱与受压杆同样面临可能失稳的不足，可以通过设拉杆、加大拱壁厚、加拱肋等增强稳定性。

上述三类结构又是可以相互转化的。桁架和网架可视为格构化的梁或拱，索—拱机制的合理组合又可以形成轻盈的张弦梁。可见，典型杆件结构的构造方式、受力特性既有差别又可以相互转换。结构设计时，应结合材料特性、合理选择、灵活应用。

本章小结

超静定结构由于存在多余约束，仅仅依靠平衡条件无法唯一确定结构全部内力和支座反力，需要补充条件。力法和位移法即从不同角度入手建立补充方程。

力法的突破口是多余约束。通过求解多余约束反力，将超静定结构转化为静定结构，从而得到超静定结构的内力。力法基本体系是将原结构的多余约束去掉代以多余约束反力的静定结构，它是超静定结构过渡到静定结构的桥梁。力法的典型方程表示在多余约束处的位移与原体系相同。因此，力法典型方程本质上是位移协调方程，又称为柔度方程。

位移法的突破口是结点位移，通过确定结构独立结点位移从而确定结构的变形和内力。位移法的分析思想是先"拆"再"装"，利用转角位移方程建立杆端内力表达式，再将杆件在结点处拼装在一起，根据结点和杆件的平衡条件建立位移法基本方程。建立位移法基本方程时，同一结点所连接的杆件的杆端位移相等，因此，位移法基本方程同时满足了结构的协调条件与平衡条件。位移法基本方程又称为刚度方程，其系数表示了结构抵抗变形的能力。

对称结构在对称荷载作用下，其变形和内力具有对称性；而反对称荷载作用下，其变形和内力具有反对称性。

超静定结构在荷载作用下的内力与杆件的相对刚度有关，在温度、支座位移差以及装配误差下，其内力与杆件刚度的实际大小有关。刚度越大的杆件，承担的内力也越大。超静定结构在非荷载因素作用下会产生内力和支座反力，这是超静定结构不利的一面。

趣味知识——泰恩桥

实际结构往往不是单一构件而是多种基本构件的有机组合，由基本杆件还可以组合成其他类型的基本结构。如图 9-39 所示建于 1928 年的泰恩桥（Tyne Bridge），位于英国西北部纽卡斯尔（Newcastle）的泰恩河上，主承重体系为中承式钢桁架两铰拱桥，主跨 161.8m，拱高 55m。拱的主材由连续的梁式杆构成，主材之间以钢桁架构成空间连续和支撑体系，使整个拱体成为一个高次超静定体系。在此，桁架杆既保障了拱的整体稳定性，又提高了整个拱体的抗弯、抗扭刚度与承载力。桥梁中段用吊杆与拱连接，吊杆受拉，将一部分桥梁自重和桥面荷载传递至拱。桥梁同时简支于桥塔上，以保障主梁在车辆和风荷载的作用下的平稳性。拱铰锚固于桥墩底部，厚重的桥墩还为拱趾提供了足够的推力。整座拱桥将梁、拱、桁架等基本杆件与结构形式有机地结合，形成简洁优美的跨越结构。该桥自建成之日起就成为纽卡斯尔的地标性建筑。

(a)

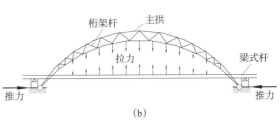

(b)

图 9-39

思考题

9-1　对超静定结构进行内力分析时，力法是以什么为基本未知量的？力法基本体系与原结构在什么条件下，才能使得内力和变形完全相同？

9-2　采用位移法分析结构时，为什么不将铰结点的转角当作独立的结点位移？

9-3　位移法将结构拆分为若干简单杆件单元，杆件单元的支座形式和位移如何确定？

9-4　结构受到荷载作用，一般会产生内力和变形。如果没有外力作用，结构是否就一定没有内力和变形？

9-5　如思考题 9-5 图所示两种单跨梁，在相同温度变化影响下，变形会有什么差异？内力和支座反力呢？哪个梁的弯矩大？哪个梁的变形大？

思考题 9-5 图
(a) 两端固定单跨梁；
(b) 一端固定一端铰支单跨梁

(a)　　　　　　　　　　(b)

9-6　杆件的转动刚度与哪些因素有关？是否杆件的刚度越大，组成的结构性能越好？为什么？

9-7　如思考题 9-7 图所示平面框架在竖向荷载和水平荷载下的变形特点是什么？如果要减小刚结点的转角，应增大梁的抗弯刚度还是柱的抗弯刚度？

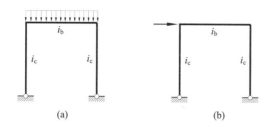

思考题 9-7 图

(a)　　　　　　　　　　(b)

9-8　如果将思考题 9-7 图的框架支座均改为固定支座，在同样的水平与竖向荷载所用下，结构的变形、内力和支座反力会发生什么变化？两种不同的支座形式各有什么优劣？

9-9　试比较思考题图 9-9 所示两个梁的结构性能优劣？

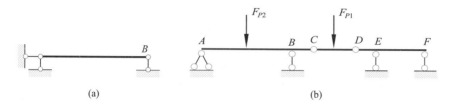

思考题 9-9 图
（a）多跨连续梁；
（b）多跨静定梁

(a)　　　　　　　　　　　　　　(b)

9-10　超静定结构在温度变化下会产生内力，对结构性能不利。举例说明建筑工程中有哪些措施可以减小或避免温度变化对结构造成的不利影响。

习题

9-1　试确定习题 9-1 图所示结构的超静定次数。

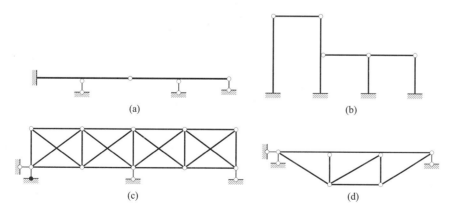

(a)　　　　　　　　　　(b)

(c)　　　　　　　　　　(d)

习题 9-1 图

9-2　如习题 9-2 图所示结构各杆 EI 相同，试计算 CD 杆的轴力。（提示：可利用结构对称性简化计算。）

219

9-3 分别采用力法和位移法计算如习题 9-3 图所示结构中 AB 杆的剪力，并比较两种方法的繁简差异。已知各杆 EI 相同。

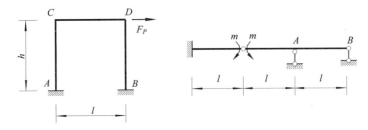

习题 9-2 图（左）
习题 9-3 图（右）

9-4 试用力法分析如习题 9-4 图所示各梁内力，并绘制弯矩图和剪力图。已知各结构的各杆 EI 为常数。

（提示：习题 9-4b 图结构对称，可简化分析。）

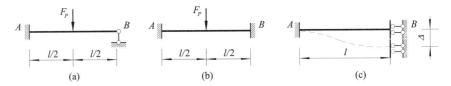

习题 9-4 图

9-5 试分别用力法和位移法计算习题 9-5 图所示各刚架，并作变形示意图与内力图。

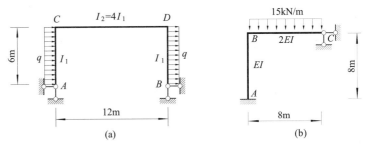

习题 9-5 图

9-6 试先定性判断如习题 9-6 图所示各桁架中，上下弦杆以及腹杆的拉压性质，再用力法计算图示各桁架的轴力，各杆 EA= 常数。

9-7 用力法求习题 9-7 图所示结构的内力，并作内力图。已知 $EI=0.2EA$。

（提示：该结构为组合结构，BC 为轴力杆，AB 为梁式杆。运用变形协调条件列力法基本方程时需考虑 BC 杆的轴向变形。）

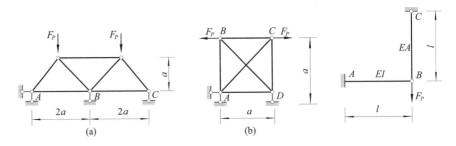

习题 9-6 图（左）
习题 9-7 图（右）

9-8 试分析如习题 9-8 图所示排架受到柱顶水平荷载作用的变形特点，并采用相应的简化方法计算结构内力，作内力图。

9-9 试作如习题 9-9 图所示双层单跨刚架的弯矩图和变形示意图。

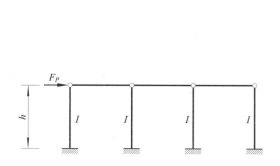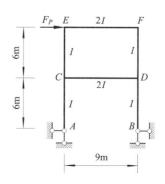

习题 9-8 图（左）
习题 9-9 图（右）

9-10 试确定习题 9-10 图所示各结构位移法计算时的基本未知量（忽略杆件轴向变形）。

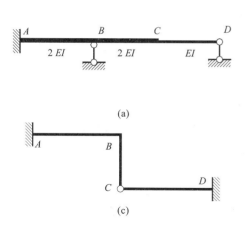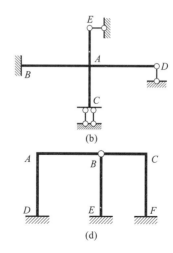

(a)
(b)
(c)
(d)

习题 9-10 图

9-11 试用位移法分析如习题 9-11 图所示结构中，AB 杆截面刚度变化对结构内力和变形的影响。可以分别考虑 $I_1=I_2$，$I_1=10I_2$，$I_1=0.1I_2$ 三种情形。各杆的弹性模量 E 相同。

（提示：可通过结点转角和弯矩图的变化分析结构内力与变形的变化。）

9-12 试分析如习题 9-12 图所示各结构的变形特点，采用位移法计算各结构内力并绘制弯矩图。

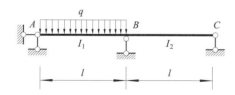

习题 9-11 图

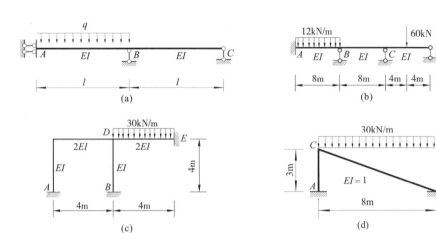

习题 9-12 图

解答

9-1 （a）2；（b）3；（c）5；（d）2。

9-2 分解为对称荷载和反对称荷载，反对称荷载下，

$F_{NCD(反)}=0$，对称荷载下，$F_{NCD(对)}=F_P/2$。

9-3 $F_{QAB}=-m/4l$。超静定次数为1次，独立结点位移有2个；

9-4 （a）$M_{AB}=3F_Pl/16$，$M_{BA}=0$，$F_{QAB}=11F_P/16$，$F_{QBA}=-5F_P/16$；

（b）$M_{AB}=M_{BA}=F_Pl/8$，$F_{QAB}=-F_{QBA}=F_P/2$；

（c）$M_{AB}=M_{BA}=-6i\Delta/l$，$F_{QAB}=F_{QBA}=12i\Delta/l^2$。

9-5 （a）为反对称问题，取半结构计算，$M_{CA}=18q$（右侧受拉）；

（b）2次超静定，可取固定支座和刚结点处弯矩为多余约束，

$M_{CA}=M_{CB}=qa^2/14$（外侧受拉），$M_{AC}=qa^2/28$（内侧受拉）。

9-6 （a）1次超静定，上弦杆拉，下弦杆拉，腹杆压。设B处支杆为

基本未知量，利用对称性分析。

上弦杆：$(3-2\sqrt{2})F_P$，下弦杆：$(\sqrt{2}-1)F_P$，

外侧腹杆：$(\sqrt{2}-2)F_P$；内侧腹杆：$(2-2\sqrt{2})F_P$。

（b）1次超静定，内部有多余桁架杆，支座反力为零。上弦杆

拉，下弦杆压，斜杆拉，竖杆压。取BC杆的一对轴力为基本

未知量，利用对称性分析。

BC杆：$0.896F_P$，AB杆：$-0.104F_P$，

AD杆：$-0.104F_P$，AC杆：$0.146F_P$。

9-7 截断BC杆，选取一对轴力为力法基本未知量，$M_{AB}=15F_Pl/16$

（上侧受拉），$F_{NBC}=F_Pl/16$。

9-8 采用剪力分配法计算各柱剪力，各柱的抗剪刚度相同，剪力

为$0.25F_P$，各柱柱顶的弯矩为零，柱底部固端弯矩为$0.25F_Ph$

（左侧受拉），梁上弯矩为零。

9-9 先采用剪力分配法计算各柱剪力，再由反弯点法计算各柱弯矩。$M_{CA}=3F_P$（右侧受拉），$M_{CE}=1.2F_P$（左侧受拉），$M_{EC}=1.8F_P$（右侧受拉），$M_{CD}=4.2F_P$（下侧受拉），$M_{EF}=1.8F_P$（下侧受拉）。

9-10 （a）3个独立结点位移：

　　　　B 点与 C 点的转角位移和 C 点的竖向位移；

　　　　（b）A 点转角位移；

　　　　（c）B 点转角位移，BC 杆竖向位移；

　　　　（d）A 点、C 点转角位移，ABC 杆水平位移。

9-11 当 $I_1=I_2$ 时，$\theta_B=\dfrac{ql^2}{48i}$，$M_{AB}=-M_{AC}=ql^2/16$（上侧受拉）；

　　　当 $I_1=10I_2$ 时，$\theta_B=\dfrac{ql^2}{264i}$，$M_{AB}=-M_{AC}=ql^2/88$（上侧受拉）；

　　　当 $I_1=0.1I_2$ 时，$\theta_B=\dfrac{ql^2}{48i}$，$M_{AB}=-M_{AC}=10ql^2/88$（上侧受拉），

　　　AB 杆截面刚度越大，结构内力和变形越小。

9-12 （a）$M_{AB}=ql^2/4$（上侧受拉）；$M_{BA}=ql^2/3$（上侧受拉）；

　　　　$F_{qAB}=0$；$F_{qAB}=-ql$；$M_{BC}=-ql^2/4$（上侧受拉）；$M_{CB}=0$；

　　　　$F_{qBC}=ql/4$；$F_{qCB}=ql/4$。

　　　　（b）$M_{AB}=-88.15\text{kN}\cdot\text{m}$（上侧受拉）；

　　　　　　$M_{BA}=-15.69\text{kN}\cdot\text{m}$（上侧受拉）；

　　　　　　$F_{qAB}=57.06\text{kN}$；$F_{qBA}=-38.94\text{kN}$；

　　　　　　$M_{BC}=-15.69\text{kN}\cdot\text{m}$（上侧受拉）；

　　　　　　$M_{CB}=41.08\text{kN}\cdot\text{m}$（上侧受拉）；

　　　　　　$F_{qBC}=-3.17\text{kN}$；$F_{qBC}=-3.17\text{kNm}$；

　　　　　　$M_{CD}=-41.08\text{kN}\cdot\text{m}$（上侧受拉）；

　　　　　　$M_{DC}=0$；$F_{qCD}=40.49\text{kN}$；$F_{qDC}=-19.51\text{kN}$。

　　　　（c）$M_{AC}=-1.43\text{kN}\cdot\text{m}$（左侧受拉）；

　　　　　　$M_{CA}=-2.86\text{kN}\cdot\text{m}$（右侧受拉）；

　　　　　　$M_{CD}=2.86\text{kN}\cdot\text{m}$（下侧受拉）；

　　　　　　$M_{DC}=14.29\text{kN}\cdot\text{m}$（上侧受拉）；

　　　　　　$M_{DB}=8.57\text{kN}\cdot\text{m}$（左侧受拉）；

　　　　　　$M_{BD}=4.29\text{kN}\cdot\text{m}$（右侧受拉）；

　　　　　　$M_{DE}=-22.86\text{kN}\cdot\text{m}$（上侧受拉）；

　　　　　　$M_{ED}=48.57\text{kN}\cdot\text{m}$（上侧受拉）。

　　　　（d）$M_{AC}=58.18\text{kN}\cdot\text{m}$（右侧受拉）；

　　　　　　$M_{CA}=116.36\text{kN}\cdot\text{m}$（左侧受拉）；

　　　　　　$M_{CB}=-116.36\text{kN}\cdot\text{m}$（下侧受拉）；

　　　　　　$M_{BC}=181.82\text{kN}\cdot\text{m}$（上侧受拉）。

第10章

压杆稳定性

工程结构中，受压的杆件有时会突然压弯，堆积的土坡可能突然垮塌，储油罐在重力作用下可能发生突然压屈变形，这些现象发生时都带有突发性，发生前结构不一定伴随着持续的、显著的变形，也没有由于材料强度不足造成的开裂、破坏等现象。这表明，结构即使具备了足够的强度和刚度，仍有可能不满足平衡与稳定的要求。如第 3 章中的几何可变体系，就是由于体系的构成方式不合理，在荷载作用下无法保持稳定的情形。这类由于不满足稳定性而导致的结构破坏，往往具有突发性，且会造成结构局部乃至整体的倒塌，而材料的强度并未得到充分利用，因此，这类破坏对结构非常不利。为此，本章将从最基本、最典型的受压杆件的失稳入手，探讨结构的稳定性。

10.1　稳定的概念

我们先来认识一下物体的三种平衡状态。假想有一小球，在图 10-1 所示的三种轨道上处于平衡状态。如图 10-1（a）所示，小球在凹槽底部平衡，受到侧向扰动偏离底部（如图中虚线小球），扰动撤销后，小球在重力作用下，最终会回到凹槽底部，则称小球初始的平衡状态是**稳定的平衡状态**；若小球在水平面上平衡，如图 10-1（b）所示，因受到扰动移动到虚线所示位置，扰动消失后，小球既不会回到初始位置，也不会继续移动，而是停在当前位置，则称这种平衡为**随动平衡**（即推到何处就停在何处的平衡，也称**中性平衡**）；若小球在凸面顶部平衡，如图 10-1（c）所示，受到微小干扰而偏离顶部，如图中虚线小球位置，干扰消失后，若无其他外力作用，球将无法回到初始平衡位置，而是沿凸面滚动，远离初始平衡位置，称这类平衡状态为不稳定的平衡状态。

对于结构而言，也存在类似的三种平衡状态。如图 10-2（a）所示单摆，在重力和拉索拉力的作用下处于静平衡状态，受到干扰偏离了初始平衡位置，摆锤在重力作用下最终仍会回到初始的铅垂平衡状态，因此，初始平衡是稳定的平衡。而图 10-2（b）所示摆锤的初始平衡状态，一旦受到干扰，使摆锤偏离初始平衡位置，就会倒向地面，初始平衡状

图 10-1　物体的三种平衡状态
(a) 稳定平衡；
(b) 随动平衡（或中性平衡）；
(c) 不稳定平衡

  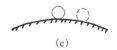

(a)　　　　　　　　　　　(b)　　　　　　　　　　　(c)

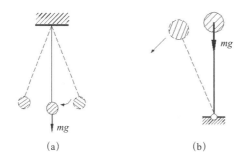

图 10-2　摆锤的两种平衡形式
(a) 稳定平衡；
(b) 不稳定平衡

态无法维持，是不稳定的平衡。

　　一般地，将受到干扰后能回复的平衡状态称为**稳定平衡状态**；若受到微小干扰后，结构即发生较大的变形或位移，即使干扰撤销，结构也不能恢复到初始的平衡状态，则称初始的平衡状态为**不稳定的平衡状态**。特别地，如果干扰撤销，结构不回到初始位置，而是在当前位置保持平衡，则为**中性平衡（或随遇平衡）**。中性平衡也是非稳定的平衡。事实上，中性平衡是在特定假设条件下的理想平衡状态，实际结构是不会发生中性平衡的。

　　结构从稳定的平衡状态过渡到非稳定的平衡状态（包括中性平衡状态）的现象称为**失稳**。而结构受到外界作用后，能够保持其原有平衡状态（或变形）的性能称为结构的**稳定性**。

　　结构失稳还可以从恢复力的性质来解释和判断。处于平衡状态的结构，受到微小扰动后，若受到恒指向原平衡位置的力（恢复力），当扰动消除后，结构就能在该力作用下回到原平衡位置，则平衡是稳定的。如图 10-1（a）和图 10-2（a）所示，小球或摆锤偏离原平衡位置后，受到的重力始终指向原始平衡位置，因此，原平衡是稳定的；若体系产生背离原平衡位置的力，则原平衡是不稳定的。如图 10-1（b）和图 10-2（b）所示，小球和摆锤偏离顶部后，会受到背向原位置的重力，因此原平衡是不稳定的。若体系既不受到指向原位置的力、也不受到背离原位置的力，则处于中性平衡。

　　结构失稳往往发生在结构整体或局部受到压力作用时，对结构的承载性能是不利的。如图 10-3（a）所示平面刚架，柱顶受集中力作用，柱可能丧失受压平衡而发生弯曲，柱顶发生较大侧移，刚架整体形状发生很大改变，进而导致结构整体失稳倒塌；又如图 10-3（b）所示工字形悬臂梁，在自由端竖向集中力作用下，梁可能偏离原来的弯曲平面，发生侧向弯曲和扭转的组合变形，从而发生失稳破坏。

10.2　理想压杆的分支点失稳及其临界荷载

　　轴向受压杆件的失稳是最简单、也最经典的工程结构失稳问题。为简化起见，对受压杆件作如下假定：设杆件为等截面均匀直杆；即：杆

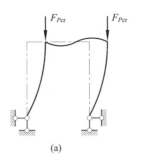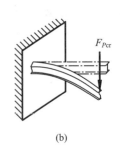

图 10-3
(a) 平面刚架的失稳；
(b) 薄壁型钢的失稳

件轴线为直线，截面的大小和形状沿杆长不变，杆件横截面有两个对称轴，杆件材料沿杆长和截面都是均匀的，没有初始缺陷、初始弯曲和初始内力，承受轴心压力 F，称为**理想压杆**（图 10-4a）。

对于理想压杆，当轴心压力 F 较小时，压杆将只产生轴向压缩变形，内力为轴力，杆件轴线始终保持为直线，平衡状态为轴向受压平衡；若受到微小的横向干扰（如图 10-4b 中的 F_1），压杆将产生微小的弯曲变形，干扰消除后，压杆将恢复到原来的直线受压平衡状态。因此，当轴心压力 F 较小时，压杆的直线受压平衡是**稳定的平衡**。

当压力 F 增大到某一值 F_{Pcr} 时，即使干扰消除，压杆也不再回复到原来的直线受压平衡状态，而将保持微弯的状态，则微弯状态为压杆的中性平衡状态（图 10-4c）。

若压力值 F 超过 F_{Pcr} 时，微小的扰动就会使压杆产生很大的弯曲变形，干扰消除后，即使荷载保持为常数，压杆也不能维持在微弯状态，而是持续弯曲，直到破坏。即压杆进入**非稳定的平衡状态**。

可见，当轴心压力 F 达到某一特定值 F_{Pcr} 时，压杆可有两种平衡方式，直线受压平衡与微弯平衡，而初始的直线受压平衡成为**不稳定的平衡**。这意味着压杆发生了从直线受压状态到微弯状态的**失稳**，工程上也称为**压曲**或**屈曲**。发生压曲失稳时的两种平衡方式有本质的区别，一种是受压，内力为轴力，另一种是压弯，内力为轴力和弯矩，压杆失稳前后，内力和变形方式发生了质的改变。

如图 10-4（d）所示，描绘了荷载 F 与梁端挠度 Δ（水平位移）的关系。当荷载小于临界荷载 F_{Pcr} 时，杆件处于单纯受压状态，无侧向位移，

图 10-4
(a) 稳定平衡状态（$F<F_{Pcr}$）；
(b) 中性平衡状态（$F=F_{Pcr}$）；
(c) 中性状态平衡机制；
(d) 荷载—挠度关系

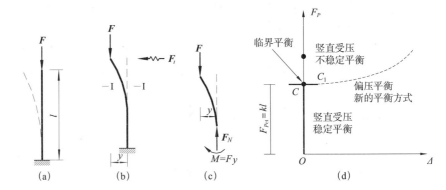

对应平衡路径 OC；荷载等于临界荷载 F_{Pcr} 时，杆件既可以竖直受压，也可以发生微小弯曲，后者对应平衡路径 CC_1。可见，C 点是一个分支点，在此平衡路径存在分叉，有两种平衡的可能性，C 点所对应的状态称为临界状态，相应的荷载即为临界荷载 F_{Pcr}，这一类稳定问题又称为"**分支点**"失稳问题。

达到临界荷载后，杆件会发生弯曲变形。随着荷载的增大，变形持续增长，如图 10-4（d）所示曲线。工程中通常关心使压杆发生失稳的临界荷载 F_{Pcr}（也称稳定荷载），对应的分析称为屈曲分析，而失稳以后压杆的受力分析则称为后屈曲分析。本章主要讨论临界荷载的计算。

如前所述，理想压杆失稳时处于中性平衡状态，荷载—位移曲线可简化为短直线段 CC_1。可见，临界荷载既是使理想压杆保持原始平衡状态的最大荷载，也是使理想压杆处于新的平衡状态（即中性平衡状态）的最小荷载。

在临界状态，压杆存在两类不同性质的平衡方式，这一性质称为理想压杆分支点失稳的平衡二重性，这也是求解理想压杆稳定问题临界荷载的依据。

10.3 静力法计算临界荷载

利用理想压杆分支点失稳的平衡二重性，可以求解压杆的临界荷载，从而校核压杆在实际荷载下的稳定性或进行杆件设计。其基本思想是：处于临界状态的压杆，原直线受压平衡是不稳定的，因此，需假设新的微弯平衡形式（或偏压平衡形式），建立该平衡状态的平衡方程，从而求解临界荷载。该方法又称为**静力法**。

【例 10-1】如图 10-5 所示刚性竖直压杆，一端具有弹性可动铰支座。采用静力法计算该压杆的临界荷载。

【分析】该刚性压杆处于临界状态时，刚杆会突然偏转微小角度 θ（θ 远远小于 1），弹簧产生变形，平衡状态如图 10-5（b）所示。该平衡状态需满足力和力矩的平衡。根据平衡条件即可求解临界荷载。

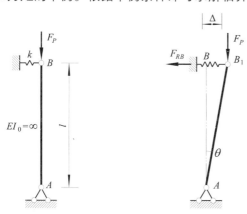

图 10-5

【**解**】（1）假设如图 10-5（b）所示偏压平衡状态

（2）建立图 10-5（b）状态下的力矩平衡方程 $\sum M_A=0$，即：

$$F_P\Delta-F_{RB}l=0 \tag{10-1}$$

其中，弹簧伸长 $\Delta=l\theta$，弹簧的恢复力为 $F_{RB}=k\Delta=kl\theta$。

则

$$F_P\times l\theta-kl\theta\times l=(F_Pl-kl^2)\theta=0 \tag{10-2}$$

上式也称为该**压杆的稳定方程**。该方程有两个解，一个为零解：$\theta=0$，对应压杆的初始平衡位置；另一个为非零解：$F_P=kl$，对应杆件的偏压平衡状态，即失稳状态。

因此，该弹簧—刚性压杆体系的临界荷载为 $F_{Pcr}=kl$。

【**例 10-2**】如图 10-6 所示理想弹性压杆，EI 为常数，采用静力法计算该压杆的临界荷载。

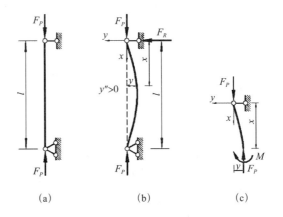

图 10-6

（a）　　　　（b）　　　　（c）

【**分析**】该弹性压杆处于临界状态时，原直线受压为不稳定平衡，压杆会突然弯曲，以微弯的方式保持平衡，轴线变为曲线，但挠度很小，Δ 接近于 0，如图 10-6（b）所示。根据微弯状态的平衡条件即可求解临界荷载。

【**解**】（1）假设微弯曲形式，如图 10-6（b）所示。

（2）截取一小段杆件，做隔离体受力图如图 10-6（c）所示，对支座结点取矩，建立力矩平衡方程：

$$M-F_Py=0 \tag{10-3}$$

根据第 7 章梁的弯矩—曲率关系 $\kappa=\pm\dfrac{M}{EI}$［式（7-10）］可以得到压杆微弯曲时，弯矩与挠曲线之间的如下关系：

$$M=\pm EIy'' \tag{10-4}$$

式中，y'' 是挠度的二阶导数，等于曲线的曲率 κ。其中正负号按如下方法确定：若挠曲线开口方向与 y 轴正向一致，则 $y''>0$，取正号；反之，$y''<0$，取负号，如图 10-7 所示。

对如图 10-7（c）所示挠曲线，应取正号，即 $M=EIy''$，则平衡方程为：

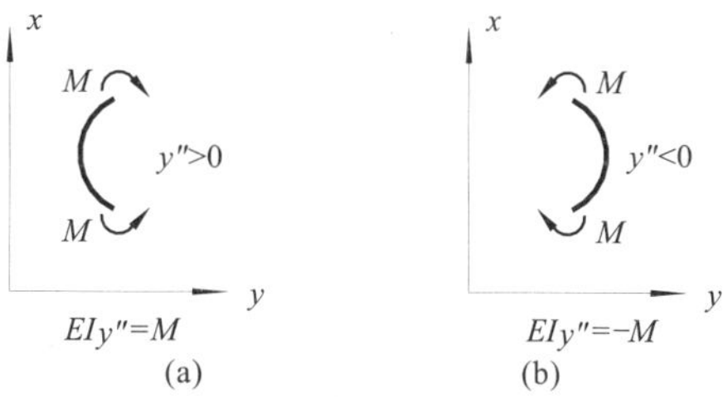

图 10-7 平衡微分方程正负号的确定

$$EIy''-F_Py=0 \qquad (10\text{-}5)$$

令 $a^2=\dfrac{F_P}{EI}$，有：

$$y''-a^2y=0 \qquad (10\text{-}6)$$

上式是关于挠度 y 的齐次常微分方程。

（3）建立稳定方程

式（10-6）的解的形式为：

$$y=A\sin ax+B\cos ax \qquad (10\text{-}7)$$

式中，系数 A、B 可由压杆的约束条件确定。

压杆两端支座处，y 方向的位移均为零。将 $x=0$ 带入式（10-7），有：

$$y=B=0 \qquad (10\text{-}8a)$$

将 $y=l$，$B=0$ 带入式（10-7），有：

$$y=A\sin al=0 \qquad (10\text{-}8b)$$

式（10-8a、b）即为该问题的**稳定方程**。它表示轴向荷载、支座约束条件、结构抗弯刚度等对平衡状态的影响。

（4）求解临界荷载

式（10-8）中，当 $A=0$，$B=0$ 时，表示初始的垂直平衡状态；A 和 B 不全为零时，才对应微弯状态或失稳状态，则要使式（10-8）成立，须有：

$$\sin al=0 \qquad (10\text{-}9)$$

$$al=n\pi, \quad n=1,\ 2,\ 3 \qquad (10\text{-}10)$$

将 $a^2=\dfrac{F_P}{EI}$ 代入上式，则方程（10-5）的解为：

$$F_P=\frac{n^2\pi^2 EI}{l^2}, \quad n=1,\ 2,\ 3 \qquad (10\text{-}11)$$

其中最小者为压杆失稳的临界荷载，即：

$$F_{P\text{cr}}=\frac{\pi^2 EI}{l^2} \qquad (10\text{-}12)$$

如图 10-8 所示，给出了前三个解对应的挠曲线，其中图 10-8（a）为临界荷载下的失稳曲线，是一条正弦半波曲线，而图 10-8（b、c）分别是两个和三个正弦半波曲线，要发生图 10-8（b、c）形式的失稳，需要特定的外界干扰或结构自身的初始缺陷或初始弯曲。

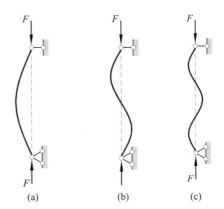

图 10-8　两端铰接理想压杆挠曲线
（a）$n=1$；
（b）$n=2$；
（c）$n=3$

综上所述，理想弹性压杆的临界荷载可以采用如下静力平衡的方法计算：

1. 假设临界状态的新的平衡形式；

2. 建立该平衡状态的平衡方程（对理想弹性压杆，为平衡微分方程）；

3. 由平衡方程解的形式，根据支座约束条件得到稳定方程；

4. 根据平衡二重性，由稳定方程的系数不能全为零的条件确定可能的解；

5. 解稳定方程，求特征荷载值；

6. 取可能解最小值，得到压杆的临界荷载。

由图 10-6（c）可见，结构一旦失稳，压力会在弯曲变形上产生弯矩，该弯矩会加剧杆件弯曲变形，弯曲变形进一步又增大压力产生的附加弯矩。与受横向荷载发生弯曲变形的梁不同，压曲杆件的弯矩是由轴向荷载产生的，变形和附加弯矩相互作用，即使压力不再增大，结构的变形也会持续发展，最终导致结构倒塌或破坏。这种破坏，与材料的强度破坏有本质区别，不是由于内力超过材料的强度所致，其发生还带有突然性。

还需指出的是，稳定问题毋需区分静定结构和超静定结构。进行结构内力分析时，静定结构仅需依据静力平衡条件即可得到结构的全部约束反力与内力，超静定结构则需结合变形协调条件。而对于稳定问题，支座对杆件位移尤其是转动的约束是影响压杆稳定性的关键因素，无论静定结构或超静定结构，其临界荷载均需根据支座约束条件才能确定，即必须同时考虑临界状态的平衡条件和变形协调条件。

式（10-12）最初由瑞士科学家欧拉于 1774 年导出，因此，也称为计算临界荷载的**欧拉公式**。可知，约束条件和长度相同的杆件，截面惯性矩 I 和材料弹性模量 E 越大，压杆的临界荷载越大，稳定性越高。通常，短杆比长杆的稳定性好，支座的侧向约束越强，压杆的稳定性也越高。如图 10-9（a）所示的压杆稳定性就比图 10-9（b）高。

欧拉以两端铰支压杆为标准，引入压杆计算长度（或有效长度）来表示不同约束条件对压杆临界荷载的影响，将式（10-12）改写作：

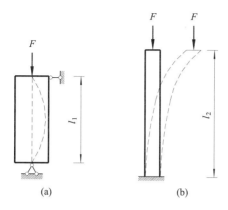

图 10-9
(a) 短粗简支压杆；
(b) 细长悬臂压杆

$$F_{Pcr} = \frac{\pi^2 EI}{l_0^2} = \frac{\pi^2 EI}{(\mu l)^2} \qquad (10\text{-}13)$$

式中，l_0 称为压杆的**计算长度**或**有效长度**，$l_0 = \mu l$，l 是支座之间压杆的实际长度，μ 为**长度系数**，与压杆整体侧向约束有关，取值如图 10-11 所示。上式运用于各类约束形式的理想压杆。显然长度系数越大，结构整体侧向约束越弱，压杆稳定性越差。

如图 10-10 所示，简支欧拉压杆的压屈曲线为正弦半波曲线，不同支座约束压杆的计算长度 l_0 为使其压屈曲线成为一个半波正弦曲线所需的杆件长度。

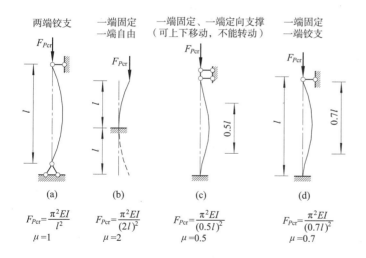

图 10-10

【**例 10-3**】两端铰支的轴心受压细长压杆，长 1m，材料的弹性模量 $E = 200$GPa，试比较如图 10-11 所示三种截面形式压杆的稳定性。

【**分析**】约束条件、实际长度和材料相同的情况下，压杆的稳定性主要取决于截面的最小抗弯刚度或转动惯量。

【**解**】（1）矩形截面

$$I_{min,1} = I_z = \frac{1}{12} \times 50\text{mm} \times 10^3\text{mm}^3 = 4.1666 \times 10^3\text{mm}^4$$

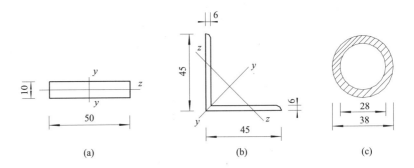

图 10-11

$$F_{Pcr,1} = \frac{\pi^2 EI}{l^2} = \pi^2 \times 200 \times 10^3 \text{MPa} \times 4166.6 \text{mm}^4/1000^2 \text{mm}^2 = 8.255 \text{kN}$$

（2）等边角钢∟ $45 \times 45 \times 6$

$$I_{min,2} = I_z = 3.89 \text{cm}^4 = 3.89 \times 10^4 \text{mm}^4$$

$$F_{Pcr,2} = \frac{\pi^2 EI}{l^2} = \pi^2 \times 200 \times 10^3 \text{MPa} \times (3.89 \times 10^4 \text{mm}^4)/1000^2 \text{mm}^2 = 76.79 \text{kN}$$

（3）圆环截面

$$I_{min,3} = \frac{\pi}{64}(D^4 - d^4) = \frac{\pi}{64}(38^4 - 28^4)\text{mm}^4 = 7.2182 \times 10^4 \text{mm}^4$$

$$F_{Pcr,3} = \frac{\pi^2 EI}{l^2} = \pi^2 \times 200 \times 10^3 \text{MPa} \times 72182 \text{mm}^4/1000^2 \text{mm}^2 = 142.48 \text{kN}$$

可知，$F_{Pcr,3} > F_{Pcr,2} > F_{Pcr,1}$，即：环形截面的压杆稳定性最好，矩形截面最差。因环形截面各方向转动惯量相同，不存在弱轴，而矩形截面沿厚度方向转动惯量很小，容易压曲。

【讨论】 三种截面的面积依次为：

$A_1 = 500 \text{mm}^2$，$A_2 = 507.6 \text{mm}^2$，$A_3 = \frac{\pi}{4}(38^2 - 28^2) = 518.4 \text{mm}^2$

$A_1 : A_2 : A_3 = 1 : 1.02 : 1.04$

可见，三根压杆的材料用量相差无几，但：

$F_{Pcr,1} : F_{Pcr,2} : F_{Pcr,3} = I_{min,1} : I_{min,2} : I_{min,3} = 1 : 9.34 : 17.32$

因此，当约束条件、杆长和材料用量均相同时，要提高压杆稳定性就要设法提高压杆在各个方向的抗弯刚度，尽量将材料布置在远离中性轴的位置，并使各个方向的 I 值相当，如采用环形截面、箱形截面、L 形截面和三角形截面等。

10.4　工程中压杆的极值点失稳

实际工程中理想压杆是不存在的，通常带有初始缺陷、初弯曲、初始内力或荷载存在初始偏心，如图 10-12（a~c）所示，结构在受到荷载作用初期就发生压弯变形，内力以轴压力和弯矩为主。荷载在压杆的挠度上会产生附加弯矩，因此，荷载—位移呈曲线关系，如图 10-12（d）

中 OA 段，挠度随荷载而增加的速度会逐渐加快。当荷载达到特定值后，由杆件变形产生的内力矩将无法与附加弯矩平衡，曲线由上升转变为下降，即结构希望通过减小轴力而增大变形的方式保持平衡，这将导致变形加重发展直至结构倒塌。这类压杆失稳过程中，杆件的平衡方式在失稳前后没有本质区别，始终为压弯平衡，在荷载—位移曲线上不存在平衡路径的分叉，从稳定平衡到不稳定平衡是逐步过渡的，称这类稳定问题为极值点失稳问题。

虽然理想压杆的分支点失稳是人为假设的情形，但由此可快速简便地确定压杆的临界荷载。因此，实际工程中，（尤其是钢结构中）仍将很多问题假设为理想压杆的稳定问题。考虑到实际压杆由于初始缺陷、初弯曲、初偏心等的影响，其稳定承载力总是低于理想压杆的临界荷载的，通常采用安全系数或稳定系数等加以修正。

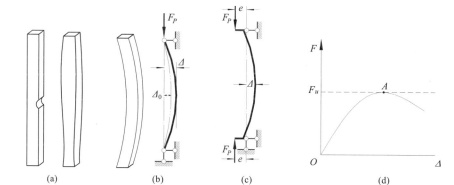

图 10-12 极值点失稳问题
(a) 有初始缺陷压杆；
(b) 有初弯曲压杆；
(c) 有初始偏心压杆；
(d) 荷载—挠度曲线

10.5 压杆的临界应力

若理想压杆的截面正应力尚未达到材料强度许用值即发生失稳破坏，其承载力将由稳定性决定。设理想压杆处于临界状态，横截面上的压应力称为**临界应力**，记作 σ_{cr}，为：

$$\sigma_{cr} = \frac{F_{Pcr}}{A} = \frac{\pi^2 E}{l_0^2} \times \frac{I}{A} \qquad (10\text{-}14)$$

式中，A 为杆件横截面面积。

令 $i^2 = I/A$，称 i 为**截面的回转半径**，表示横截面材料远离中性轴的相对程度，则：

$$\sigma_{cr} = \frac{\pi^2 E i^2}{l_0^2} \qquad (10\text{-}15)$$

令 $\lambda = l_0/i$，称 λ 为压杆的**长细比**，则有：

$$\sigma_{cr} = \frac{\pi^2 E}{\lambda^2} \qquad (10\text{-}16)$$

上式称为**计算压杆临界应力的欧拉公式**。材料给定时，压杆长细比 λ 决定了临界应力的大小，它集中反映了压杆的长度、整体侧向约束、截面尺寸与形状等对临界应力的影响，是杆件稳定性的综合指标。长细比越大，临界应力 σ_{cr} 越小，压杆稳定性越差。反之，长细比小，临界应力就大，稳定性高。

但需注意的是，式（10-16）只适用于失稳先于材料破坏的细长杆件。对于粗短杆件，失稳时压杆横截面上某些部分材料可能已经屈服，式（10-16）将不再适用。

细长杆的判断条件如下：

$$\lambda \geqslant \sqrt{\frac{\pi^2 E}{\sigma_P}} = \lambda_P \qquad （10-17）$$

式中，σ_P 为材料的比例极限。$\lambda \geqslant \lambda_P$ 为细长杆，压屈时杆件全截面处于弹性状态，欧拉公式适用。$\lambda < \lambda_P$ 的杆件为中短杆，压屈时截面部分应力处于弹塑性状态，临界应力需采用其他理论确定。

10.6 细长压杆的稳定性校核

结构失稳通常带有突发性，会导致结构局部或整体倒塌，后果严重。若失稳先于强度破坏而发生，材料强度将得不到充分发挥，使结构设计非常不经济。因此，设计时应避免失稳破坏。考虑到实际工程的各种不可预见的、不确定因素的影响，需设置一定的安全储备。为此，压杆的**稳定条件**可表述为：

$$\frac{F}{A} \leqslant [\sigma_{cr}] = \frac{\sigma_{cr}}{n_{st}} \qquad （10-18）$$

式中，$[\sigma_{cr}]$ 为压杆稳定许用应力，n_{st} 为**稳定安全系数**，$n_{st} > 1$，可查设计规范或设计手册。

上式也可写作：

$$F \leqslant [F_{Pcr}] = \frac{F_{Pcr}}{n_{st}} = \frac{\sigma_{cr} A}{n_{st}} \qquad （10-19）$$

令 $\varphi = \dfrac{[\sigma_{cr}]}{[\sigma]}$，称为**压杆稳定系数**，$[\sigma]$ 为压杆强度许用应力。显然，$\varphi > 1$，可由 λ 值查表得到。则稳定条件还可写作：

$$\frac{F}{A} \leqslant \varphi[\sigma] \text{ 或 } F \leqslant \varphi A[\sigma] \qquad （10-20）$$

与强度条件类似，稳定条件也有三种用途：稳定校核、计算许用荷载和杆件截面设计。计算时，需先判断压杆是细长杆还是中短杆。对于细长杆，可以运用式（10-16）。对于中短杆，则需采用其他复杂理论。

【**例 10-4**】三角架受力如图 10-13（a）所示，其中 BC 杆为 10 号工字钢，回转半径为 $i_{min} = i_z = 1.52\text{cm}$，横截面面积为 $A = 14.345\text{cm}^2$。材料

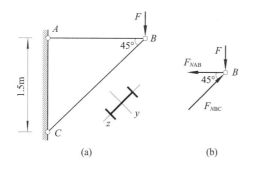

图 10-13

弹性模量 E=200GPa，比例极限 σ_P=200MPa，若稳定安全系数 n_{st}=2.2，试从 BC 杆的稳定性考虑，求结构的许用荷载 $[F]$。

【分析】由杆件内力判断，BC 杆为压杆，可能失稳。结构许用荷载为压杆失稳对应的临界荷载。

【解】判断 BC 杆是否为细长压杆：

$$\lambda_P = \sqrt{\frac{\pi^2 E}{\sigma_P}} = \sqrt{\frac{\pi^2 \times 200 \times 10^3 \text{MPa}}{200 \text{MPa}}} = 99.3$$

BC 杆端约束为两端铰支，计算长度为 l，长细比为：

$$\lambda = \frac{l_o}{i_z} = \frac{1 \times l}{i_z} = \frac{1 \times \sqrt{2} \times 1.5 \times 10^3 \text{mm}}{15.2 \text{mm}} = 139.6 > \lambda_P$$

故，BC 杆是细长压杆，可以采用欧拉公式。其许用压力为：

$$[F_{NBC}] = \frac{\sigma_{cr} \times A}{n_{st}} = \frac{\pi^2 E}{\lambda_P} \times \frac{A}{n_{st}} = \frac{\pi^2 \times 200 \times 10^3 \text{MPa} \times 1434.5 \text{mm}^2}{139.6^2 \times 2.2} = 66 \text{kN}$$

由结点 B 的平衡，如图 10-7（b），可得：

$$[F] = \frac{\sqrt{2}}{2} F_{NBC} = 46.7 \text{kN}。$$

工程结构需满足强度、刚度和稳定性要求。强度问题与材料性能和截面应力分布有关，属应力分析问题，要求结构或构件截面上的最大应力不超过材料的强度极限；刚度问题是结构的变形和位移问题，要求将结构的最大位移控制在人为限定的范围内，与横截面刚度和结构的约束形式有关；而稳定问题则是整个结构系统的承载力问题，涉及杆件的截面抗弯刚度和结构系统的横向约束性能，弹性压杆的稳定性能与材料强度无关。

10.7 提高压杆稳定性的措施

为提高压杆抵抗失稳的能力，可从以下几方面着手：

1. 合理选择截面形状

采用惯性矩 I 值较大，即材料分布尽量远离中性轴的截面可以提高压杆的稳定性。相同截面面积下，圆环截面比矩形、等边角钢的惯性矩大，箱形截面比矩形截面杆稳定性高。施工脚手架就是由空心圆管搭接而成的，钢结构中的轴向受压格构柱常采用的截面形式如图 10-14 所示。考虑到杆件可以向任何方向压曲，应尽量使在两个垂直方向的惯性矩接近，避免弱轴失稳。

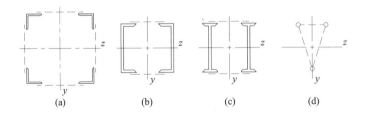

图 10-14

2. 减小压杆的计算长度

可通过加强压杆的横向约束来减小计算长度。压杆的杆端横向约束刚性越强，长度系数 μ 越小，其临界压力就越大。如框架柱中，刚接柱脚比铰接柱脚的稳定性强。

也可在压杆的中部增加横向约束以减小压杆实际长度。如脚手架与墙体连接即是提高其稳定性的举措之一。

3. 合理选择材料

材料弹性模量越大，压杆稳定性越好。一般各种钢材的 E 值区别不大，可以采用钢管混凝土或钢骨混凝土柱来增强受压柱的稳定性。

近几十年来，由于结构形式的发展和高强度材料（如高强钢材）的大量应用，轻型而薄壁的结构构件不断增多，如薄板、薄壳、薄壁型钢等，容易出现失稳现象。设计人员在选择杆件的形状及结构形式时，因有意识地避免因构件或结构局部压屈造成的结构破坏。受压杆件应尽量避免采用细长杆，应合理布置桁架杆，使细长杆受拉，短杆受压。若受压杆不得已采用了细长薄壁杆件，应采取相应措施以提高其稳定性。

本章小结

稳定性要求结构在外界微小的干扰下不会产生过大的变形和位移。理想压杆的稳定性是通过其临界荷载或临界应力来衡量的。临界荷载的大小取决于压杆的有效长度、横截面几何性质、约束情况和材料的力学性能等。

趣味知识——魁北克大桥的倒塌

历史上因为结构或者构件失稳而引起的工程事故不在少数。加拿大圣·劳伦斯河上的（Quebec Bridge，图 10-15）的倒塌即为一例。该桥于 1904 年开工，1917 年 12 月 3 日单线铁路通车。这座桥全长 986.9m，主跨跨度 548.64m，中间挂孔长 195.1m（挂孔是桥梁的一种构造方式，当桥梁所需的跨度较大时，可在两个 T 形悬臂桥梁中间以简支支撑的方式再连接一段梁），两锚跨（边跨）各长 156.97m。它是迄今为止跨度最长的悬臂式钢桁架桥。魁北克桥在修建中曾发生两次重大事故。第一次是 1907 年 8 月 29 日，由于设计师没有严格估算结构的自重，导致桥体结构严重超载。当主跨悬臂已悬拼至接近完成时，南侧一下弦杆由于缀条薄弱等原因而突然压溃，导致悬臂段坠入河中。第一次事故后进行了一系列钢结构基本构件试验，主要杆件改用镍钢，增大了杆件截面积，提高了压杆稳定性。第二次事故发生在 1916 年 9 月 11 日，当新的锚固孔及悬臂均已建成，用千斤顶提升重 5000t 的悬挂孔时，悬挂孔下面的支承铸件突然破裂，导致悬挂孔倾斜，当即滑落水中。

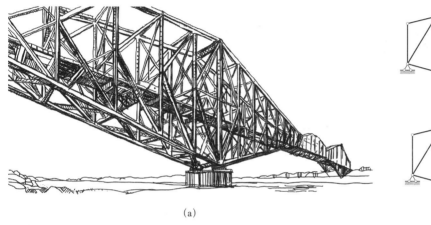

(a)

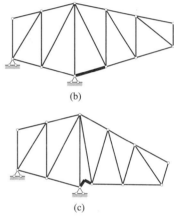

(b)

(c)

图 10-15

思考题

10-1 试举例说明生活或工程中的结构或物体的稳定平衡与不稳定平衡状态。

10-2 什么是压杆失稳？以图 10-6 所示理想压杆为例，说明结构的强度破坏与失稳破坏的差异，以及结构稳定性与结构支撑条件和截面刚度的关系。

10-3 一张硬纸片，用如思考题 10-3 图所示三种方式竖放在桌面上，三种情况下其横截面形状如图思考题 10-3（d~f）所示，试比较三种方式的稳定性。

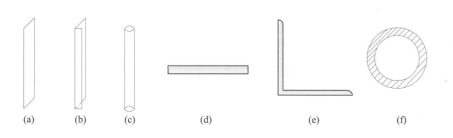

(a)   (b)   (c)   (d)   (e)   (f)   思考题 10-3 图

10-4　有一圆截面细长压杆，其他条件都不变，若将其横截面增大一倍，其临界荷载有何变化？若将其长度增大一倍，临界荷载又会怎样变化？

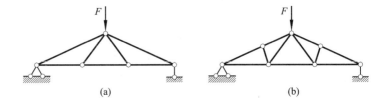

思考题 10-5 图

10-5　如思考题 10-5 图所示两个桁架的跨度与高度以及各杆 EA 均相同，试比较二者承载力的差别，并简要说明设计桁架时，为保障结构的稳定性，应如何布置桁架杆件。

10-6　试比较思考题 10-6 图所示两压杆的稳定性，并说明两个压杆失稳时的现象有何不同。

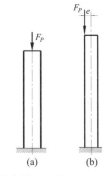

思考题 10-6 图
（a）轴心受压柱；
（b）偏心受压柱

习题

10-1　如习题 10-1 图所示各细长压杆的 EI 相同，试比较各杆临界力的大小，并从大到小排序。

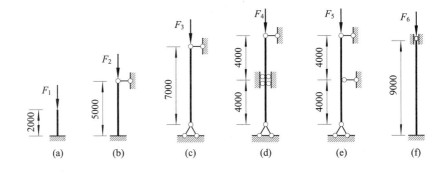

习题 10-1 图

10-2　如习题 10-2 图所示五杆铰接体系，设各杆 EI 相同，求图示两种加载情况下的临界荷载。

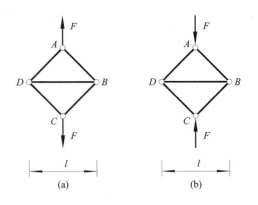

习题 10-2 图

10-3 试计算如习题 10-3 图所示各理想压杆的临界荷载。

10-4 压杆临界荷载与支座的横向约束条件有关，支座整体约束越强，压杆的稳定性越高。试讨论如习题 10-4 图所示各压杆随着约束条件的改变，临界荷载的变化，并定性比较各杆临界荷载的大小，从大到小排序。已知各杆材料、截面以及实际长度均相同。

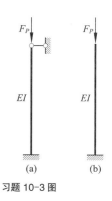

习题 10-3 图

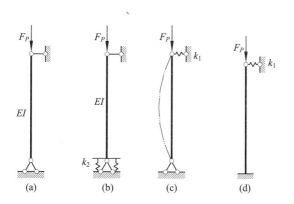

(a)　　(b)　　(c)　　(d)

习题 10-4 图

10-5 如习题 10-5 图所示结构，由两根 $Q235$ 的钢杆组成。两杆的弯曲变形互不影响。已知 AB 杆为方形截面，边长 $a=60\text{mm}$，BC 杆为圆形截面，直径 $d=60\text{mm}$，各杆长 $l=2\text{m}$，稳定安全系数 $n_{\text{st}}=2.5$。弹性模量 $E=200\text{GPa}$。试求该结构的许用荷载 $[F]$。

10-6 一木柱长 3m，两端铰支，截面直径 $d=100\text{mm}$，弹性模量 $E=10\text{GPa}$，比例极限 $\sigma_P=20\text{MPa}$，求其可用欧拉公式计算临界力的最小长细比 λ_P 及临界荷载 $F_{P\text{cr}}$。

10-7 如习题 10-7 图所示两端铰支理想压杆，材料为 $Q235$ 钢材，弹性模量 $E=200\text{GPa}$，截面形状如图，截面面积均为 $4.0\times10^3\text{mm}^2$，$d_2=0.7d_1$，试比较临界荷载的大小。

10-8 某自制简易起重机如习题 10-8 图所示，其中 BC 杆为细长杆，20 号槽钢，回转半径 $i_{\text{min}}=i_Z=2.09\text{cm}$，横截面面积 $A=32.837\text{cm}^2$。材料为

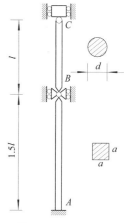

习题 10-5 图

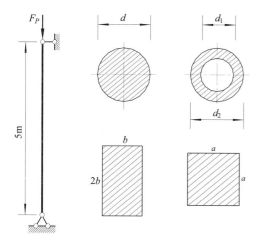

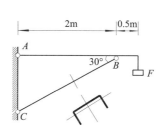

习题 10-7 图（左）
习题 10-8 图（右）

241

$Q235$ 钢，$E=200\text{GPa}$。起重机最大起吊重量是 $F=40\text{kN}$。若规定稳定安全系数 $n_{st}=5$，试校核 BC 杆的稳定性。

10-9 如习题 10-9 图所示结构，横梁 AB 截面为矩形，截面形状及尺寸如图；竖杆 CD 截面为圆形，直径 $d=20\text{mm}$，材料为 $Q235$ 钢，$E=200\text{GPa}$，$\sigma_P=200\text{MPa}$，结构的稳定安全系数为 $n_{st}=2.5$。若测得梁 AB 的最大弯曲正应力 $\sigma_{max}=120\text{MPa}$，试校核 CD 杆的稳定性。

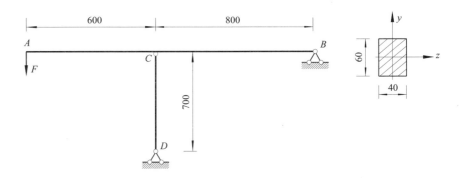

习题 10-9 图

解答

10-1 （d）（b）（a）（e）（f）（c）；

10-2 （a）$\pi^2 EI/l^2$；

（b）$2\sqrt{2}\,\pi^2 EI/l^2$；

10-3 （a）$\pi^2 EI/(0.7l)^2$；

（b）$\pi^2 EI/(2l)^2$；

10-4 （b）（a）（d）（c）；

10-5 125.58kN；

10-6 $\lambda_P=70.25$，$F_{Pcr}=157.07\text{kN}$；

10-7 圆形＜正方形＜长方形＜圆环；

10-8 BC 杆满足稳定条件；

10-9 CD 杆满足稳定条件。

第11章

常见建筑结构体系

　　建筑结构体系（Structural System）既指所有能够承受荷载与作用的构件组成方式，也指构成这一整体体系的构件之间的共同工作机制。结构体系可划分为若干结构分体系或子系统（Structural Sub-system），每个分体系又可视为由一类或几类构件组成的局部结构系统。不同结构分体系通常由不同类型构件组成，可以传递并承受不同的荷载与作用，具有特定的几何外观、传力和构造特点以及建筑使用功能。即使针对相同的荷载以及同一传力路径，不同分体系的有机组合也可构成复杂多样的结构体系，以适应建筑功能的需求，为建筑提供特定的空间和外观品质。

　　结构体系的划分有多种方式，从材料的角度，可分为混凝土结构、钢结构、木机构、砖混结构、混合结构等；以高度、跨度等可分为多层、高层、超高层、大跨等；从使用功能的角度，可分为工业厂房、民用建筑结构等。本章主要以结构分体系的几何特点划分，包括：水平分体系、竖向分体系、曲线和曲面体系以及空间体系。将首先介绍几类常见分体系的组成特性、使用功能和传力性质，结合基础结构体系，进而讨论如何由分体系构成结构整体体系。

　　无论何种分体系都是基本构件的有机组合，其性能、连接方式及其协同工作机制可以从前述各章的简单杆件及其平面杆系结构衍生出来，因此，学习本章的结构分体系与结构整体体系性能时，应紧密结合前述杆件的结构性能。

11.1　水平分体系

　　结构的水平分体系是指结构总体系中由轴线或大尺寸方向为水平方向的构件构成的分体系部分。水平分体系在结构中的作用主要为：以弯曲的方式直接承受屋面和楼面的竖向荷载（主要是恒载和活载，均为重力荷载），并将它们传递给竖向分体系；在水平方向连接和支承竖向构件，并维持竖向分体系的稳定。

　　水平分体系在建筑中一般以楼盖和屋盖的形式出现，对建筑竖向空间起分割作用。还可保温、隔热，即具有围护功能；兼具隔声作用，以保持上下层互不干扰。楼板还可以起到防火、防水、防潮等作用。

　　构成水平分体系的基本构件包括梁、板等，桁架、平板网架也可作为水平分体系。整体而言，可将水平分体系视为由竖向分体系支撑的大平板。当平板上的竖向荷载过大或板跨度过大，板的承载力与抗弯刚度不足以满足结构安全性以及使用功能要求时，可采用增加板厚或增设不同的梁体系来增强板的强度和刚度，也可以通过格构化的方式大幅度地增加板厚来使板达到功能要求。

11.1.1 平板式分体系

平板式分体系是水平分体系的基本形式，由板直接将竖向荷载传递给竖向分体系，如图 11-1 所示直接支撑在墙上的楼板或屋面板。

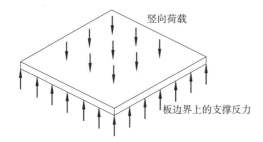

图 11-1

如图 11-2（a）所示，一块 4 边简支支撑的矩形板，中心承受集中力，该力将沿板平面内的两个方向进行传递，板会沿跨 1 和跨 2 两个方向发生弯曲，一般近似认为这两个方向的弯矩和剪力相互独立，板带 AB 和 CD 可分别视为沿两个跨度方向的梁（图 11-2b），其弯矩和剪力如图 11-2（c、d）所示。

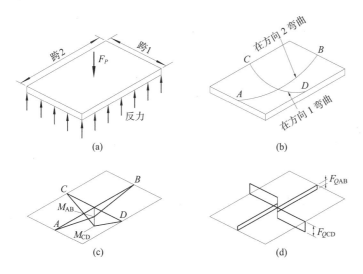

图 11-2

与承受同样荷载的梁相比，板带 AB 和 CD 承受的荷载量都小于 F_P，而沿两个方向的内力在板上也是变化的，如图 11-3 所示。因此，板的内力比梁均匀，承载力和跨度比梁高。

与梁类似，平板可以铰支也可以固支。板在支撑位置若不能自由转动，则为固定支撑，固定支撑的板与墙体之间可以传递弯矩，且固定端处板上为负弯矩（板的上表面受拉）。现浇的连续楼板以及上部有墙体约束时，板均可视为固定支撑。反之，则为简支支撑。显然，四边固定

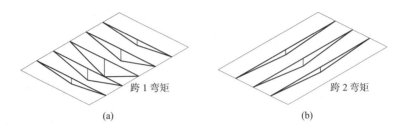

跨 1 弯矩   跨 2 弯矩

图 11-3　板的平面传力机制　　　　　　　　　　（a）　　　　　　　　　　　　　　（b）

支撑的板比四边铰支板的整体弯曲变形小、承载力更高。

若将平板直接支撑在柱上可形成无梁楼盖。由于支座减少，约束刚度降低，与四周墙体支撑的板相比，无梁楼盖中板的变形将增大，为提高平板的承载力和刚度，可以增加板厚。此外，与多跨梁类似，柱附近的板的剪力较大，且有负弯矩（即板上侧受拉），可设置柱帽使柱附近的内力分散。

根据板与柱的连接方式，无梁楼盖又派生出锥形柱帽型，如图 11-4（a）所示，平板式无柱帽型，如图 11-4（b）所示。图 11-5 为世界上第一座无梁楼盖仓库。

托板
柱帽

图 11-4　无梁楼盖　　　　　　　　　　　（a）　　　　　　　　　　　　　　　（b）

图 11-5　世界上第一座无梁楼盖仓库（瑞士工程师 R.Maillart 设计）

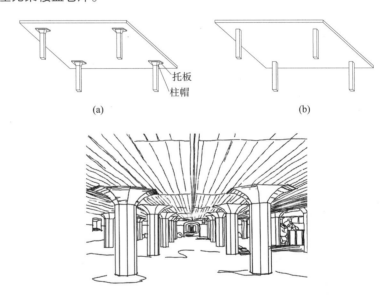

当板的跨度增大时，板的最大弯矩和挠度将分别以接近跨度的平方与四次方的幅度增大。为提高其刚度和承载力，可以增加板的厚度。但板厚达到一定程度时，其增大的承载力将大部分消耗在抵抗板的自重上，实际承受的其他竖向荷载反而减小，还会减小建筑内部净空，降低经济性和适用性。因此，依靠增加厚度来实现增大平板体系跨度的方法是有限制的。改进方式之一是将厚板格构化，使其中空，提高刚度并减轻自重，如用杆件构成平板体系，由此产生平板网架结构（详见 11.1.3 节），或采用下述梁板分体系。

11.1.2　梁板分体系

若将平板局部加厚使其局部形成梁，再将梁支撑于墙或柱上，则板上的竖向荷载将通过梁再传给柱，从而构成**梁板式水平分体系**（图 11-6）。

由于梁可以做得较高，而不影响整体净空，因此，梁板体系可以在消耗较少的材料、增加较小的自重的情况下，获得较大的承载力和整体刚度，从而大幅提高跨度。

　　在承受屋面或楼面的竖向荷载时，梁和板是共同起作用的。板的厚度及承载能力会影响梁的内力大小；反之，梁的承载力及刚度，也会影响板的受力性能。显然，四边与梁刚结的板（图 11-6a），其变形比仅一对边有支撑的板小（图 11-6b）。

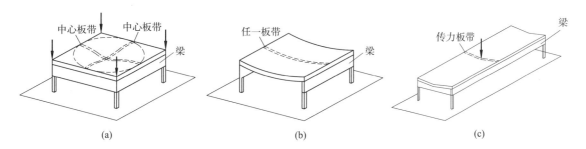

(a) 　　　　　　　　 (b) 　　　　　　　　 (c)

　　梁板分体系中，板被梁分割为若干矩形板块或板条，根据其分隔形式与传力方式，可分为**单向板肋楼盖**（只有一对边有梁支撑的板块，如图 11-6（b）所示；或四边虽有梁支撑，但板块的长边与短边之比大于等于 2，板块呈长方形，如图 11-7a 所示）、**双向板肋楼盖**（板块的长边与短边之比小于 2，如图 11-7b 所示）和**井字形楼盖**（板块的两边之比接近 1：1，如图 11-7c 所示）。当梁的间距较小时，又称为**密肋楼盖**（通常为梁的间距 ≤ 700 梁高，如图 11-7d 所示为单向密肋楼盖）。单向板肋楼盖与单向密肋楼盖的传力路径类似图 11-6（b、c），荷载沿一个方向传递至梁，板可视为若干平行的梁密集排列而成；双向板肋楼盖、井字形楼盖和双向密肋楼盖，其传力方式如图 11-6（a）所示，荷载沿两个方向传至四边支撑的梁。

图 11-6　梁板体系传力机制
(a) 四边设梁双向传力；
(b) 对边设梁单向传力；
(c) 四边设梁单向传力

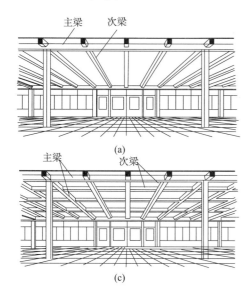

(a)

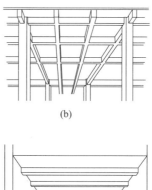

(b)

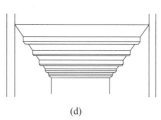

(c) 　　　　　　　　　　 (d)

图 11-7　常见梁板体系
(a) 单向板肋梁楼盖；
(b) 双向板肋梁楼盖；
(c) 井字形楼盖；
(d) 密肋楼盖

此外，梁板体系中，梁通常还分为主梁和次梁，如图 11-7（a、b）所示，直接连接在柱上的梁为主梁，连接在主梁并以主梁为支撑的则为次梁。主梁截面通常比次梁高。主次梁体系中，荷载先由板传递到次梁，再由次梁传至主梁。板与次梁承担竖向荷载，而主梁除承担竖向荷载外，还可与柱一起共同构成框架体系，承担水平荷载，详见竖向分体系。

如图 11-7（c）所示为井字梁体系，虽然也由相互交叉的梁构成，但构成井字梁体系的梁不分主次，截面高度相同，交叉形成正方形或菱形网格（或长宽比小于 1.5 的矩形网格），因此，井字梁所支撑的板通常为双向板。

11.1.3 平板网架

梁板体系可采用增大梁高或减小间距的密肋楼盖的方式来实现大跨，但与平板体系相比，厚重或密集的梁会影响内部空间的平整与纯净。为此，可将梁上翻设于板的上部。但总体而言，与增加板厚来实现跨度类似，这一方法终将使增加的结构承载力被材料的自重抵消而得不偿失。为此，与用格构化的杆件组成桁架代替梁类似，可采用短杆组成网架来代替厚板，从而产生了平板网架。

网架是由许多短直杆件按照某种有规律的几何图形，通过结点（通常为球铰）连接起来的网状结构，包括单层、双层或多层网架。网架结构是高次超静定的空间结构体系，常采用钢材，宜于工业化生产和装配使用，可建造大跨度建筑的屋盖。

上下表面均为水平的网架为平板网架。平板网架可视为格构化的厚板，其整体力学性能与厚板类似。与桁架类似，网架上的荷载可简化为结点荷载，双层及多层网架的杆件主要承受轴力，单层网架的杆件还承受弯矩。网架杆件可由两向、三向交叉布置的平面桁架体系组成，也可由角锥单元组成，常用的有三角锥、四角锥和六角锥等，如图 11-8 所示。

平板网架整体刚度大，稳定性好，对承受集中荷载、非对称荷载、局部超载和不均匀沉降等都较有利。与实腹的厚板相比，平板网架在获得较大的有效板高的同时，可极大降低结构自重，从而有效增大跨度，

图 11-8　常见平板网架
(a) 两向正交正放；
(b) 两向斜交斜放；
(c) 三向桁架；
(d) 正放四角锥；
(e) 正放抽空四角锥；
(f) 棋盘形四角锥；
(g) 三角锥；
(h) 抽空三角锥；
(i) 蜂窝三角锥；
(j) 平面桁架单元；
(k) 四角锥单元

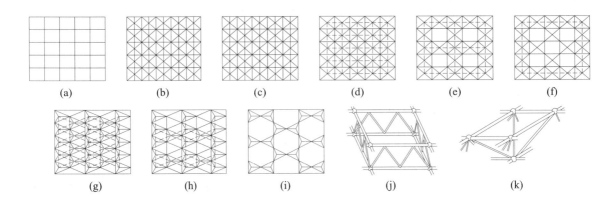

|(a)|(b)|(c)|(d)|(e)|(f)|
|(g)|(h)|(i)|(j)|(k)|

但网架自身高度却会占据较多建筑物内部净空。因此，平板网架常用于屋盖结构，如图11-9所示。

作为大跨度结构形式，支承条件对网架的承载力和刚度影响较大。根据建筑平面的布置及建筑使用功能的需要，可采用周边支承、三边支承、两边支承与点支承以及混合支承等方式，如图11-9所示网架采用的就是点支承。

图11-9　平板网架屋盖

整体而言，可将水平分体系视为由竖向分体系支撑的大平板。当平板上的竖向荷载过大或跨度过大使挠曲变形过大，板的抗弯和抗剪能力不满足安全性或使用功能要求时，可通过整体增加板厚、局部加肋即增设不同的梁体系或采用格构化的桁架体系或平板网架体系，以增强板的强度与刚度，满足功能需求。

结构的水平分体系还可视为梁的组合。平板可视为将同样厚度的梁密排组成的结构，这种组合将梁这种一维受力构件拓展为二维平板，大大提高了结构平面内的抗弯、抗扭性能，但板厚方向的横向刚度提高有限；梁、板体系可视为不同厚度的梁的排列，而梁的形式、板与梁的连接关系的改变，又可变化出不同的梁—板结构形式；桁架与网架结构则可视为格构化的梁和板，其横向刚度得到极大提高。可见，组成水平分体系的具体构件是可以互相转化、组合变化的，由此形成不同外观、满足不同跨度和功能需求的屋盖与楼盖结构（图11-10）。

实腹梁　　　　　　平板体系　　　　　　梁板体系　　　　　　网架体系

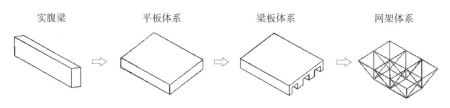

图11-10　水平分体系的变化

此外，不同建筑结构材料应用于水平分体系，也产生了不同的楼盖结构，常见的如：木梁与木地板的木梁楼板体系；预制装配式钢筋混凝土楼板体系；现浇整体式钢筋混凝土梁板体系；砖—混凝土楼盖体系；压型钢板与混凝土的整体现浇式组合楼板，其中，压型钢板既起现浇混凝土的模板作用，其加肋或凹槽又能与混凝土共同工作，起到配筋作用；钢桁架或钢网架楼盖；预应力钢筋混凝土楼板以及强化玻璃楼板体系等。

11.2　竖向分体系

结构的竖向分体系是指结构总体系中以竖向构件为主体而组成的分体系，如墙、柱、筒体等。竖向分体系对水平分体系起支撑作用，可形成维护结构，控制空气、照明、热量、声音等在建筑物的内外交流或穿透。同时，柱或墙体等还标识或划分出建筑物内部空间，以满足使用空间需求。

竖向分体系承受由水平分体系传来的全部竖向荷载（图 11-11a），并将其传递至基础；风荷载、水平地震作用等水平荷载也主要依靠竖向分体系，如图 11-11（b）所示。相对于水平分体系，竖向分体系承受更为复杂的荷载作用。

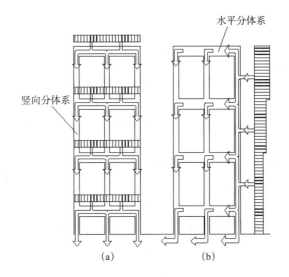

图 11-11　竖向荷载与侧向荷载传递路径
（a）竖向荷载传力路径；
（b）水平荷载传力路径

整个建筑物可视为一个实体大柱或竖向筒体，如图 11-12（a）所示。若将这一筒体分割为多个小筒体，即成为束筒（图 11-12b）；若将大筒体内再加一个小筒体，则成为筒中筒（图 11-12c）。从筒体结构出发，将连成整体的筒在不同的区域切断，则成为墙式竖向分体系；若将组成筒体的材料在各拐角集中，则构成了独立柱式的竖向分体系（图 11-12d）。

也可认为竖向分体系最基本的构件是柱，通过柱的组合与排列，可变换出多种竖向结构单元和分体系。将独立的柱用梁加以连接就组成了框架结构体系，若将部分或全部柱和梁连成片则成为墙支撑体系，再将

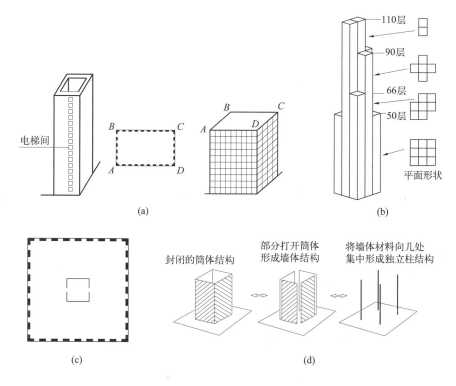

图 11-12 竖向分体系的变化
(a) 筒体;
(b) 束筒—芝加哥希尔斯大厦;
(c) 筒中筒;
(d) 筒体、墙体与柱式结构的转换

墙体系的断口用柱填满则又还原为筒体系（如图 11-11d 所示，从右至左的变化过程）。

可见，各种竖向分体系间也是可以互相转换的。以下简要介绍常见的几种竖向分体系。

11.2.1　框架结构体系

在独立柱式竖向分体系中，将单个大柱分成若干小柱，并用梁将它们刚结，即构成框架结构体系，如图 11-13 所示。

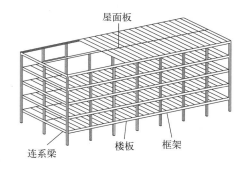

图 11-13　框架结构

由框架结构的力学特性可知，框架效应取决于梁与柱之间的相对刚度比。如果柱的刚度远大于梁的刚度，在水平荷载下柱主要为弯曲变形，柱的内力以弯矩为主，大部分倾覆力矩将由柱承担（图 11-14a）；若增大梁的刚度，则柱的弯曲变形和弯矩都将减小，柱将以成对的轴力的方式承担很大一部分倾覆力矩，整个框架呈剪切变形的形式（图 11-14b）。若将框架中的梁柱刚结点改为铰结点，则成为单层工业厂房常用的排架体系（图 11-14c）。

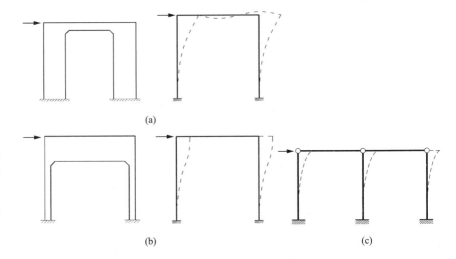

图 11-14
（a）柱刚度远大于梁刚度的框架结构及其水平荷载下的变形；
（b）柱刚度远小于梁刚度的框架结构及其水平荷载下的变形；
（c）铰接排架

如图 11-15（a）所示典型的框架结构单元，由 4 个相互垂直的平面刚架刚结而成，每根柱都位于两个相互垂直的平面框架的交接处。荷载作用下，每一个平面框架的受力和变形都会导致柱在其所在平面内发生弯曲变形（图 11-15b、c），因此，柱的实际变形既不在框架 1 所在的平面内，也不在框架 2 所在的平面内，而是发生空间的弯曲变形，如图 11-15（d）所示。

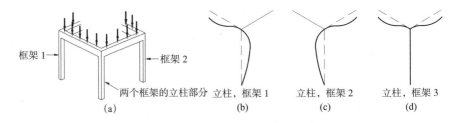

框架 1 —— 框架 2
—— 两个框架的立柱部分
立柱，框架 1   立柱，框架 2   立柱，框架 3
（a）   （b）   （c）   （d）

图 11-15

纯框架结构中，墙体仅起分割和围合的作用（即隔墙），不承担荷载，但可以传递一部分水平荷载。因此，纯框架结构的建筑平面布置灵活；立面设计也较墙体承重体系灵活多变；采用轻质隔墙或外墙，还可大大降低结构自重，节省材料。

纯框架结构在水平荷载作用下，有反弯点，整体呈现剪切变形的形式，如图 11-16 所示。由于纯框架结构的抗侧移刚度主要取决于柱横截面尺寸，而通常柱的截面惯性矩比墙体小，因此，框架结构的侧向变形大，尤其是底部空间变形较大，这一缺陷限制了框架结构的使用高度。在地震区，易引起非结构构件如隔墙、预制楼板等的破坏。但通过合理设计，纯框架结构也可以具备良好的延性以利抗震，即所谓的延性框架，基本

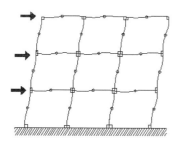

图 11-16　框架结构的侧向变形

设计原则是"强柱弱梁"，梁设计为"强剪弱弯"。

　　框架结构可预制装配也可整体现浇，一般采用框架梁柱整体现浇，楼板预制装配。抗震区应优先采用现浇框架。

11.2.2　承重墙

　　将多个独立柱平行密排，即可得到墙。墙起围合与分割空间的作用。墙体还是承受竖向和水平荷载的主要承重体系，以承受竖向荷载为主的墙体称为**承重墙**。

　　墙的几何特征与板相似，但受力性质不同。如图 11-17 所示，承重墙主要承受沿墙体平面的压力，可视为扁平的大梁，其承载机制类似于高度较大的深梁（如我国规范规定跨高比不大于 2 的简支梁和跨高比不大于 2.5 的连续梁）。但随着高度的增加，墙板内部拉应力和压应力的分布则逐渐脱离梁的模式，受拉区逐渐减小，横截面中性轴下移，墙体平面内的拉应力与压应力分布表现为复杂的平面应力分布形式，如图 11-18 所示拉 / 压应力迹线，在靠近支座和墙体支撑边沿处，应力迹线密集，靠近墙体中部，较为稀疏。

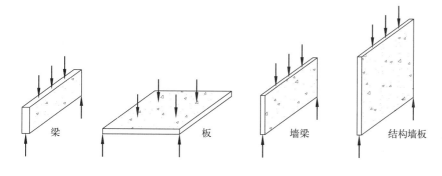

梁　　　　　板　　　　墙梁　　　结构墙板

图 11-17　墙的竖向传力机制

　　承重墙可以由砌体、木材、混凝土或钢材构成。将墙体系与水平分体系的楼盖或屋盖结构相连后，就组成一个基本的建筑空间单元。由于墙体系的几何特性为墙体平面尺寸远大于厚度方向的尺寸，因而可以很好地抵抗作用于墙平面内的竖向和水平荷载，而对垂直于墙体平面的水平荷载则抵抗力较弱，相当于楼板受竖向荷载，会产生较大的挠曲变形。通常不会依靠墙体厚度方向的强度和刚度来抵抗水平荷载，而是依靠墙的水平抗剪机制，即下文将要介绍的剪力墙。

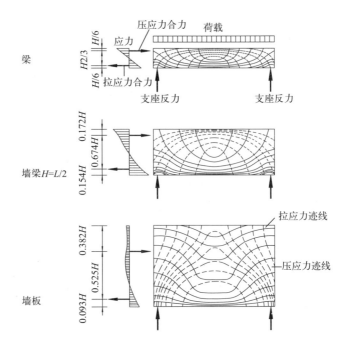

图 11-18 墙的内力分布变化

11.2.3 剪力墙

剪力墙主要承受来自其上所连接的楼盖或屋盖的水平剪切荷载，如图 11-19（a）所示，其受力机制类似宽而扁的悬臂梁，因此抗侧刚度较大。如图 11-19（b）所示，顶部受到水平剪力作用后，剪力墙会产生弯曲，内部以弯矩和剪力与外力平衡，并将剪力传递至下一层墙体，同时对基础或支座产生拉力和压力，顶部剪力产生的侧向倾覆力矩则依靠剪力墙自重平衡。因此，剪力墙的重心应尽量偏离倾覆矩心（图 11-19b 中 A 点），剪力墙与上下楼盖的连接以及自身的连接必须牢固，能够抵抗弯矩与剪力。

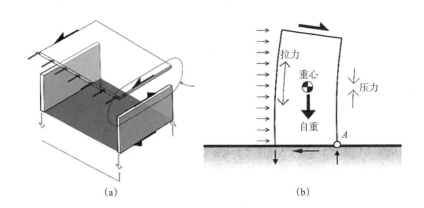

图 11-19 剪力墙传力机制   （a）   （b）

剪力墙体系是目前多高层建筑中常用的一种抵抗水平荷载（主要包括水平地震作用、水平风荷载等）的竖向分体系（也称为抗侧力体系），是抗震和抗风的重要结构形式。由于水平荷载来自各个方向，布置剪力墙时应尽可能提供各个方向的抗侧机制，通常需在两个垂直的方向布置，且各方向应成对或多道平行布置，如图 11-20 所示，且应避免某一方向结构的抗侧刚度过小。

如图 11-21 所示的若干剪力墙的平面布置方式，图中○表示抗剪中心[①]。图 11-21（a）未提供 x 方向的抗侧刚度，无法抵抗 x 方向的水平荷载；图 11-21（b）的抗剪中心和实际水平合力作用点不重合，水

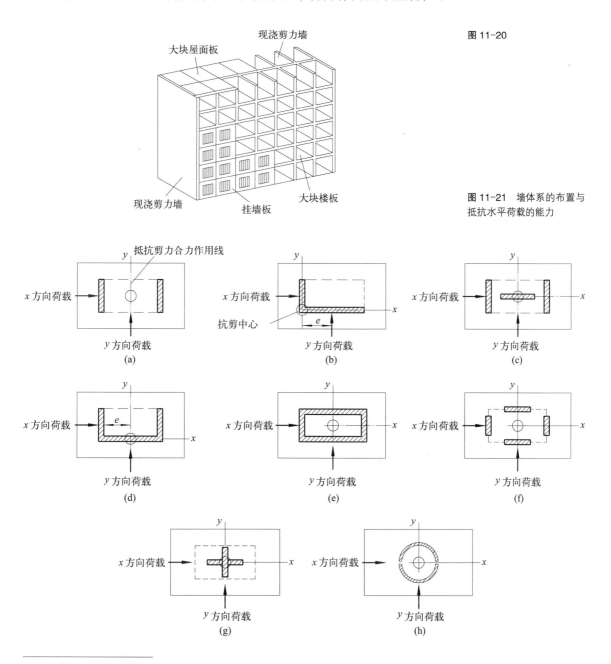

图 11-20

图 11-21　墙体系的布置与抵抗水平荷载的能力

—————————

① 注：所谓抗剪中心是指使结构只产生结构平面内的移动而不产生转动的水平合力作用点。

平荷载作用下结构会发生扭转，且建筑总平面的右上角抗侧刚度弱；图 11-21（c）~（f）的布置可以抵抗两个方向的水平荷载与扭转，但图 11-21（c、d）中，沿 x 方向只设了一道剪力墙，整体性能较差，且图 11-21（c）布置在结构平面的对称轴上，抗扭刚度不足。图 11-21（f）中四片剪力墙形成了箱型结构，可以抵抗来自各个方向的水平荷载以及整体转动，且允许建筑物角部在温度、徐变和收缩等非结构因素影响下有一定变形。图 11-21（g）虽然可以抵抗各个方向的水平荷载，但抗扭刚度弱；图 11-21（h）的环形剪力墙提供了较大的侧向刚度，相当于拱的作用，且整体具有抗扭能力。

总体而言，布置剪力墙时应尽量使抗剪中心接近风荷载或水平地震作用产生的水平荷载合力作用点，否则结构会在水平荷载作用下产生整体扭转。剪力墙应在两个方向成对并对称布置，使其具备整体抗扭能力。应在建筑结构总平面上均匀布置，使总平面上的抗侧刚度分布均匀。

剪力墙通常需延伸至地面，才能保证结构的整体抗侧移刚度。而有时由于建筑物功能的需要，要求在底层或底部若干层形成平面灵活的大空间，此时可将部分剪力墙落地，其余部分剪力墙在底部改为框架，形成底部框支剪力墙（图 11-22）。

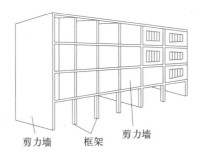

剪力墙　　　框架　　　剪力墙

图 11-22　框支剪力墙体系

若在框架结构中设置部分剪力墙，就形成了框架剪力墙体系（图 11-23）。二者通过楼板固结，协同工作，兼具纯框架结构空间布置灵活与剪力墙抗侧刚度大的优点。由于剪力墙侧向刚度大，将承担大部分水平荷载，是抗侧力的主体部分；框架则主要承担竖向荷载，提供较大的使用空间，同时起连接剪力墙并保证墙体稳定性的作用。与纯框架结构相比，框架剪力墙侧向变形呈剪弯型，沿高度的整体变形更为均匀，侧向刚度和承载能力都大为提高，因此，框架剪力墙体系在我国多高层抗震结构中得到广泛应用。

图 11-23　框架剪力墙体系
（a）单片结构变形；
（b）整体结构变形

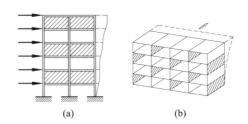

（a）　　　　　　　　　　　　（b）

11.2.4　筒体

　　将剪力墙围合成相对封闭的环就构成一个筒体结构（图11-12a），相当于竖向放置的悬臂箱型梁，除需承受自重及其他竖向荷载外，还要承受来自不同方向的水平荷载，因此，筒体的刚度在各个方向应大体一致。筒体为高层建筑结构的常用竖向分体系，可作为竖向交通、水电等输运通道，如电梯井、通风井、管道井和楼梯井等。楼板通常悬挂于核心筒体上，外墙仅仅承受部分或完全不承受重力荷载，并将水平风荷载通过楼板和梁传至核心筒。

　　第8章图8-22给出了筒体结构的荷载、变形（或位移）特点，其中，结构重力荷载沿高度呈三角形分布，底部重力荷载最大；水平荷载（强震、强风）随高度近似呈线性增长，近顶部荷载最大，而所产生的内力（弯矩和剪力）在底部最大，是高度的三次方；结构顶部侧向位移是结构高度的五次方。此外，结构巨大的重力荷载会引起地基沉降与混凝土的收缩徐变，使筒体与外部结构产生竖向沉降差。可见，控制水平荷载下（包括水平地震作用和强风）结构的侧向位移、抵抗整体倾覆、避免强震作用下结构倒塌、避免或减小结构巨大的重力荷载引起的地基沉降（差）等是高层建筑结构体系设计的关键。

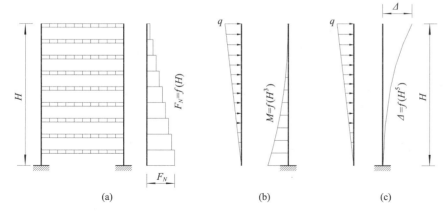

图8-22　高层建筑的受力变形特点
(a) 轴力与高度的关系；
(b) 弯矩与高度的关系；
(c) 侧向位移与高度的关系

　　影响筒体结构性能的重要参数是高宽比。通常，当筒体的高宽比小于3时，表现为剪切型变形；高宽比大于5时，为弯剪变形；高宽比大于7时，为弯曲型，若采用单筒，结构将过于柔软，侧向位移过大，则可采用多个筒体构成束筒或筒中筒。

　　筒体平面形式包括：圆形、椭圆、曲面、箱型、三角形或多边形（图11-24）。如果建筑物只有一个井筒，可以放置在结构平面中部。若有多个筒体，则需分散布置，但应尽量对称布置，以避免在水平荷载下产生扭矩。筒体可以是钢筋混凝土实体筒（如电梯井，图11-25a）或由密排柱组成的框筒（图11-25b）。由于水平荷载下，框筒结构角柱轴力大、中柱轴力较小，因此，角柱的截面尺寸和刚度比中柱大。为减小各个柱之间轴力分布的不均匀，也可采用带斜撑的钢结构筒（巨型钢桁架筒）（图11-25c）或筒中筒（图11-25d）等。

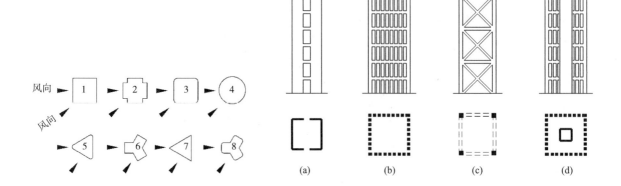

图 11-24　高层建筑平面形式（左）

图 11-25　筒体类型（右）

(a) 实腹筒；

(b) 框筒；

(c) 桁架筒；

(d) 筒中筒

各种竖向分体系之间也是可以相互转化或组合的，例如框架体系与剪力墙结合成为框架—剪力墙体系，框架与筒体结合成为框筒体系。如图 11-26 所示，给出了若干常见组合形式。

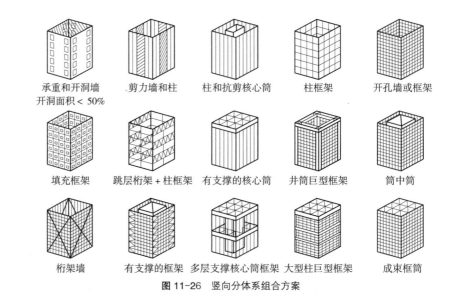

承重和开洞墙　剪力墙和柱　柱和抗剪核心筒　柱框架　开孔墙或框架
开洞面积＜50%

填充框架　跳层桁架＋柱框架　有支撑的核心筒　井筒巨型框架　筒中筒

桁架墙　有支撑的框架　多层支撑核心筒框架　大型柱巨型框架　成束框筒

图 11-26　竖向分体系组合方案

11.3　曲线型结构体系

建筑结构中还有另一种分体系，兼具水平和竖向分体系的作用，这类体系的显著几何特征是结构的对称轴为曲线，这就是拱和悬索。

对于以弯曲为主要平衡机制的梁、板式构件，结构的强度和刚度依靠结构无支撑长度和截面有效高度来实现，截面中部材料的利用率很低。为实现大跨，需要大幅增加截面高度或厚度。而对于曲线形结构，所需要的抗弯能力可通过调整结构的总体形状、加大结构体系的矢高或垂度来实现，毋需依靠增大构件截面高度或厚度，结构可以很轻薄。

11.3.1 拱结构体系

拱是一种古老的结构形式，古代常用天然石材、烧结砖等抗压材料来建造拱结构，现代拱多采用钢筋混凝土和钢材。

拱可以承受其结构平面内任意方向荷载，在荷载、支座推力和竖向反力作用下，拱肋基本处于受压或较小的偏心受压状态。若采用合理的拱轴线形式，则整个拱将直接承压，而无弯矩和剪力，这是最能发挥抗压结构材料特性的理想形状。拱的形式有抛物线、圆弧或折线，自身即构成内部空间。与其他水平、竖向分体系相比，拱本身就是一个完整的传力体系，并具备完整空间使用功能。

当荷载变化、拱的建造形状产生误差或受温度变化等因素的影响时，拱内会产生弯矩；以受压为主的拱还可能发生受压失稳，因而，拱结构必须具备一定抗弯和抗扭刚度，以维持形状的稳定性。一种有效方法是使活荷载对应的压力线在拱的截面高度之内，保证拱截面即使在活荷载作用下仍以受压为主，而弯矩较小（图11-27）。这就是为什么古代石拱桥多采用圆形或抛物线形且截面厚重的原因。

图11-27 拱的稳定机制

拱的矢跨比是拱的主要控制尺寸。矢跨比 f/l 愈大，拱脚的推力越小，拱的内压力也越小；反之，矢跨比 f/l 愈小，拱内压力越大，所需的水平推力也越大，对地基支撑条件要求也越高。拱的矢高与建筑物的外形、功能要求、构造以及结构承载力要求等因素有关。古代石拱桥多为半圆形，拱高大，桥墩推力小，易施工。但过大的拱高，使上下行桥困难，不利于车辆通行。因此，现代拱桥多为扁拱，但桥墩施工难度大、对地基承载力要求高。

拱结构的截面形状与梁类似。钢结构和木结构拱可采用格构形式，钢筋混凝土拱采用实体形式，截面有矩形、工字形、箱型等，其中箱型截面具有各方向刚度都较大、材料使用合理的特点，在大跨屋盖和桥梁中应用广泛。拱身一般可采用等截面，无铰拱可在拱脚处增大截面以抵抗拱脚处的剪力。

采用拱作为屋盖结构时，能提供水平推力的支撑是不可或缺的。可采用拉杆拱（图11-28a、b），也可通过刚性水平结构（如楼盖）将水平推力传递给总拉杆（图11-28c），还可辅以其他竖向体系（如柱、框架等）承受水平推力（图11-28d、e）。当地基条件允许时，也可直接由基础传至地基。一般屋盖结构可取矢跨比为 1/7~1/5，且不应小于1/10。

11.3.2 悬索结构体系

悬索结构主要受轴向拉力，多采用抗拉强度高的钢材，用于大跨度桥梁和大跨轻型屋盖。悬索抗弯刚度很低，弯矩和剪力忽略不计，是柔性结构，其形状随荷载而改变，是以形状回应荷载的改变的结构。索受到其结构平面荷载作用时，会对支座产生拉力，且拉力大小与悬索的垂跨比有关。垂跨比越大，拉力越小；反之，拉力越大。就结构形式、材

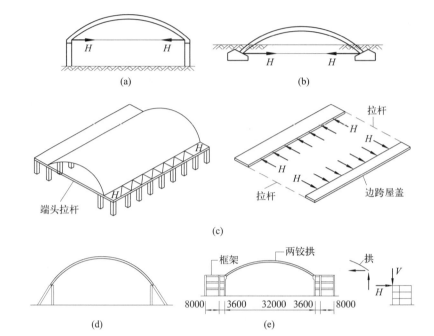

图 11-28
（a）室内拉杆拱；
（b）地下拉杆拱；
（c）拱脚水平推力由山墙内的拉杆承担；
（d）拱脚推力由柱和斜撑承担；
（e）拱脚推力由侧边框架承担

料性能、内力、变形和支座反力特征而言，拱和悬索构成对偶体系。将拱上的荷载作用在同样跨度的悬索上，将所得到的悬索曲线"冷冻"并反向，就得到拱在给定荷载和跨度下的合理拱轴线。西班牙著名建筑师高迪就是采用这一方法得到圣家族大教堂那些魔幻的悬链线拱的。

找出合理垂度、处理好悬索水平力的传递和平衡是悬索设计的关键。悬索结构设计时，悬索的水平分力必须通过其他结构构件加以锚定或抵抗，可增设拉索或推杆减小支座拉力。

悬索受拉力作用，避免了拱结构的压屈失稳，整体的跨高比可达到10 左右。但由于悬索抗弯刚度很低，在水平荷载、反向的竖向荷载、非均匀荷载以及过大的集中荷载下，难以维持自身形状的稳定，如图 11-29所示。为此，可采用预张拉的方法使索具有一定的抗弯能力。

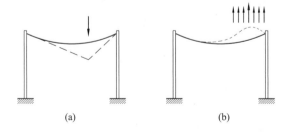

图 11-29
（a）集中荷载的影响；
（b）风吸力的影响

悬索用于屋盖结构时，通常采用索网的形式，跨度可达 150m，如图11-30 所示。为平衡索网的拉力，可采用地锚式（图 11-30b）或自锚式[1]

---

[1] 自锚式：不设重力式地锚与平衡拉索，而将主缆直接锚固在屋架的加劲梁梁端，以承受主缆端部的水平与竖向分力的悬索体系。自锚式的加劲梁存在较大轴向压力，适于承载力不足的软土地基，且毋需较大的占地面积。

（11-30c、d）。与拱类似，悬索结构的边缘支撑方式是结构的关键，一般
用钢量大于索网部分，施工也较复杂。边缘构件一般可采用钢筋混凝土
梁、环梁、拱等，必须具有一定的刚度以有效承担索网的拉力，边缘构
件的支承构件一般为柱、支架或基础。

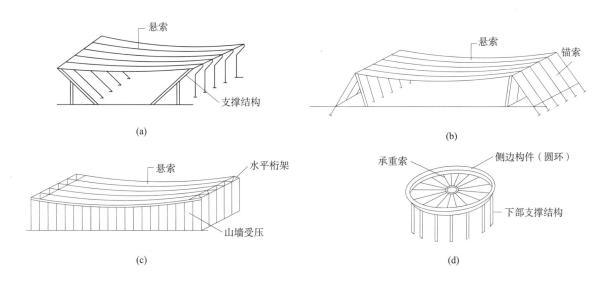

现代悬索结构一般采用钢索，为防止索网结构失稳和发生风致共振
效应，常设置稳定索施加预应力，以提高屋面的自重和刚性，如图 11-31
所示。稳定索与承重索的组合，可形成不同的外部轮廓和内部空间。

图 11-30　索网式屋盖的支撑方式

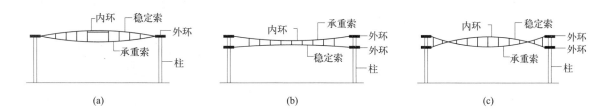

为保证屋盖不被风掀起，可增加重力荷载以提高索的稳定性，如图
11-32 所示。一般地，屋面板构造层和悬索的重力荷载应大于 1.1~1.3 倍
风吸力。

图 11-31　双曲双层拉索体系

曲线形体系是对结构形状敏感的体系，其传力效率和材料利用率很高。
为选择最佳承载状态，曲线形结构应该有与其压力线相接近的形状，以使内
力主要为轴力，无弯矩或弯矩很小，而所需材料用量应尽可能少。曲线形结
构的不足之处在于空间不规则，如拱结构外凸内凹，尤其是近支座处不如平

**图 11-32　增加重力荷载提
高悬索结构稳定性**
(a) 屋面加重量；
(b) 吊挂地板加重量；
(c) 吊顶加重量

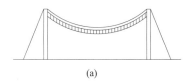

(a)

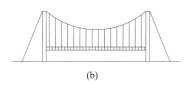

(b)

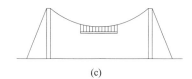

(c)

直体系容易利用，且支座构造复杂、施工难度较高。实际使用时，可在原曲线形结构体系上附加一个竖向体系，提供支撑条件，提高空间利用率。

11.4　空间结构体系

如果荷载传递的方式为向四周传递而非单一的线性路径或平面路径，对应的结构即为空间结构，它在不同高度平面上的投影不相同。常见形式包括壳体、穹顶、空间网架以及其他空间曲面形式及其组合形式。空间结构也是对自然界物体的模仿，如壳体结构源于对贝壳、蛋壳等的模仿（图 11-33a、b），而网架和格构式结构则类似蜂巢和动物骨架结构。

(a)

(b)

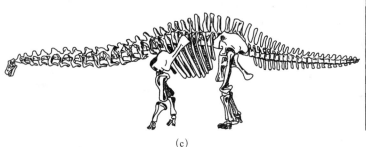

(c)

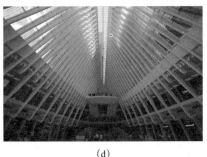

(d)

图 11-33
(a) 贝壳；
(b) 中国国家大剧院　肋环型空腹双层网壳；
(c) 恐龙骨骼化石；
(d) 纽约中央地铁站

11.4.1　薄壳

薄壳结构是拱向空间的延展。将拱绕其竖向轴线旋转，或将拱沿另一个拱弧线平移都可以产生壳面，壳体结构具有厚度远小于另外两个方向尺寸的特点。拱轴线的多样性产生了纷繁多姿的壳体结构，如球壳、筒壳、双曲扁壳和双曲抛物面壳（或称扭壳）等（图 11-34），可满足不同的建筑造型需要。

壳体结构的受力特点与拱类似，即沿厚度方向的弯矩较小，内力以压力为主。壳面和边缘支承构件是壳结构的基本组成单元，边缘构件是薄壳结构的边界和支座，为壳面提供明确的受力边界条件。

壳体结构具有很好的空间传力性能，能以较小的厚度形成承载力高、刚度大的承重结构，能覆盖或围护大跨度的空间而不需中间支柱，兼有承重和围护的双重作用，从而可以节约结构材料。

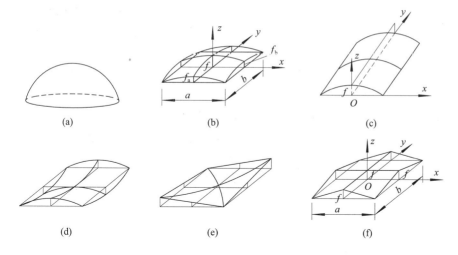

图 11-34
(a) 球面；
(b) 椭圆抛物面；
(c) 柱筒面；
(d) 双曲抛物面；
(e) 菱形壳面；
(f) 组合壳面

    壳面可由拱绕其竖轴旋转而成，如图 11-35（a）所示扁球面壳体；也可由一条拱弧线沿另一个拱弧线平移而成，如图 11-35b 所示，一般可采用抛物线形拱，矢跨比较大。双曲扁壳中的内力类似于拱。在理想条件下，主压力由拱顶开始沿径向肋或正交肋传到支座。与拱类似，在任意荷载作用下，壳体内部总是不可避免地会产生一定的弯矩，因此壳体也需提供抗弯能力。拱的抗弯能力可采用增大截面高度的方法，对于壳体结构，则可在壳体不同高度处设置环箍（图 11-35c），以闭合环箍的拉力来抵抗壳面向外的弯曲，作用机制类似拱的支座推力或拉杆的拉力。

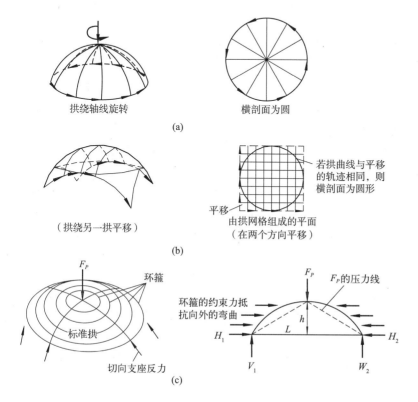

图 11-35 通过旋转或平移形成的双曲拱壳
(a) 旋转而成的壳面；
(b) 平移而成的壳面；
(c) 环箍作用机制

传递到壳体边缘的力最终沿双曲拱壳的底边传给支座。壳体边缘的力与壳面是相切的（图11-35c），所以支座构件可以做成扶跺形式，也可以做成竖直的形式，但后者必须在壳体边缘设拉环以抵抗沿径向向外的推力。

由于环箍和支座拉环的存在，壳体可以做得较薄；而除非破裂，双曲拱壳的壳面是不能被展开为一个平面的，因而，只要壳面不开裂就不会在荷载作用下被压平。这些特性都可以使壳体薄而轻巧。

可见，壳体结构是由拱和环箍构成的组合体系，环箍力的大小取决于拱内弯矩的大小。拱的弧线越接近理想拱轴线，环箍力就越小。理想的拱壳既能起到连续的拱肋的作用，又能起到周边环梁的作用，环梁既能受压又能受拉，壳体结构的总体传力机制如图11-36所示。

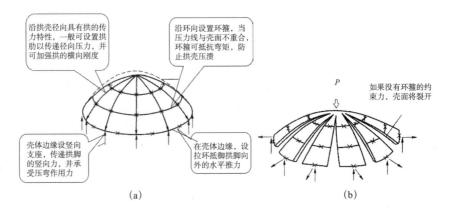

图 11-36 拱壳的总体传力机制

其他形式的壳体结构的受力特性与此类似，均需考虑壳面内推力机制的形成、环箍的设置方式、壳面边沿切向推力的平衡机制和拉环的设置。

拱、悬索、薄壳这类曲线和曲面形式的结构均为对形状敏感的结构。这类结构的整体承载力和变形主要由曲线或曲面的形状来控制，而非构件截面的高度或厚度。当其具有接近压力线或索链线的形状时才能发挥这一类型结构的优势。对于拱和薄壳结构，合理的拱轴线或壳面形状、支承方式是设计的重点。偏离合理拱轴线过多时，就只能依靠加大壳体厚度来抵抗弯矩和剪力产生的附加内力，从而丧失薄壳结构的优势。悉尼歌剧院的屋盖就是典型的违背壳体合理形状的案例，其标志性的贝壳式屋壳其实是以Y形和T形的钢筋混凝土肋骨拼结而成的厚板（图11-37）。

11.4.2 网壳

网架是由许多短直杆件按照某种有规律的几何图形连接起来的网状结构。网架构成的网壳，造型更趋轻巧、美观和多变，宜于建造大跨度建筑的屋盖。网壳有单层、双层、单曲和多曲等各种形状，是格构化的壳体，可以采用各种壳体的曲面形式，在外观上具有与薄壳结构同样丰富的变化，如图11-38所示各类单层网壳。

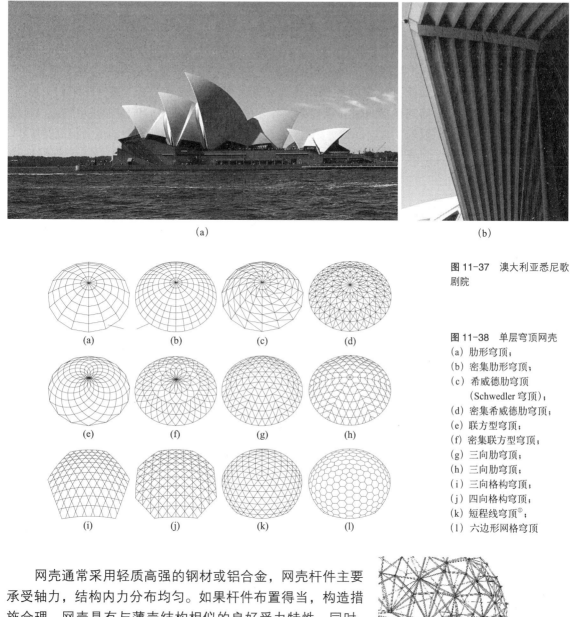

图 11-37 澳大利亚悉尼歌剧院

图 11-38 单层穹顶网壳
(a) 肋形穹顶；
(b) 密集肋形穹顶；
(c) 希威德肋穹顶
（Schwedler穹顶）；
(d) 密集希威德肋穹顶；
(e) 联方型穹顶；
(f) 密集联方型穹顶；
(g) 三向肋穹顶；
(h) 三向肋穹顶；
(i) 三向格构穹顶；
(j) 四向格构穹顶；
(k) 短程线穹顶[①]；
(l) 六边形网格穹顶

网壳通常采用轻质高强的钢材或铝合金，网壳杆件主要承受轴力，结构内力分布均匀。如果杆件布置得当，构造措施合理，网壳具有与薄壳结构相似的良好受力特性。同时，网壳是以折面近似曲面，直杆替代曲杆，具有制造和现场装配的优势。如图11-39所示球形网壳，采用了短程线理论设置杆件，是杆长规格最少且杆长最短的球壳网格，节省了材料，降低了自重，体现了数学对结构设计的意义。

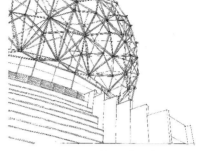

图 11-39 DOT_BC 球形网壳 加拿大温哥华

---

① **短程线**是指球面上两点间最短的曲线。这条曲线位于该点及球心所组成的球面大圆的圆周上。圆内接的最大正多面体是正二十面体，把内接正二十面体各边正投影到球面上，再将球面划分为二十个全等的球面正三角形，其分割线在球面上所形成的网格，是杆长规格最少且杆长最短的球壳网格。

11.4.3 筒壳

筒壳兼具拱和梁的传力特性，是由两端有山墙、加劲梁或横隔板的柱面构成的双向传力空间结构，如图 11-40（a）所示。筒壳在横向壳面内产生压力，作用与拱相似，在纵向则发挥着梁的作用，将上部竖向荷载通过纵向梁的作用传给山墙、加劲梁或横隔板（图 11-40b）。因而，筒壳是横向拱和纵向梁的作用的综合，如图 11-40（c）所示的应力迹线显示了其空间传力路径。若两端无山墙或隔板，则筒壳的传力机制类似拱，主要在横向传递压力，如图 11-40（d）所示。

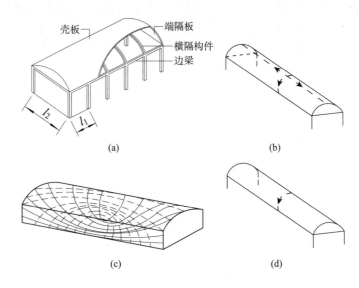

（a）

（b）

（c）

（d）

图 11-40　筒壳
(a) 筒壳结构示意图；
(b) 筒壳传力路径示意图；
(c) 筒壳应力迹线；
(d) 无山墙的筒壳

筒壳也可以格构化形成单筒或多筒的网筒，如图 11-41 所示。筒壳可以形成沿长轴方向无柱的空间，常用于车站、体育馆等大跨屋盖结构中，如图 11-42 所示。

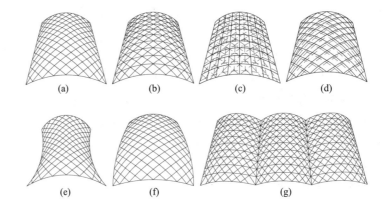

（a）　　　　　　（b）　　　　　　（c）　　　　　　（d）

（e）　　　　　　（f）　　　　　　（g）

图 11-41　格构化筒壳
(a) 联方筒壳；
(b) 三向筒壳；
(c) 双向双层筒壳；
(d) 双层联方桁架筒壳；
(e) 双曲面联方筒壳；
(f) 椭球面联方筒壳；
(g) 组合三向筒壳

其他空间结构形式还有折板结构（如奈尔维设计的巴黎联合国教科文总部）、薄膜结构、充气结构（如 1976 年大阪博览会富士馆采用的气囊式膜结构）以及混合结构等，丹下健三所设计的东京代代木体育馆则为张拉索结构与壳结构的成功组合应用。

目前常见的结构体系中，悬索结构可实现的跨度最大，其次为薄壳，而一维的单跨梁的跨度最为有限。

图 11-42　单筒网壳结构德国科隆火车站

11.5　基础结构体系

建筑结构最终都需通过基础将荷载传至地基，因此，基础是荷载路径的最终环节也是关键环节。基础一方面需要改变上部结构传递的力的分布形式，减小应力强度，适应地基承载力条件；另一方面又需锚固上部结构，对抗水平荷载导致的侧倾、滑动、拔起等，要能经受地震产生的地面运动，这一锚固作用类似大树的根系；对于拱、壳或索、膜等结构体系，基础还需提供足够的推力或拉力。此外，基础还需具有一定的重量和强度以抵抗地下水土的上浮力、侧向压力等。

当地表附近的地基有足够承载力时，可以采用浅基础（如图 11-43 所示）柱下独立基础，直接置于下部结构最底端，将建筑物的荷载直接传递至支撑岩土上。当地基承载力不足，如场地为软土地基时，柱传递到地基的竖向力大于地基所能承受的荷载，则地基将发生过大或不均匀的沉降。为此，可以将结构与地基的接触面增大，即将点式的传力方式改为线式（图 11-44）或面式（图 11-45、图 11-46），或将基础加深，采用桩的方式（图 11-47），将基础柱向下延伸至更牢固的地基层或岩石层，并依靠土壤和岩层的摩擦力抵抗上部荷载。

柱下独立基础：当建筑物上部为框架结构或单独柱子，且地基承载力较高时，常采用独立基础；若柱子为预制时，则采用杯形基础形式，如图 11-43 所示。

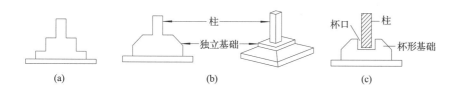

(a)　　　　　　　　　(b)　　　　　　　　　(c)

图 11-43　柱下独立基础
(a) 柱下独立台阶式基础；
(b) 柱下独立锥形基础；
(c) 杯形基础
（图片来源：陈希哲，叶菁：土力学地基基础（第 5 版），北京：清华大学出版社，2013）

条形基础：当建筑物采用砖墙承重时，墙下基础常连续设置，形成通长的条形基础，如图 11-44 所示。

满堂基础：当上部结构传下的荷载很大、地基承载力相对较低、独立基础不能满足承载力要求时，常将这个建筑物的下部做成整块钢筋混凝土基础，成为满堂基础。按构造又分为筏形基础和箱形基础两种。

筏形基础：筏形基础形似漂流于水中的木筏，是在井格式基础下又用钢筋混凝土板连成一片而形成的。这大大增加了建筑物基础与地基的

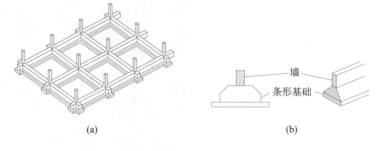

图 11-44
（a）柱下交叉形基础；
（b）墙下条形基础

接触面积，减少了单位面积地基土层所承受的荷载，适合于软的地基和上部荷载比较大的建筑物。筏形基础也可视为倒置的梁板式水平分体系，其荷载路径与梁板体系恰好相反，为柱→梁→板，如图 11-45 所示。

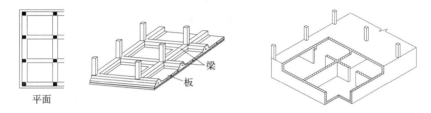

图 11-45　筏形基础（左）
图 11-46　箱形基础（右）

箱形基础：当筏形基础埋深较大，并设有地下室时，为了增加基础的刚度，将地下室的底板、顶板和墙浇制成整体箱形基础。箱形的内部空间构成地下室，具有较大的强度和刚度，多用于高层建筑，如图 11-46 所示。

桩基础：桩基础是由桩承台和桩组成的深基础，它们向下延伸，穿过薄弱土层，将荷载传递至更牢固的地基层或岩石层，协同土壤和岩层的摩擦力共同抵抗上部荷载（图 11-47）。桩的承台又包括承台梁和承台板等形式。

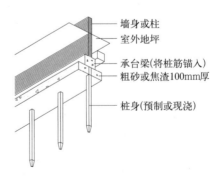

图 11-47　桩基础

11.6　结构总体系及其协同工作机制

水平分体系、竖向分体系以及基础体系即可构成结构总体系。不同种类的分体系组合而成的不同结构总体系，具有各自的内部空间与外部形态特性，可满足不同建筑使用功能需求，如图 11-48 所示。梁板—框架结构体系（图 11-48a），可采用现浇或装配式钢筋混凝土与钢结构，结构跨度较大，内部空间开敞、灵活，墙体只起围合与分隔作用，墙上可自由开门窗洞孔，但整体侧向变形大，不适宜高烈度区和高层建筑。平板与承重墙和剪力墙构成的墙—板体系（图11-48b），多采用砌体或混凝土，层高和跨度较小，空间隐秘性强，整体抗侧刚度大，但门窗大小受限。框架—核心筒体系可有效抵抗各方向的水平荷载，抗侧刚度较前两种组合形式都大。

　　组成结构总体系的各分体系之间通过协同工作，为结构可能遭受的各种荷载提供传力路径，主要包括对以重力为主的竖向荷载和以水平地震作用、水平风荷载为主的侧向荷载提供传力路径，如图11-49所示。其中，竖向荷载在水平与竖向分体系之间的传递机制相对简单，其传力路径从梁板水平分体系传至竖向分体系，最终至基础。以图11-50所示梁板—框架结构为例，其竖向荷载传力路径为楼板—次梁—主梁（或框架梁）—柱（或框架柱）—基础。可见，竖向分体系中的构件（如框架梁、柱、剪力墙和筒体等），通常要参与竖向荷载的传递。因此，体系中的竖向构件（墙、柱等）应具备足够的竖向承载力和稳定性，否则将导致竖向传力路径中断。而水平分体系就为竖向构件提供了侧向支撑，保障了竖向分体系的稳定性。

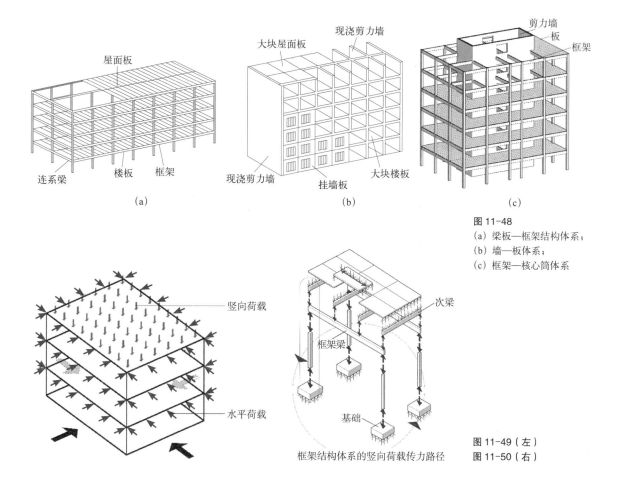

图11-48
（a）梁板—框架结构体系；
（b）墙—板体系；
（c）框架—核心筒体系

框架结构体系的竖向荷载传力路径

图11-49（左）
图11-50（右）

不同结构体系的水平荷载传递机制差异相对较大，如图 11-51 所示。但总体而言，竖向分体系应有足够的抵抗水平荷载的侧向刚度。单榀框架和一面剪力墙都只能抵抗结构所在竖向平面内的水平荷载，而不能抵抗垂直于结构竖向平面的荷载。为此，需要水平分体系将不同方向的竖向分体系连接成一个整体，以抵抗各个方向的水平荷载，这就要求水平分体系具有足够的水平刚度。此外，由于结构巨大的重力荷载，会引起地基沉降与混凝土的收缩徐变，使内部筒体与框架之间产生竖向沉降差，为此，水平分体系还起到将内部筒体与外部框架或其他框架柱连接成整体的作用，以减小或避免筒体之间或筒体与框架之间的变形差异。

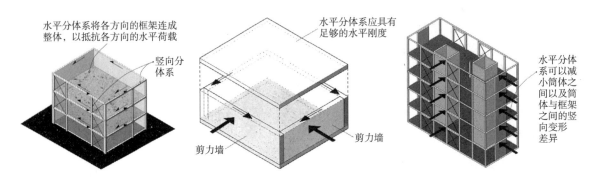

图 11-51 不同体系的水平荷载传递机制
(a) 梁板—框架体系；
(b) 梁板—剪力墙体系；
(c) 框架—筒体结构体系

随着现代建筑材料逐步向轻质、高强发展，构件截面尺寸减小、自重减轻，建筑层高和总高度急速提升，柱距大大增加，构件侧向刚度较小，结构偏柔，水平分体系的联系作用以及水平分体系对结构整体侧向刚度的贡献在高层和超高层建筑结构设计中显得越发重要。

本章小结

结构整体又可被划分为若干个结构分体系，每个分体系又可以是局部的整体结构。根据分体系的几何特征，可分为水平分体系、竖向分体系以及曲线和曲面体系。

结构的水平分体系是指结构总体系中由轴线或大尺寸方向为水平方向的构件构成的部分。以整体的观念，可将水平分体系视为由竖向分体系支撑的大平板。水平分体系在结构中的作用主要为：在竖直方向通过构件的弯曲来承受屋面和楼面的竖向荷载，并将它们传递给竖向结构分体系；在水平方向起隔板和支承竖向构件的作用，并维持竖向分体系的稳定。

结构的竖向分体系是指结构总体系中以竖向构件为主体而组成的分体系。由整体化概念，可将整个建筑物视为一个实体大柱或简单的筒体式竖向分体系。竖向分体系在结构中的作用为：在竖直方向承受由水平分体系传来的全部荷载，并把它们传递至基础；在水平方向抵抗水平荷载的作用。

曲线结构或曲面的空间结构则兼具水平分体系和竖向分体系的传力特性，可以自成结构。

各种建筑结构最终都将通过基础将荷载传至地基。

不同的结构分体系可以构成外观和功能各异的结构总体系，水平与竖向分体系通过协同机制完成对水平与竖向荷载的传递。

趣味知识——原西柏林议会大厅

在正常使用工况下保持整体和局部的平衡是对建筑结构的基本要求。一个合理而巧妙的结构传力体系除应在荷载作用下保持自身的平衡，尽量以快捷的方式将力传递至基础，避免不必要的传力构件和迂回的传力途径外，还应充分使建筑物的空间形式与结构的静力平衡方式有机地统一起来。

原西柏林议会厅支撑体系如图 11-52（a）所示，这个造型优美的结构体系存在致命的抗风性能缺陷，在 1980 年的一次大风袭击中，屋盖被掀翻倒塌。而如图 11-52（b）所示委内瑞拉加拉加斯运动场的看台，悬挑的顶棚与看台合为一个整体，利用结构自重构成自平衡体系。同时，该体系又受到其后部的独立稳定体系的支撑，保障了看台体系在侧向荷载下的平衡。

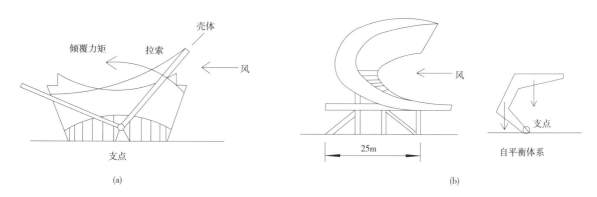

(a)　　　　　　　　　　　　　　　　　　(b)

图 11-52
（a）原西柏林议会大厅屋盖体系；
（b）委内瑞拉加拉加斯运动场看台

思考题

11-1　常见的结构分体系有哪些？各自的几何特征、传力性质以及建筑功能是什么？

11-2　不同形式的结构分体系有哪些与之相适应的建筑材料？

11-3　不同结构分体系可以组合成哪些结构总体系？建筑外观、内部空间性质有何差异？组成结构总体系的分体系之间的协同工作机制与传力特点如何？

11-4　上部结构总体系与下部基础之间的传力机制是什么？不同的上部结构体系尤其是竖向分体系应如何选择相应的下部基础体系？

11-5　请任选两种典型结构水平分体系，结合其选用材料、支座形式、构造特点、适用跨度和外观效果等对比其结构性能和建筑使用功能的差异。

11-6　选取一实际建筑物，分析其所采用的结构分体系及其对应的主要结构材料。

第12章

结构选型基本原理及案例分析

结构的基本功能是承受并传递荷载，**因此，结构选型也就意味着构筑荷载传力路径。对每个荷载而言，荷载路径即结构。**结构选型首先需从整体出发，根据建筑功能、外观体型、平面与立面特点等，确定结构整体所承受的总的水平荷载与竖向荷载，及其所需要的总体抵抗能力与地基承载力，从而选择适宜的结构整体形式、立面形状与平面布置等。需从整体上保障结构的平衡与稳定，这也是荷载传递路径得以实现的根本保障。进一步地，再结合建筑具体功能与造型需求，构筑荷载传力路径。传力路径的变化产生出变化的结构形式及其空间形态，即使是传力路径整体相同的结构，局部构件传力方式、材料的变化等，也会产生截然不同的结构外观和空间。本章首先介绍结构的整体化分析，而后阐述结构选型的基本规则，最后，通过对 6 个典型建筑结构案例的解读，体会建筑与结构设计大师如何将建筑与结构乃至材料完美地结合。

12.1　结构总体系的整体化分析

12.1.1　整体化概述

结构总体系的整体化包含两方面含义：一方面是结构与建筑及环境的整体化，这是结构整体化的非结构性含义，即结构总体系的外延性；另一方面是结构体系内部的整体化，即结构总体系的本体性。外延性与本体性的协调统一是结构总体系整体化的努力目标。通常，建筑师更注重于外延性，而结构工程师更注重于结构的本体性，当建筑师与结构工程师有良好的合作与协调时，就可以创造出美妙精巧的建筑物。

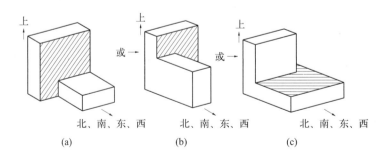

图 12-1

结构本体的整体化是在建筑设计的初步阶段，忽略具体的结构形式，而将建筑结构视为一个或几个主要实体结构，以确定它所承受的总荷载与所需的总体抵抗能力，从而选择适宜的结构整体形式、立面形状与平面布置等。如图 12-1（a）可视为一高层建筑与裙楼的组合，图 12-1（b）可视为两个高度相差不大的高层建筑的组合体，图 12-1（c）所示可视为高层塔楼配较低层的裙楼。一般建筑物，当将其非结构体系排除后，留下的结构体系均可作类似抽象化处理，由此得到的结构，总体形状较规则，荷载—抗力关系简单。

结构总体系需要满足如下最基本的结构稳定性要求：

1. 这个形式要有足够的刚度，并将其固定在地面上；

2. 这个形式具有重量，且重量必须由地面来支撑；

3. 这个形式必须能抵抗水平方向的风荷载和（或）地震作用，必须具有抗倾覆的能力。

以上三点从总体上确定了结构作为一个整体在竖直和水平方向的稳定性要求以及对地基承载力的要求。结构选型需先从这里入手确定合理的结构整体体系、平面布置与立面形式。

12.1.2　结构总体荷载估算

1. 重力荷载估算

作为荷载路径的结构必须将建筑物的重力荷载传至地面。结构总的自重为恒载的主要组成部分。此外，结构在使用过程中还受到楼面人群、设备等可变活载的作用。恒载与活载都是竖向荷载，最终均将传至地面。

作为结构整体化构思的一个基本要求，就是弄清所选择的结构总体系的竖向荷载与地基承载力之间的关系，选择合理的基础形式，并保障结构在竖向荷载下不会倾覆。

如图 12-2 所示，上部结构的重力荷载可以线状（墙）或点状（柱）的方式作用在基础上。这些支撑线或点所构成的平面，称为**支承平面**，支承平面上力的分布体现了建筑物与地基间的关系。

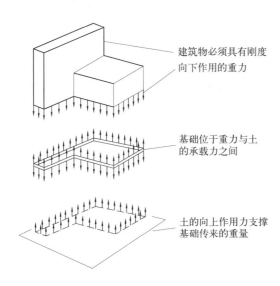

建筑物必须具有刚度
向下作用的重力

基础位于重力与土
的承载力之间

土的向上作用力支撑
基础传来的重量

图 12-2　上部结构与基础的传力关系

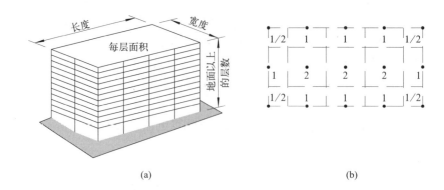

图 12-3

(a)　　　　　　　　　　　　(b)

以如图 12-3（a）所示平面尺寸为 $15m \times 60m$ 的 10 层建筑物为例，假设每层均布恒载为 $5kN/m^2$，则每个楼层总的均布恒载为 4500kN，整个建筑物为 45000kN，这一重力荷载需要地基来承担。若这个建筑物有 15 根柱子，采用柱下独立基础，则可根据支承平面的布置确定每根柱下基础所分配的荷载面积单位，如图 12-3（b）所示，估算所需承受的荷载：

每个面积单位荷载 =45000kN/16 个面积单位 =2812kN/ 面积单位

即 1 个面积单位上的竖向荷载为 2812kN，由此可判断地基承载力是否满足要求。若不满足，则可调整基础形式，如增大结构与地基的接触面。

根据上述方法，当调整柱距或荷载分配网格时，即可快速确定各柱的荷载。当每个面积单位上的荷载发生变化时，也可通过调整荷载分配网格，改变各柱所受的荷载，从而改变结构向地基传力的分布形式，以符合地基的承载条件。

当各楼层恒载与常用活载均匀分布时，建筑物的近似总重主要取决于楼面面积和结构类型，与建筑的具体形式无关。通常可先估算出单位面积上恒载和全部活荷载的平均值，然后乘以楼层总面积就可得到建筑物总重的估算值，并初步校核地基承载力、判断基础形式是否合理。

当楼层的竖向荷载分布不均匀时，可能使竖向荷载合力与支承反力的合力之间存在偏心，导致结构倾覆或扭转，此时，建筑形式对重力荷载的分布将起决定作用，而需评估结构整体抗倾覆性能，参见第 12.1.3 节。

2. 水平地震作用估算

建筑结构所受到的水平荷载主要来自风和地震。

建筑结构由于惯性力作用发生晃动，会在基础上产生水平基底剪力，与结构的惯性力大小接近、方向相反。估算结构地震水平作用时，就将此基底剪力近似当作结构受到的总的地震作用惯性力，并将基底剪力按高度分布在各个楼层的梁柱或梁板结点上，大致呈倒三角形，基础处为零，顶部最大。

以图 12-4（c）所示 10 层建筑物为例，如地震设防烈度为 8 度，建筑物的重力荷载和刚度沿高度均匀分布，则总的基底剪力可以根据结构的自

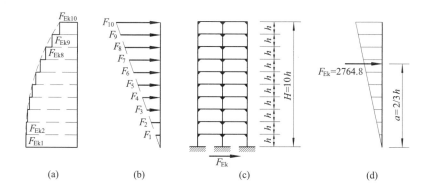

图12-4 水平地震作用沿高度分布
(a) 水平地震剪力分布；
(b) 水平地震作用力分布；
(c) 建筑结构剖面；
(d) 水平地震作用合力（单位：kN）

重、基本自振周期、地震地面运动的基本参数等通过简单计算得到，假设为2764.8kN。将总的基底剪力分布在各个楼层上，近似认为各层的地震水平作用力与楼层高度成正比，如图12-4（b）所示，地震水平作用力沿高度成倒三角形。各楼层底部的剪力[1]如图12-4（a）所示。水平地震作用的合力如图12-4（d）所示。则地震水平作用产生的倾覆力矩为：

$$M_{ov} = F_{Ek} \times \frac{2}{3} H = 1935.41 H \text{ kN·m}。$$

上述水平地震作用估算方法适用于低矮建筑结构、规则结构以及低地震烈度区的结构。对于高层、不规则结构以及高烈度区的建筑结构，则需采用复杂的动力分析方法。

此外，受地震作用时，建筑物顶部的细长突出部分运动会剧烈增大，可达主体结构的数倍。这类似于我们摆动长鞭时，即使稍微抖动把柄，鞭尾部分也会剧烈振动，所以建筑结构顶部的这一地震动放大现象又称为"鞭梢效应"（Whipping Effect）。建筑结构中，对于突出屋面的楼梯间、水箱、高耸构筑物等都需要考虑鞭梢效应，应使突出物的基本周期远离地面运动的周期。

3. 水平风荷载估算

风荷载是空气的流动模式受到建筑物的阻挡和干扰，从而在建筑物表面产生的作用力，主要为风压力和风吸力。风荷载的大小受场地风速、建筑物体型、建筑物高度及其平面和立面形状、受风面积等影响，高宽比较大的细高柔性的建筑，还需考虑短时风压脉动产生的动力效应。形状简单规则的建筑物，其风荷载可用建筑物迎风面的单位面积风荷载以及受风面积进行估算。

风速和风压沿高度而增大，可简化为随高度阶梯状变化。垂直于来流风向的立面，其风压体型系数最大；立面与风向的夹角减小，风压体型系数也随之减小，如图12-5（a）所示；平面不规则凹凸变化大的建筑，会产生局部较大风压，如图12-5（b）所示。

---

[1] 各层底部剪力作用在各层柱的底部，等于该层以上所有楼层的水平地震作用力之和。

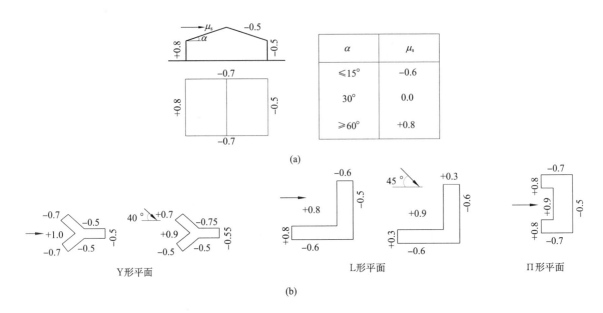

图 12-5　建筑结构风压体
型系数

高宽比较大的细高建筑物顶部会产生较大的水平风荷载效应；下大上小的楔形建筑形式，随着高度的增加，迎风面积逐渐减小，有助于抵消随高度而增大的风速和风压。

图 12-6 比较了三种典型体型的建筑物风荷载、地震水平作用力以及重力沿高度的分布形式。为简化计算，假设因建筑高度有限，风压系数

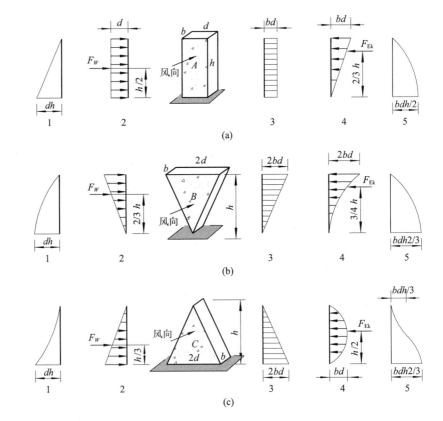

图 12-6　风荷载及地震水
平作用产生的有关参数沿建
筑物高度分布情况
（a）矩形建筑物；
（b）倒置三角形建筑物；
（c）正放三角形建筑物
1—风荷载产生的各楼层剪
力分布；2—风压力分布；
3—重力荷载分布；4—水平
地震作用分布；5—水平地
震作用产生的剪力分布

和风速沿高度为常数，各楼层质量均匀分布。三种体型的建筑结构总质量、总的基底剪力和总迎风面面积均相同。其中，d 为单位立面面积上的风压，bd 为单位高度楼层重量。

可见，如果改变立面形状，建筑物所受到的风荷载分布及其合力作用点就会发生相应变化；而改变建筑物重力荷载的分布，建筑物所受到的水平地震作用及其合力作用点也会发生相应变化，从而对结构抗倾覆性能以及抗侧移性能产生重大影响。而建筑物体型对地震作用的影响与对风荷载的影响并非完全一致。显然，根据场地条件选择合理的建筑体型，对结构选型是有益的。

此外，图 12-6 还显示，地震或风荷载会在建筑结构各楼层产生底部剪力，因此，需要采用框架柱、剪力墙或筒体等构筑结构抗侧体系，以平衡侧向荷载与该水平剪力。

12.1.3 结构的整体倾覆与抗倾覆性能

建筑物的倾覆主要由两个方向的作用引起，水平作用力和竖向作用力，但抵抗倾覆的力矩一般由竖向作用力提供。造成倾覆的力矩称为**倾覆力矩**，抵抗倾覆的力矩称为**抵抗力矩**。

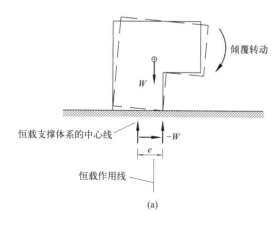

由于转动，恒载反力的合力必须移动到恒载作用线以右，以消除倾覆力矩 M

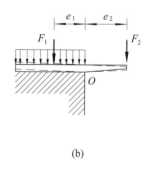

图 12-7 竖向荷载下的结构整体倾覆与抗倾覆机制

如图 12-7（a）所示建筑物有局部悬挑，竖向荷载合力与支承反力的合力之间存在偏心，会产生倾覆力矩，导致竖向倾覆。如图 12-7（b）所示，过大的水平悬挑（如悬挑屋盖、雨棚等）均可能发生倾覆。

上述重力荷载造成的倾覆，可以采用调整结构的整体质量分布、改变结构重心或在悬挑构件埋入处施加压重或设置受拉连接等措施予以抵抗。

无水平荷载时，使地基反力的合力与结构自重合力的作用线重合可以避免重力作用下的倾覆，如图 12-8（a）所示。而在风荷载或地震作用下，上部结构水平荷载的合力 H 与基础底部水平反力的合力将构成倾覆力偶 $M=Ha$，如图 12-8（b）所示。为保证结构的整体平衡，倾覆力偶可以依靠结构自重 W 与地基反力构成的反倾覆力偶来平衡。为此，竖向反力的合力与自重的合力之间需要有一定的偏心距 e（图 12-8c），偏心距一般应小于建筑总平面宽度的一半即 $b/2$，通常将其控制在 $b/4$ 或 $b/6$ 范围内，以减小自重造成的倾覆力矩。

可见，设计者从一开始就应当清楚水平荷载与建筑形式之间的关系，以便从平面图上预见到能否满足抗倾覆要求。通常，由水平荷载引起的倾覆问题对细高的建筑物比对粗矮的建筑更为突出。因此，在高层建筑的外形设计及结构选型上，对水平荷载的考虑至关重要。

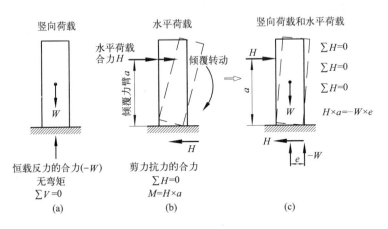

图 12-8　水平荷载下的结构整体倾覆与抗倾覆机制

由水平荷载所产生的结构底部弯矩和侧向力是由基础下表面的摩擦力和基础周围的土压力所平衡的。当结构的水平荷载合力与地基水平反力的合力之间存在水平偏心时，结构还将受到扭转作用，如图 12-9 所示。反之，若水平荷载相对于结构对称，则可避免扭转。

图 12-9

扭转产生的变形沿结构高度是逐步叠加的，沿高度有放大效应，对高层建筑尤其不利。因此，建筑设计与结构选型时应尽量减小或避免扭矩。通常，地基水平反力的分布是随柱尤其是墙的布置而变化的，合理布置竖向分体系的平面分布可以减小和避免扭转。关于剪力墙、筒体的合理布置方式，见第 11 章。

实际建筑结构的体型往往较复杂，但总是可以将其分解为若干简单的形式。估算总荷载时，可以先按简单体型进行分析，而后按照它们之间的结构关系加以组合。在建筑结构设计时，可以根据总体积不变（即总重力不变）的原则，选择几种不同的方案，分别估算各种方案的水平荷载及其倾覆力矩，作为判别方案优劣的一项依据。

12.1.4　结构总体系的刚度

结构在传力过程中还需具备一定的刚度。如图 12-10 所示，1 个由 4 片薄板围合的矩形筒体，顶部开敞，底部通过基础固定在地面。若平板由塑料薄板做成，厚度相对于它的宽度和高度而言非常薄，结构在自重作用下就可能压屈，结构形式也将被破坏。为此，可更换材料，如采用较硬的材料如木板、加大板的厚度或在筒体中增加横隔板。可见，结构应具备一定的刚性以支撑自身重力，不致被压屈。

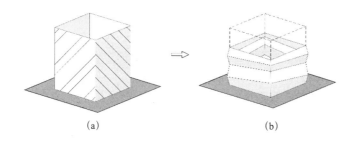

图 12-10

结构在水平荷载作用下，还将产生整体侧向弯曲（图 12-11），为此，结构还需考虑整体的抗弯刚度。结构整体的抗弯刚度主要与建筑物的形状、几何尺寸、受力方向、材料性质及其分布等有关。在荷载条件确定后，对结构整体抗弯刚度影响最大的往往是结构平面形状和在受力方向上的宽度，即结构整体沿主要水平作用力方向的跨度等几何参数。

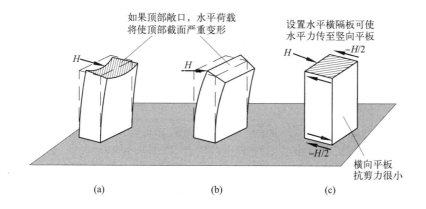

图 12-11

此外，承重结构的材料也十分重要。在荷载、材料总量和支承平面布置不变的情况下，结构材料的弹性模量越高，抵抗转动变形的能力即抗弯刚度就越大。建筑物平面形状和受力方向的宽度等几何因素将决定材料利用的有效性。材料总面积不变时，把材料放在远离中性轴位置上的形状是对抗弯有利的形状（图 7-26）。当结构的总平面面积给定时，通过增大结构整体受力方向的跨度能增大抗弯力臂的长度，改变结构体系的整体抗弯刚度。

12.2 结构选型基本规则

12.2.1 构筑荷载路径

结构的基本功能是传递并承受荷载。结构选型，简而言之，就是为建筑结构在使用过程中可能经受的各种荷载和作用，构筑传递路径。因而，必须意识到：

1. 建筑结构形式千差万别，结构使用过程中的荷载也并不确定；

2. 所有的荷载都应具有对应的荷载路径。对每个荷载而言，荷载路径即结构；

3. 荷载传递应连续、直接、高效；

4. 不同荷载可以共用传递路径；

5. 荷载路径不唯一，结构形式也就不唯一。

在确定荷载路径时，对于恒载和活载，可主要考虑其方向的不确定性而忽略大小和变动频率；而对偶遇及灾害性的荷载，如地震、飓风等，则需综合考虑大小、方向乃至复杂的动力效应。本书主要针对竖向荷载和水平荷载的传递阐述荷载路径的构筑。

结构所受竖向荷载主要为重力荷载，对于某些抗震结构也包括竖向地震荷载。竖向荷载的传递路径是"自上而下"的。因此，作为传递竖向荷载的结构，要求自上而下没有间断（图 12-12）。这好比砌砖柱或搭桌子，中间如果缺少砖头或桌腿断裂，就会垮塌。当然，荷载路径的构筑远比搭桌子复杂。

不完全荷载路径

图 12-12　竖向荷载传力路径示意图

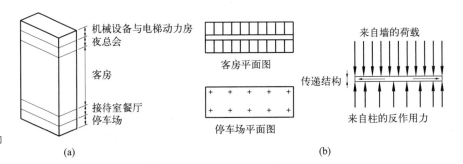

图 12-13　酒店建筑的竖向荷载传力路径构筑

(a)　　　　　　　　　　　　　　　(b)

通常建筑物在不同楼层具有不同的平面划分，各楼层都需承受来自上部的全部竖向荷载并传递给下一层，而每一空间类型都可能有不同的竖向结构与间距。如图 12-13 所示某酒店建筑，中段为客房，隔墙间距较小，而底部车库需要较大柱距以停放车辆，顶部夜总会又需要较大空间。这就要求各楼层的空间单元必须采用一定的横向传力结构（通常为梁）使竖向荷载向侧面转移，或调整楼层竖向传力结构的位置以使荷载传递路径连续。

类似地，若将整个建筑视为竖直的悬臂结构，则该悬臂结构在传递水平荷载时也不能发生间断，必须连续。建筑物局部过大的悬挑、层高的突变、剪力墙沿竖向布置的间断、各层平面不规则或存在较大开洞等，

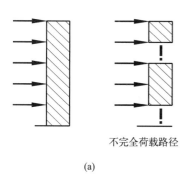

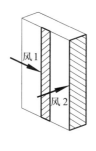

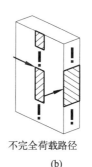

都可能造成水平荷载传力路径的不连续,如图 12-14 所示。由于水平荷载会在结构上产生弯曲和扭转效应,其荷载路径还需具备抗弯和抗扭的能力,较竖向荷载路径复杂。

图 12-14 水平荷载传力路径示意图
(a) 不完全荷载路径;
(b) 不完全荷载路径;
(c) 楼板开洞削弱了水平分体系的刚度

结构抗侧移刚度应沿高度均匀变化,尤其对于结构抗震设计,各楼层之间不应产生刚度的过大变化,立面不规则或存在薄弱层等,都会造成侧向荷载传力路径的不连续。如图 12-15 (a) 所示,底部框架结构的抗侧移刚度与其上各层相比,明显较弱;如图 12-15 (b) 所示,沿立面存在凹进,这些楼层的侧向刚度也较其上部楼层弱。侧向刚度沿高度的这些不均匀变化对结构抗震和抗风不利。

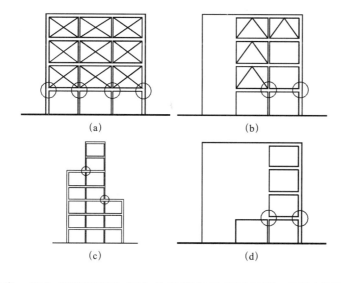

图 12-15

通常,竖向荷载路径和侧向荷载路径是相互关联、可以共用的。如第 11 章图 11-48 所示梁板—框架结构体系,竖向荷载的路径为楼板—次梁—主梁(或框架梁)—柱(或框架柱),最终到基础;水平荷载则由外墙传至主梁与框架柱构成的框架体系,最终也由框架柱传到基础。在水平荷载路径中,梁板水平分体系为框架结构提供侧向约束,保障整体稳定性。在这一结构体系中,框架梁和柱是水平荷载与竖向荷载的共用路径。

构筑荷载路径时,应尽可能以简捷高效的方式将荷载传递至基础,避免荷载路径过于复杂甚至迂回。

结构以构件组成，构件以内力传递荷载，构件内力包括轴力、弯矩和剪力，有时也包括扭矩。其中，轴力是直接的传力方式，弯矩和剪力都是间接的传力方式，荷载方向在结构内部发生了转化。从效率出发，轴向传力优于弯矩与剪力，即拱、壳、索、膜和轴力杆构成的桁架、网架优于梁、板结构。此外，构筑荷载路径时，须避免使细长构件受压，以免造成结构失稳破坏。

对于高层建筑，水平荷载是控制结构选型、建筑体型的主要因素，需注意：

1. 尽量以成对轴力的方式而不是以弯矩的方式构成抗侧力的抵抗力矩；

2. 充分利用结构自重构成的轴力抵抗机制；

3. 近底部增大结构（柱、剪力墙、梁等）的尺寸（刚度和强度），缩小间距以增强其刚度和强度，满足底部内力增大的需求；

4. 近顶部减小结构尺寸，可减轻自重和水平荷载，并节省材料，但顶部应具备一定刚度，以控制顶部水平位移；

5. 合理利用水平分体系的连接作用，合理设置水平分体系与竖向分体系（如筒体、框架柱）之间的相对刚度，保障结构的整体框架特性，减小竖向沉降差。

此外，基础对上部结构的影响也不容忽视。基础类型对上部结构乃至建筑空间划分甚至会产生决定作用。基础类型选择时，同样需满足传力路径连续性原则。

综上，从荷载传力路径角度结构选型应满足：平衡与稳定，具有足够的刚度，荷载路径连续高效。

12.2.2 结构选型原则

构筑荷载路径即为每种荷载组合建立一条结构路径，荷载路径的几何形式就意味着结构的具体形式，如梁、柱、框架、桁架、索、拱或组合结构等。然而，确定的荷载路径并不意味着确定的荷载路径的几何形式，即使荷载路径确定，结构形式的选择仍是多种多样的。这正是结构选型的不确定性或多样性所在。

结构形式的选择即荷载路径几何形式的选择除取决于荷载作用的方向、大小等性质外，还取决于建筑设计的诸多因素——使用功能、美学、经济、当地设计规范和技术条件等。设计师必须意识到，荷载路径可以产生什么样的结构形式，这种结构形式对建筑空间及平面的布局将产生什么样的影响。

为此，结构选型通常需遵循以下基本原则：

1. 适应建筑功能的要求

根据建筑物对客观空间环境的设计要求，大体确定建筑结构的尺度、规模和相互关系。尽可能降低结构构件的高度，选择与建筑物使用空间相适应的结构形式。如对于某些公共建筑，其功能有视听要求，如体育馆为保证有较好的观看视觉效果，比赛大厅内不能设柱，须采用大跨结构；大型超市为满足购物需求，室内空间应具有流动性和灵活性，因此，需采用平面布置灵活的结构。此外，结构选型还应注意结构的几何体型对建筑物采光照明、声学效果、屋面排水等的影响。

2. 满足建筑造型的需求

荷载路径几何形式的改变虽然不会影响荷载传递的连续性，但对建筑外观的影响却是深远的。结构形式及其空间特性若能与建筑造型和空间需求契合，当然是理想的结果。但对于造型复杂、平面和立面极其不规则的建筑，若难以用单一的结构体系满足要求时，可以采用若干规则简单的结构体系单元的组合，以实现建筑造型的需求。如哈尔滨大剧院（图 12-16）外观为飘带状的异形曲面，建筑形体自然融入了周围环境，但结构体系很难以单一、整体的传力路径实现，于是采用了钢与混凝土的组合结构，剧场部分以钢筋混凝土框架—剪力墙体系为主，曲面外壳则采用了钢网壳。

图 12-16 哈尔滨大剧院

3. 考虑材料特性和施工技术条件

结构形式应与材料特性相适应，如砌体结构多可以就地取材，抗压性好，对施工技术要求较低，适于底层、多层建筑；钢材轻质、抗拉性好，适于高层、大跨结构，但对生产、施工技术与设备要求高。

4. 充分发挥结构自身优势，合理造价

每种结构形式都有各自的优势和不足，有其适用范围，要结合建筑设计的具体情况进行选型。通常，荷载沿压力线（或拉力线）的传递是效率最高最快捷的方式，如具有合理轴线的拱、壳、索、膜结构等，结构形式即为荷载传力路径，可谓形与力的统一。此外，桁架或网架结构以杆件轴力的方式传递荷载，材料利用率也较高。轴线为压力线的曲线或曲面结构其鲜明的结构形式也限制了其普适性。而以轴力传力的桁架或网架，虽具有造型的灵活性，但其结构自身占据较大空间、杆件数目多、结点构造复杂、施工难度和成本高，又造成一定缺憾。梁、板、刚架等结构，其结构形式远离荷载压力线，会产生较大弯矩和剪力，传力效率和材料利用率均较低，但平直构件构成的结构空间形式既规则又灵活，施工简便，对建筑功能的适用性强。

当有几种结构形式都能满足建筑设计要求时，经济条件就成为决定性因素。经济因素不仅包括某个方案付诸实施的一次性建造费用，还包含结构全寿命如维护、加固、监测等费用。

在建筑结构的设计中，没有确定的荷载路径，即使对应确定的荷载路径，也没有唯一的荷载路径几何形式，即结构形式。对于荷载路径几何形式的变更和调整，都将导致结构局部或整体形式的改变。

如图 12-17（a）所示，一座楼房需采用悬挑屋檐的斜屋顶。屋盖的竖向荷载路径整体概念如图 12-17（b）所示，可视为两侧出挑的伸臂梁。由屋盖的形状，容易想到采用三角形桁架，如图 12-17（c）所示，则该桁架屋盖适于轴力杆及其相应材料（如木、钢材等）建造。而考虑到屋盖悬挑部分可能受到风升力的作用导致屋盖的整体倾覆，可在屋盖下侧增设拉索或拉杆。

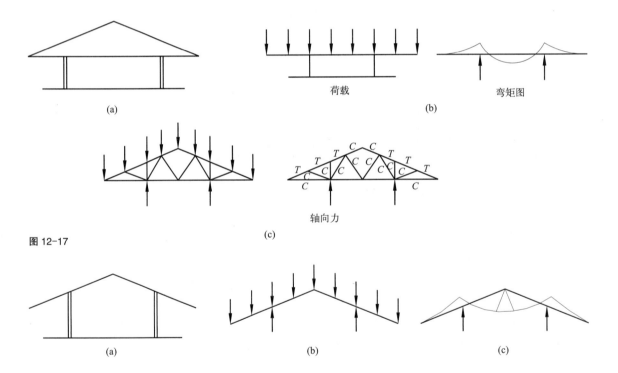

图 12-17

图 12-18

若室内采用斜的而非水平的天花板，荷载整体路径不变，屋盖仍可视为伸臂梁，但由于建筑物的几何形式发生了改变，三角形桁架不再适用，需要选择其他结构类型。可以按照屋盖的形式选择三角形刚架（图 12-18a），其具体传力路径如图 12-18（b）所示，弯矩如图 12-18（c）所示。该结构则应选用适宜受弯的材料如木材、钢材、钢筋混凝土等。

上述简单例子说明，荷载路径的几何形状的改变虽然不影响荷载的传递，但对结构和构件形式以及材料的选取却有着深刻的影响。

以下通过 5 个典型建筑结构案例来进一步认识建筑设计中的结构选型方法：

罗马小体育馆（Sports Palace in Rome），意大利罗马，1956 年竣工；

法国国家工业与技术展览中心（CNIT Exposition Palace），法国巴黎，1960 年竣工；

明尼阿波利斯联邦储备银行（Federal Reserve Bank），美国明尼阿波利斯，1973 年竣工；

香港中国银行大厦（Bank of China），中国香港，1990 年竣工；

北京国家游泳中心 水立方（Water Cube），中国北京，2008 年竣工。

这 5 个建筑实例具有各自的建筑形式和功能要求，更为重要的是，它们都具有清晰而独特的结构形式，是结构的几何形式与材料性能的成功综合应用。

12.3　罗马小体育馆

罗马小体育馆（图 12-19）是意大利工程师兼建筑师素有"钢筋混凝土诗人"美誉的 P.L. 奈尔维（Pier Luigi Nervi，1891~1979）为 1960 年罗马奥运会而作。由于体育馆的功能需要内部无柱的大空间，因此，拱或壳结构成为自然的选择。罗马小体育馆为落地扁壳，室外采用 36 根 Y 形斜向支撑，使壳顶边沿压力沿切向连续传递至基础，同时又解决了壳顶若完全落地，其近地面高度难以利用的难题。斜撑基础处设置圈梁，提供壳体结构基础所需要的推力，构成整体抗推和自平衡的闭合回路。荷载沿压力线传递，清晰简明。壳面最大直径 60m，曲率半径 48.5m，壳面底部切线与水平面夹角为 38°。建筑外观既忠实于壳体结构固有的特点，又表现出独特的艺术效果：檐边起伏，自然加强了壳体边沿的强度，又成为屋面与斜撑的过渡，优美自然；屋顶中央略突出于屋面，设采光天窗，与屋顶下的看台布置呼应，使室内空间与结构形式融为一体。

结构采用了奈尔维擅长的现浇与预制结合的整体施工技术，施工时间 40 天。球壳由 1620 块、19 种规格的预制钢丝网水泥菱形槽板拼装而成，槽板间布置钢筋，上面再整体现浇一层混凝土，形成肋形球壳。棱形的槽板既是壳面的竖肋，又是环箍，实现了空间传力，使壳面结构既可以抵抗非理想壳面产生的较小弯矩，屋面又形成一个整体，具有防水功能。预制槽板的大小是由建筑尺度、壳面结构内力变化以及施工机具的起吊能力决定的（图 12-20a）。

图 12-19　罗马小体育馆

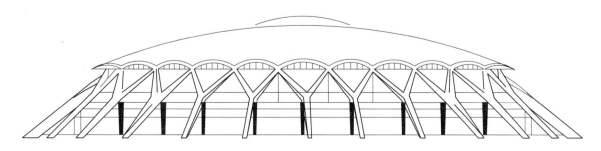

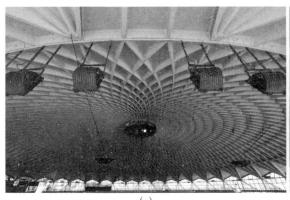

(a)　　　　　　　　　　　　　　　　　(b)

图 12-20

　　屋顶荷载传至 Y 形斜撑，为切向压力。在 Y 形斜撑的分叉处设置了带柱帽的竖向立柱，承受斜撑自重以及屋顶传来的竖向压力，立柱用一圈白色的钢筋混凝土圈梁联系，提高了斜撑—立柱体系抗水平荷载与抗扭性能，圈梁还兼作附属用房的屋顶（图 12-20b）。

　　小体育馆整个大厅的尺度处理也充分体现了设计师对力学、形式的深刻理解与准确把握。穹顶中心压力最小，因而拱肋高度也最小，而越往边缘，压力逐渐增大，拱肋逐渐增高、壳面加厚，与斜撑相接处槽板的尺度最大。最外沿槽板三个一组，顺着拱肋走向，将力汇聚到斜撑的支点上。丫形斜撑上部形成通透的三角形，与预制槽板的菱形呼应，且斜撑上部逐渐收细，与壳面的连接收缩为一点。从内部看，整个壳顶好似悬浮在空中。

　　与常规混凝土不同，钢丝网水泥（Ferrocement）采用钢丝网（或其他纤维网）替代钢筋和骨料，从而形成薄而坚固的水泥结构。建造过程中，需要根据预定造型制作钢丝网，然后抹上特别配制的水泥砂浆。相比普通混凝土结构，钢丝网水泥结构更加坚固和经济，同时还有着出色的防火和抗震能力。从厚度上看，钢丝网水泥结构明显要比钢筋混凝土结构或砖块砌体结构轻薄，重量仅为后者的 10%~15%。不仅如此，钢丝网水泥结构还不易开裂，经久耐用，维护成本低。遇到冲击时，钢丝网水泥结构会首先弯曲，而不是崩裂，这大大降低了地震带来的危害。而不足之处在于，建造钢丝网水泥结构需要较大的劳动量，在劳动力成本高昂的当代西方国家，这种结构难以普及。然而，在发展中国家，这一缺点反而成了优点，例如在印度，由于劳动力价格低，以及频繁的地震，许多家庭采用钢丝网水泥来建造房屋。

　　奈尔维认为："不按照最简单最有效的方式处理结构，不考虑材料的特定性能，就不会有好的美学的表现。""新的建筑材料，特别是钢和钢筋混凝土，不同于过去的石、砖、木，应该从新材料的技术特性中产生新的形式。可以期望从新的材料特性和社会进步带来的新的建筑任务中产生新的伟大建筑，但它们不可能从美学的教条中产生出来。"

小体育馆的菱形肋在内部自然形成优美的图案，正如设计师自己所说："美并非来自装饰，而是出自结构本身。"罗马小体育馆的设计，体现了奈尔维将建筑与结构融为一体的整体概念，达到了"美学与力学、艺术与结构的深刻统一"。

12.4　法国国家工业与技术展览中心

法国巴黎国家工业与技术展览中心（Centre Nationale des Industries et Techniques 简称 CNIT）建于 1956~1958 年（图 12-21），位于巴黎德芳斯广场北侧，由建筑师卡墨洛（Robert Edouard Camelot）、迈利（Jean de Mailly）和策尔福斯（Bernard Zehrfuss）共同设计。与罗马小体育馆类似，CNIT 也需要一个内部无柱的大空间，设计师在此运用了相同的整体传力路径，即薄壳。该建筑平面为三角形，支撑于三点，边跨 218m，壳中心距地面高度 48m。结构完全由壳体自身支撑，内部没有支撑柱。由于拱脚直接落在地面，拱脚处墙体构造极不方便，因此在拱脚处加设一排直墙，包裹在拱的内部，墙体外部设玻璃幕墙，幕墙支撑为钢结构。

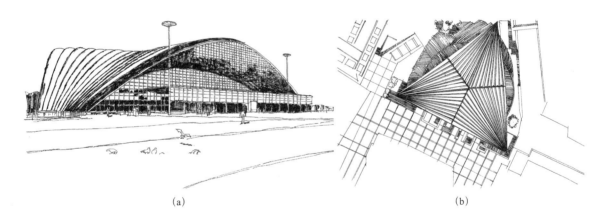

(a)　　　　　　　　　　　　　　　　　(b)

图 12-21　法国巴黎国家工业与技术展览中心

整个结构可视为由三个交叉的宽拱组成，它们在拱顶处相接。为保持壳体的整体平衡，支撑点不仅要提供竖向反力，还需提供水平反力。因场地条件的限制，不能直接利用基岩来提供水平推力，为此在地下布置了拉杆来平衡拱的水平推力，拉杆的平面布置为正三角形（图 12-22）。

壳体跨度 l 与混凝土壳的折算厚度 t 之比为 $l/t=218m/0.18m≈1200$ 倍，而鸡蛋壳为 40mm/0.4mm=100 倍，显示了人类的巨大智慧。这一令人惊

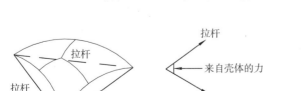

图 12-22　地基拉杆传力机制

异的优越性能是由钢筋混凝土装配整体式双层多波双曲薄壳结构实现的。为减小自重，屋顶结构为蜂窝状构造，底面和顶面很薄，由双向布置的肋所间隔，整个屋顶被一个三向结点分成三片风筝形状的断面，顶面和底面均为曲面，结构表面呈波纹状（图 12-23）。屋顶为混凝土，自重为其主要荷载，因为建筑物很大，因此虽有风荷载，但在屋顶处不会形成高负压区，整个屋顶始终处于受压状态。壳体厚度与跨度相比非常小，在压力作用下有被压屈的危险，壳体内部的肋以及波纹状的上下壳面所形成的拱效应提供了抵抗压屈的能力。

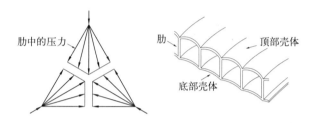

图 12-23 屋盖结构传力机制

壳面的压力汇聚到三个落地的支撑点，该处压力最大，为此通过加密径向肋梁、增加顶面和底面混凝土的厚度来抵抗近支撑部位的应力集中（图 12-24）。

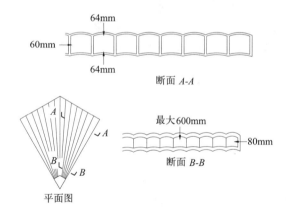

图 12-24 屋顶蜂窝状构造的变化

在顶部三片风筝交界处，由于来自各壳体表面的风压（正压或负压）方向和大小不一致，会造成弯矩和剪力，为此设置了滚轴，使壳面在不均匀压力作用下可以发生一定的错动，三个方向的压力可自行平衡，从而减小自内力。同时，对各壳体边缘构件加劲以提高强度和刚度（图 12-25）。

对于大跨屋盖，由于结构高度有限，风荷载一般不会造成结构侧向倾覆，但在边缘悬挑部位可能造成过大升力，在屋顶处可能形成高负压区，导致屋盖被覆翻或局部掀起破坏。因此，大跨屋盖结构的设计必须考虑抵抗风升力和高负压区的问题，CNIT 提供了一种巧妙的解决方法。

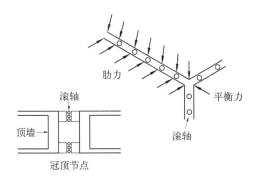

图 12-25　屋盖顶部构造

12.5　明尼阿波利斯联邦储备银行

通常多高层办公楼都是格笼式的空间网格结构，结构平面多为矩形网格，网格相交处为竖向的柱或筒体，楼面结构为梁、板的排列。荷载路径为框架结构或框架与筒体的结合。

明尼阿波利斯联邦储备银行（the Federal Reserve Bank of Minneapolis, Minnesota）是由建筑师贡纳尔·伯基斯（Gunnar Birkerts）与工程师斯基林（Skilling）、Helle（海伦）、克里斯蒂森（Christiansen）和罗伯逊事务所（Robertson）共同设计的，于1973年建成。建成时是一栋带有地下停车场、银库和保险柜的办公大楼，地面以上10层，整个办公区要求跨越3层高的空间以在下部形成广场，跨度达83.2m（图12-26）。

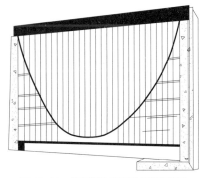

图 12-26　明尼阿波利斯联邦储备银行

在10层建筑物下创造这样的空间意味着结构的大部分竖向传力途径中断，因此需要通过横向传递来改变路径，需要跨越空间的结构提供桥的作用。

如图12-27所示，实现横向传递的跨越结构有以下几种选择：梁型、桁架型、框架型、拱或悬索。由于跨越的大楼高达10层，即使对于同一种类型的结构，也有进一步选择的问题。比如桁架，可在一层设置，也可分设两层。

而该建筑的设计师作出了不同寻常的选择——悬索。悬索的总高度为10层，正面和背面共采用了两条悬索，间距为20m。悬索结构需要其他刚性体系提供支座平衡拉力。悬索桥是由斜拉索提供的，而这对于联邦储备银行而言不可行，因此，设计师在结构顶部设置了支杆来提供平衡推力。支杆由两榀平面桁架组成，桁架之间设水平支杆以提高整体稳定性。在悬索和支杆两端的竖向反力由两端14层高的钢筋混凝土筒体

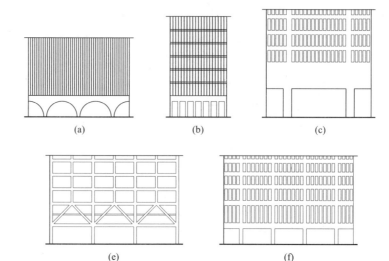

图 12-27　底部形成大跨越
的结构方案
（a）拱；
（b）框架；
（c）巨型实腹梁；
（d）空腹桁架；
（e）巨形框架

抵抗，悬索、支杆和两侧端塔共同构成了大厦的整体竖向荷载传力路径
（图 12-28）。两座端塔之间垂链形悬索的上部和下部墙面采用了反射效
果不同的玻璃幕墙，使悬索结构充分显露出来。

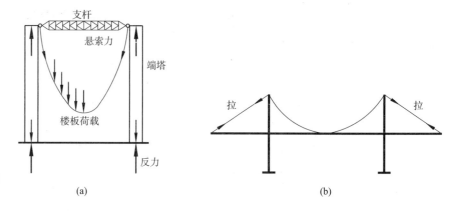

图 12-28　大厦的整体竖向
荷载传递路径

图 12-29　楼盖重力荷载传
递路径

为减小自重并增大刚度，楼板采用了桁架结构，重力荷载通过竖杆
传递到悬索上。悬索以上的竖杆受压、悬索以下受拉（图 12-29）。

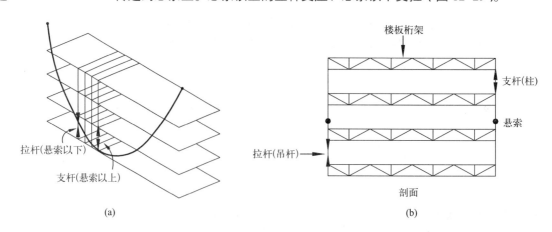

水平荷载（地震与风荷载）主要通过端部的两个混凝土筒体平衡。风荷载传递路径从大楼立面的围护系统开始，楼板承受立面围护系统传递的风荷载，并以横梁的方式传至筒体端塔，最后至端塔塔基处结束。端塔在各楼面处承受来自水平楼板的作用力，再通过悬臂效应将荷载传至地基（图12-30）。

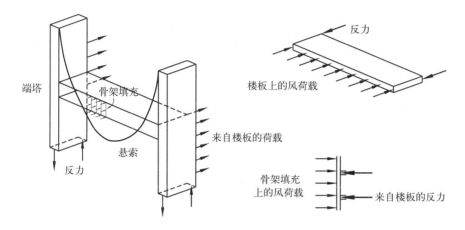

图 12-30 风荷载传递路径

端塔受到来自悬索的竖向压力与水平风荷载产生的弯曲拉压应力，最终组合成可变的非均匀分布压力（图12-31）。由于结构自重较大，塔基因此总是处于受压状态。地基通常是抗压而不抗拉拔的，因此，这种受力方式对于地基承载而言是有利的。

结构受压的部位（包括屋顶水平支杆、端塔和竖向受压钢柱）经过精心验算，以确保不会发生压曲破坏。

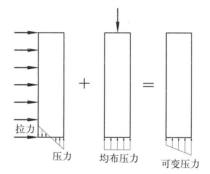

图 12-31 端塔的轴压力平衡机制

目前，该建筑被用作酒店（Marquette Plaza），跨越部分已被封闭以作酒店大堂，这一举措弱化了原有结构的最大特点，不免令人遗憾。

与联邦储备银行结构方案类似，还可以采用筒体、拱等为主要承重结构，将全部楼面以钢丝束、吊索等悬挂在上述承重主体上，以形成自重轻、底部有效面积大的悬挂式结构，最大限度减少建筑物对地面层的影响和依赖（图12-32）。

12.6 香港中国银行大厦

香港中国银行大厦，由建筑师贝聿铭设计，著名结构工程师莱斯利 .E. 罗伯逊（Leslie E. Robertson）担任结构设计，1982 年底开始规划设计，1990 年完工。总建筑面积 12.9 万 m²，地上 70 层，楼高 315m，加

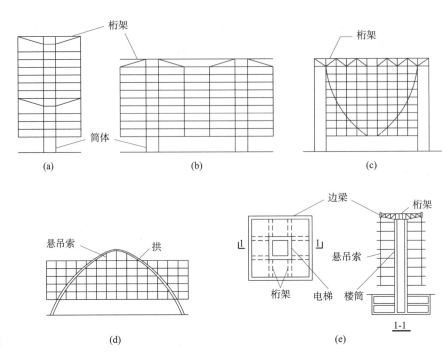

图 12-32　悬挂式结构方案

顶上两杆的高度共有 367.4m。香港中国银行大厦位于港岛湾仔区，是一块四周被高架道路"缚绑"着的局促土块，要满足楼地板面积需求，在高楼林立的香港中环区"出人头地"，唯有向高空发展（图 12-33）。中银大厦建成时是香港最高的建筑物，也是世界第五高建筑物，现在仍是香港著名高层建筑物之一，其独特的外形设计成为香港最瞩目的地标之一，可在港币、邮票、明信片上看到它的身影。

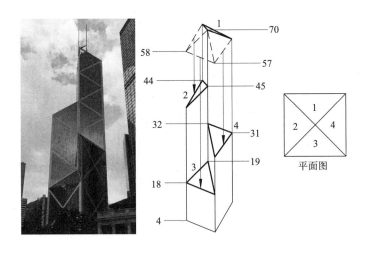

图 12-33　香港中国银行大厦

在这个项目里，贝聿铭融入了特殊的感情，因其父亲贝祖贻是中国银行香港分行的创立者之一，加上当时香港回归的背景，中银大厦被赋予了特殊的含义，它不仅要让老殖民地的其他标志性建筑相形见绌，而且还要象征香港美好的未来前景，代表"中国人民的雄心"。建筑师在此采用了高层建筑少见的"对称棱角"及"海青玻璃"架构，将 52m×52m 的正方形平面以对角划成四组三角形，每组三角形的高度不同，并覆以 7 层高的玻璃斜坡顶。最后一个三角形到 70 层，然后以一对指向天空的天线杆结束（图 12-33b），寓意"节节高升"，象征着力量、生机、茁壮和锐意进取的精神，也预示中国银行（香港）未来的蓬勃发展。

现代城市发展中，建筑物高度日益增加，而建筑平面尺寸并不能以同样的速率增加，高层建筑变得越来越细长，随高度增加的风荷载所产生的悬臂效应成为控制结构选型和设计的主要因素。

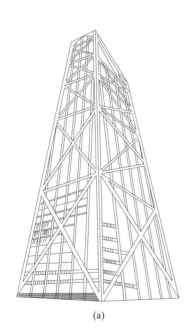

(a)

(b)

图 12-34 约翰·汉考克大厦的巨形桁架筒

早期高层建筑结构主要依靠核心筒作为主要的抗风体系。当立面的填充墙变得日益轻盈，并且迫于商业压力要求内部留有更多自由空间而限制了柱的使用时，结构抗侧体系向建筑的外围即立面移动，而抗风结构的外移使楼板成为脱离了电梯筒井的自由悬挑结构。率先采用这一体系的是法兹勒·汉（Fazlur Khan），他将巨形桁架筒成功地应用于 1970 年在芝加哥建成的著名的约翰·汉考克大厦上（图 12-34a）。

香港是台风侵袭地区，强风所形成的荷载是芝加哥和纽约摩天大楼的两倍，需要更强壮的抗侧力结构形式。中银大厦整座大楼采用了由八片平面支撑和五根型钢混凝土柱所组成的"大型立体支撑体系"（图 12-35a~b），且将这一复合结构体系与建筑造型密切结合。整座大厦是堆砌在一起的 5 个 12 层高的大楼（图 12-35c），每座楼都由型钢混凝土的角柱和平面支撑体系构成的复合结构体系支撑，其中的三个角柱分别在不同高度处截断并覆以 7 层高的玻璃斜坡顶，最后一个角柱延伸至 70 层高度。立面上的平面支撑体系由组合桁架体系构成。桁架巨大的十字交叉网格与建筑形体交相呼应，在高层建筑巨大的形体上标示出了建筑师贝聿铭

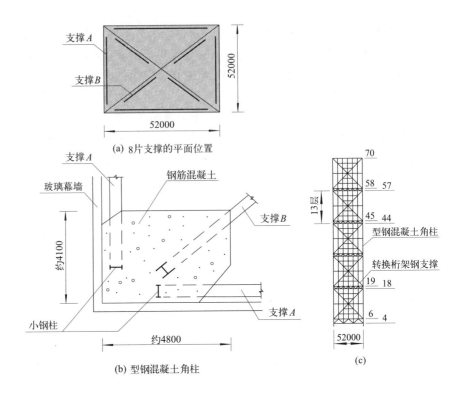

(a) 8片支撑的平面位置

(b) 型钢混凝土角柱

(c)

图 12-35

特有的三角形设计符号。在每个12层楼的底部是一层高的转换桁架楼板，作为12层楼的基础，将大楼荷载传递给四边角柱。由于楼板形状与竖向荷载的变化，在上部楼层增设了中柱，中柱于25层截断，上部的荷载通过角锥形结构传递至下部角柱（图12-36）。

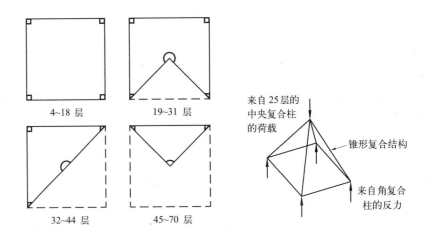

图 12-36

汉考克大厦整个立面的边柱、斜撑与角柱既是承重体系也作为抗风体系，斜撑还可起到增强抗侧刚度的作用（图12-34b）。而香港中银大厦将抗侧体系从竖向传力路径中分离了出来。型钢混凝土柱与巨型桁架转换层构成了大厦的重力荷载传递路径，各楼层重力荷载通过楼板传至角柱（上部楼层还包括中柱），再至转换桁架，并由桁架传至下部角柱。水平荷载则由立面复合桁架体系承担，巨型桁架转换层起连接立面复合桁架并增强侧向刚度的作用，水平荷载通过立面复合桁架四角的结点传至角柱。同时，通过楼板传递到角柱上的重力荷载可以抵消立面复合桁架上的风荷载在角柱上产生的拉力，类似联邦储备银行的端塔，而使角柱始终承受压力，从而以轴向传力途径取代了弯曲传力途径来抵抗水平荷载，更为经济高效。香港地区风荷载对结构引起的底部剪力大致等于美国洛杉矶地震作用的 4 倍、风荷载的 3 倍，但中银大厦结构体系的用钢量还是比同样高度的其他建筑节省约 40%。

图 12-37　17 楼北侧休闲厅的玻璃天窗

三角形柱体顶部的斜坡顶立面也设有斜向支撑桁架系统。如 17 楼的斜面屋顶，斜面达 7 层楼高，透过北侧休闲厅的玻璃天窗可以仰视大厦的上部楼层，自中庭可以俯瞰大厅，空间的流畅性在此表现得淋漓尽致（图 12-37）。

总体而言，香港中银大厦所创造的"大型立体支撑体系"在改进结构性能方面具有如下独到之处：

1. 采用轴力杆代替弯曲杆系来抵抗水平荷载，更加经济有效。

2. 利用多片平面支撑的组合，形成一个立体支撑体系，使立体支撑在承担全部水平荷载的同时，还承担了高楼几乎全部的重力，从而进一步增强了立体支撑抵抗倾覆力矩的能力。

3. 将抵抗倾覆力矩的抗压和抗拉竖杆，布置在建筑方形平面的四个角，从而在抵抗任何方向的水平力时，均具有最大的抵抗力矩的力臂。

4. 利用立体支撑及各支撑平面内的钢柱和斜杆，将各楼层重力荷载传至角柱，加大了楼层重力荷载作为抵抗倾覆力矩平衡重的力偶臂，从而提高了作为平衡重的有效性。

中银大厦的主要结构在建筑立面上清晰可辨，传力路径简捷，结构概念明晰，与建筑形式高度统一，这归功于大胆的设计决策和大量复杂细致的结构设计。

12.7　北京国家游泳中心

北京国家游泳中心"水立方"（the Water Cube）由中国建筑工程总公司、澳大利亚 PTW 建筑师事务所、ARUP 澳大利亚有限公司联合设计，于 2008 年 1 月竣工。"水立方"位于"鸟巢"西侧。圆形的鸟巢催生出建筑师方形建筑的构想，暗合了中国传统"天圆地方"的理念。方形是中国古代城市建筑最基本的形态，体现了中国文化中以纲常伦理为代表的社会生活规则，而蓝色半透明的"方盒子"又提示了游泳中心的功能，实现了传统文化与建筑功能的结合（图 12-38）。

"水立方"为 177m×177m×31m 的立方体，建筑设计及其功能要求结构提供内部大跨空间，而建筑造型又要求围护结构采用透明或半透明材料并在立面形成不规则的水滴效果。矩形大跨空间结构可以采用规则网架，如第 11 章介绍的单层或多层空间网架结构，但常规网架结构难以在立面营造出随机分布的晶莹水泡的效果。

水立方采用了 ETFE（乙烯—四氟乙烯共聚物）膜材作为外部围合材料。这是一种弹性模量和抗拉强度很高的透明膜，能为场馆内提供自然光，配合照明，可望实现建筑设计的预期效果（图 12-39）。膜材为柔性抗张拉材料，膜结构自身无法维持几何形状的稳定性，需依靠外界支撑体系使薄膜张拉，形成具有一定弯曲刚度的稳定曲面体系。张拉的方式有充气式、网架、索杆支承式或混合式，如图 12-40 所示的东京充气穹顶体育馆就采用了索网张拉膜结构的形式。

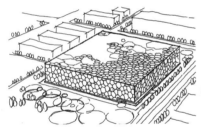

图 12-38　水立方（左）
图 12-39　水立方的膜材外观（中）
图 12-40　东京充气穹顶体育馆（Tokyo Air Dome Arena）（右）

澳大利亚 ARUP 公司的结构工程师们采用了非同寻常的泡状充气薄膜网格结构来填满水立方的三维空间。这一独特的空间网格分割方式是受开尔文（Lord Kelvin）"泡沫"理论的启发，是一种基于肥皂泡排列方式的三维空间最有效分割形式。

19 世纪末期，开尔文受到肥皂泡空间排列方式的启发，提出了如下问题：如果我们将三维空间细分为若干个小部分，每个部分体积相等但要保证接触表面积最小，这些细小的部分应该是什么形状？对于建筑结构而言，这就意味着什么样的空间单元形式是最节省材料的。在二维空间，开尔文问题的答案是六角形堆积的蜂房。而对于三维空间，开尔文给出的答案是一种顶端被截去的八面体，即由六个正方形和八个正六边形构成的 14 面体。且八面体的每个面需做轻微的弯曲，以获取具有较小表面积的泡沫结构。开尔文泡沫结构具有完美的对称性。

"水立方"的网架结构采用了威尔—弗兰（Weaire—Phelan）气泡模型（图 12-41a）。威尔—弗兰气泡模型中包含了两种单元体，一种为十二面体单元（所有面为五边形，如图 12-41b 所示），另一种为十四面体单元（两个面为正六边形，十二面为五边形，如图 12-41c 所示）。六个十四面体和两个十二面体可组成基本单元组合，可以沿三个互相正交的阵列方向填充三维空间。威尔—弗兰气泡的接触表面面积比开尔文气泡还小0.3%，是目前为止填充三维空间最理想的形式，但其复杂的结构也带来了装配困难。

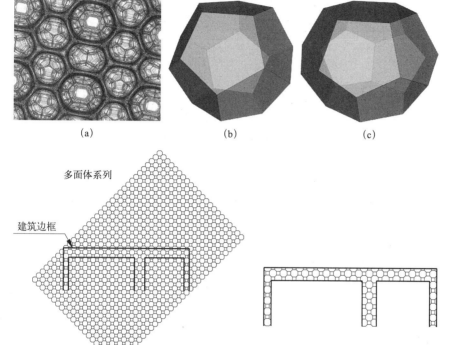

图12-41　威尔—弗兰（Weaire—Phelan）气泡模型
(a) 威尔—弗兰（Weaire—Phelan）气泡模型；
(b) 十二面体；
(c) 十四面体

（a）　　　　　　　　　（b）　　　　　　　　　（c）

图 12-42　通过切割形成结构

（图片来源：傅学怡，顾磊，施永芒，邢民．北京奥运国家游泳中心结构初步设计简介 [J]．土木工程学报，2004，37（2）：1-11）

　　由十四面体和十二面体构成的基本单元沿三个正交坐标轴有规律地重复，可生成巨大的空间立方体。将空间立方体进行旋转和切割，切出建筑的外边框和内部使用空间，即形成水立方的实际几何形体（图 12-42）。十四面体和十二面体被切出的边线形成上弦和下弦杆件，切割面之间原有的线即为腹杆。整体而言，水立方是由空间网架构成的内部无柱的墙板体系。墙与板之间为一整体，可以传递弯矩和剪力。在构件层次则是通过桁架杆传递轴力。

　　威尔—弗兰多面体组合构成的基本结构沿三个正交坐标轴是有规律地重复的（图 12-43a）。因此，尽管外观呈现随机分布形态，但实际上这种结构是建立在高度重复的基础上的。这个阵列组成的空间内部只包含三个不同的表面、四种不同长度的边线和三种不同的结点，结构上的这一高度重复无疑有利于空间结构的建造。同时，这种新型空间结构体系具有结点汇交杆件少的明显特点，每个结点的汇交杆件仅为四根（图 12-43b），而普通网架结构中单个结点汇交杆件最少的蜂窝型三角锥网架为六根。显然，基于多面体理论的这一新型空间结构体系具有构成

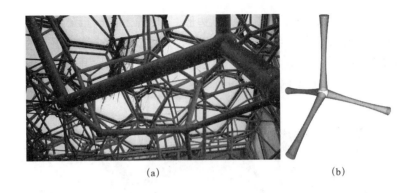

图 12-43　水立方的多面体
空间网架
（a）威尔—弗兰多面体空间
网架；
（b）四杆交汇结点

(a)　　　　　　　　　(b)

简单、重复性高、汇交杆件少、结点种类少等特点。

与其他空间网架相比，这个巨大蜂巢的杆件数和用钢量是最少的。总用钢量6900t，每平方米用钢量仅120kg。是目前跨度最大的膜结构建筑，最大跨度130m。

"水立方"外墙材料采用透明的 ETFE 充气膜结构，内外立面膜结构由 3065 个气枕组成，最大的单个气枕面积约 71m²、跨度 9m 左右。充气后的外围结构抗压性能非常好（图 12-44）。ETFE 膜还可以通过控制充气量的多少，调节遮光度和透光性，有效地利用自然光，节省能源；在提供了良好的透光度的同时，兼有保温隔热性能。此外，ETFE 膜良好的自洁性，会让"水立方"一直保持晶莹剔透。

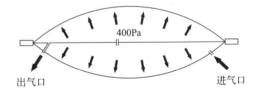

图 12-44　充气枕

这个巨大的蜂巢落在由钢筋混凝土筒体剪力墙—框架扁梁和大板体系构成的下部结构上，结构剖面图如图 12-45 所示，混凝土结构地下 2层，地上 4 层。地下室车库、设备用房、比赛池、跳水池、热身池、永久看台、冰球场及赛时、赛后附属用房等均采用现浇钢筋混凝土结构。其中主体结构利用消防需要均匀布置的消防疏散楼梯间形成承载力、延性均较好的筒体，框架梁采用宽扁梁，楼板采用无次梁的大开间平板。

图 12-45　水立方结构南北
向剖面
（图片来源：同图 12-42）

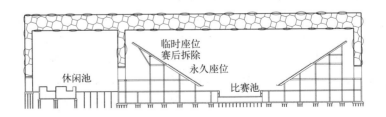

　　"水立方"的建造使"开尔文泡沫理论"真正成为了科学实践,是"理论物理学的杰作"(英国《卫报》),并再一次证明了建筑的大胆设想需要科学和技术的有力支撑。

本章小结

　　结构选型就是为荷载构筑合理的传递路径,并对此路径选择合理的几何形式。构筑荷载路径时,需先进行整体化分析与荷载、地基承载力、结构稳定性及其抵抗变形的能力进行估算,以保障建筑结构整体形式合理。结构形式的最终确定要经历由整体而局部而细部的过程,即经过结构整体系—分体系—构件及其结点的反复交织、反馈的选取、分析与确定过程。在结构选型及结构设计中,整体与局部之间转换的思想方法贯彻始终。

　　除对场地地基条件、荷载与作用、材料的力学性能等主要结构影响因素的考虑外,建筑功能和造型、文化、宗教、气候环境、经济等因素,也是结构选型不可忽视的因素。

　　结构选型是建筑与结构、整体与局部、材料与体系之间错综交织反复调整的思考和分析过程。通过对建筑—结构大师们协同创造的经典案例的学习,大家需领会:

　　1. 不同功能和外观的建筑,对结构提出的可能挑战是什么?如何通过理解与把握荷载路径的关键及难点构筑合理的结构形式。

　　2. 建筑师与结构大师们是如何灵活地将各类结构分体系有机地结合起来,构筑荷载路径,同时满足建筑功能与造型需求的。

思考题

　　1. 如何入手进行建筑结构选型?

　　2. 结构整体分析包含哪些内容?建筑形式及功能布置与结构体系的整体性之间的相互影响体现在哪些方面?

综合分析题

　　选取一个实际建筑结构案例,试阐述下列问题:

　　1. 所选案例的建筑场地、环境条件、建筑使用功能与造型要求等对结构形式及其功能等提出的要求。

　　2. 分析案例结构的水平传力体系、竖向传力体系及其协同工作机制,阐述其荷载传力机制。

　　3. 所选案例的现有结构形式在实现建筑功能与结构性能统一上有无可待改进之处?

结束语

　　建筑空间的形成离不开结构的支撑，而建筑形式的创新离不开材料的发展和结构形式的合理应用与突破。

　　结构形式是服务于并取决于结构功能的，而结构形式的突破也绝非空中楼阁，是有其本质规律可循的。

　　正如线的运动可以产生面，面的围合构成体，杆件的组合与变化可以产生千变万化的结构。为此，本书从一根直杆入手，以力的传递途径——力流——为贯穿始终的认知线索，由杆件内力与变形、简单杆件结构体系的内力分布与位移、杆件截面应力与应变，而逐步深入分析结构的传力特性、构筑结构传力途径须遵循的基本规则，即荷载传递的连续性与结构的强度、刚度和稳定性。本书旨在通过对轴力杆、梁式杆和拱（索）的传力方式与特性的分析与对比，探究结构形式与传力路径的关系，使建筑学专业学生初步认识结构固有力学逻辑所赋予的空间特性。在此，量化分析与计算技能的阐述与练习是掌握结构力学性能的手段和依据而非目的。

　　结构究其根本不应成为建筑的束缚。对于建筑而言，结构既是其空间的支撑，也可以是其空间本身。对结构在其固有力学逻辑基础上所具有的巨大创造潜质的认识，可以使建筑师体会到更深层次的空间逻辑，赋予更大的创作自由。

　　结构不是建筑的束缚，结构可以赋予建筑师以自由。在结构与建筑合理而巧妙的结合中，创造应运而生。这无论对结构工程师还是建筑师，无疑都将是一个美妙的过程。

符号及说明

F：集中力，F_{yA} 表示 A 支座 y 方向反力，F_{xA} 表示 A 支座 x 方向反力；
F_{HA} 表示 A 支座水平方向反力，F_{VA} 表示 A 支座竖直方向反力；

F_N：轴力；

F_Q：剪力；

M：力偶或力矩；

M_A：指定截面 A 的弯矩或支座 A 的约束力矩或力对指定点 A 的矩；

M_e：外力偶；

M_T：扭矩；

q：均布荷载集度；

m：分布力偶集度；

γ：重度；

ρ：密度；

T：温度；

K：弹簧刚度；

A：杆件横截面面积；

A_α：杆件斜截面面积，下标 α 表示截面倾角；

V：物体体积；

C：截面形心；

p：截面总应力；

σ：正应力；

τ：剪切应力或剪应力；

f：挠度；

Δ：线位移；

Δ_H：水平位移；

Δ_V：竖向位移；

Δ_{AB}：A、B 截面相对线位移；

θ：截面弯曲转角位移；

θ_{AB}：A、B 截面相对转角位移；

σ^0：极限应力；

$[\sigma]$：许用正应力；

$[\tau]$：许用剪切应力；

$[f]$：许用挠度；

n：安全系数；

E：弹性模量；

G：剪切模量；

v：泊松比；

ε_x：线应变；

γ_{xy}：剪应变；

ε_v：体积应变；

W：外力功；

U_ε：应变能；

I_z：杆件截面对中性轴的惯性矩；

i：回转半径；

W_z：抗弯截面模量；

$d（D）$：圆截面直径；

$r（R）$：圆截面半径；

b：矩形截面的宽；

h：矩形截面的高；

t：板厚；

F_{Pcr}：临界荷载

σ_{cr}：临界应力

$\lambda（\lambda_P）$：长细比

μ：长度系数

l_0：计算长度

φ：压杆稳定系数

n_{st}：稳定安全系数

参考文献

[1] （美）林同炎，S.D.斯多台斯伯利.结构概念和体系 [M].高立人，方鄂华，钱稼茹，译.北京：中国建筑工业出版社，1999.

[2] （美）戴维·P·比林顿.塔和桥：结构工程的新艺术 [M].钟吉秀，译.北京：科学普及出版社，1991.

[3] （意）P.L.奈尔维.建筑的艺术与技术 [M].黄运升，译.北京：中国建筑工业出版社，1981.

[4] （德）海诺·恩格尔.结构体系与建筑造型 [M].林昌明，罗时玮，译.天津：天津大学出版社，2002.

[5] Tianjian Ji，Adrian J. Bell，Brian R. Ellis. Understanding & Using Structural Concepts（2nd Edition）[M]. London：Tylor & Francis Group，UK，2016.

[6] 罗福午，等.建筑结构概念设计及案例 [M].北京：清华大学出版社，2003.

[7] （英）马尔科姆·米莱.建筑结构原理 [M].童丽萍，陈治业，译.北京：中国水利水电出版社，2009.

[8] （英）安格斯·J·麦克唐纳，结构与建筑（第 2 版）[M].陈治业，童丽萍，译.北京：中国水利水电出版社，2009.

[9] 李春亭，张庆霞.建筑力学与结构 [M].北京：人民交通出版社，2007.

[10] 陈朝晖，龙灏，廖旻懋，文国治，王达诠.走出建筑结构教育的困境——建筑学专业建筑结构课程体系的重构 [J].高等建筑教育，2015（1）：13-18.

[11] 张建荣.建筑结构选型（第 2 版）[M].北京：中国建筑工业出版社，2011.

[12] 陈保胜.建筑结构选型（增订版）[M].北京：中国建筑工业出版社，2011.

[13] Richard Weston. Materials, Forms and Structure[M]. New Haven：Yale University Press，2003.

[14] Francis D.K.Ching，Barry S. Onouye，Douglas Zuberbuhler. Building Structures Illustrate：Patterns Systems and Design（2nd Edition）[M]. New Jersy：John Wiley & Sons，Inc.，2014.

[15] （日）川口卫，阿部优，松谷宥彦，川崎一雄.建筑结构的奥秘 [M].王小盾，陈志华，译.北京：清华大学出版社，2012.

[16] 刘敦桢.中国古代建筑史 [M].北京：中国建筑工业出版社，1984.

[17] 罗小未.外国近现代建筑史（第 2 版）[M].北京：中国建筑工业出版社，2010.

[18] Alexander Tzonis. Santiago Calatrave：The Complete Works-Expanded Edition[M]. New York：Rizzoli International Publications，Inc.，2007.

[19] 杨俊杰，崔钦淑.结构原理与结构概念设计 [M].北京：中国水利水电出版社，2006.

[20] 杨庆山，姜忆南.张拉索—膜结构分析与设计 [M].北京：科学出版社，2004.

[21] 中华人民共和国住房和城乡建设部.建筑结构可靠性设计统一标准：GB 50068—2018[S].北京：中国建筑工业出版社，2019.

[22] 中华人民共和国住房和城乡建设部.建筑结构荷载规范：GB 50009—2012[S].北京：中国建筑工业出版社，2012.

[23] 王天锡.贝聿铭 [M].北京：中国建筑工业出版社，1990.

[24] 傅学怡，顾磊，等.北京奥运国家游泳中心结构初步设计简介 [J].土木工程学报，2004，37（2）：1-11.

[25] 钱稼茹，赵作周，叶列平.高层建筑结构设计（第 2 版）[M].北京：中国建筑工业出版社，2012.

[26] 陈希哲，叶菁.土力学地基基础（第 5 版）[M].北京：清华大学出版社，2013.